中国现代林草装备发展战略研究

邢 红 杨建华 等 ▣ 著

中国林业出版社
China Forestry Publishing House

图书在版编目（CIP）数据

中国现代林草装备发展战略研究／邢红等著．—北京：
中国林业出版社，2023.8
ISBN 978-7-5219-2244-8

Ⅰ．①中…　Ⅱ．①邢…　Ⅲ．①造林-技术-研究-中国
Ⅳ．①S725

中国国家版本馆 CIP 数据核字（2023）第 123102 号

责任编辑：于晓文　于界芬

出版发行　中国林业出版社（100009，北京市西城区刘海胡同7号，电话83143549）
电子邮箱　cfphzbs@163.com
网　　址　http：//www.forestry.gov.cn/lycb.html
印　　刷　河北京平诚乾印刷有限公司
版　　次　2023年8月第1版
印　　次　2023年8月第1次印刷
开　　本　787mm×1092mm　1/16
印　　张　15
字　　数　330千字
定　　价　98.00元

前　言 ▌PREFACE

　　现代林草装备是转变林草发展方式、推进林草高质量发展、实现林草现代化的重要标志。森林和草原作为生态环境的主体，是"水库、粮库、钱库、碳库"，是可再生的绿色"资源库""能源库"。要充分发挥森林、草原在生态文明建设中，在人与自然和谐共生的生态循环中，在实施乡村振兴战略和实现双碳目标中的重要作用，必须要有先进的现代化装备作保障和支撑。

　　林草机械装备是林草装备的主要内容，是林草业实现自动化、信息化、智能化及无人化的基础和关键。"十三五"时期，我国林草装备发展适应国家林业和草原工作新使命新要求，不断创新，各项工作均有新突破。生产方式基本逐步实现从以人畜力为主向以机械作业为主转变，园林、苗圃、草场修复等领域初步实现了机械化，竹木加工机械、人造板机械、森林保护机械等领域初步实现了自动化。近年来，我国林草工作认真践行习近平生态文明思想，牢固树立绿水青山就是金山银山理念，统筹推进山水林田湖草沙一体化保护和系统治理，加快推进林草工作高质量发展，取得了重大成效。但总体来看，我国林草装备技术水平在"上山入林"、研发制造、产品可靠性和作业效率方面，与农业机械化水平差距甚远，与国外相比至少落后30年，面向国家生态文明建设和双碳政策的需求，林草装备严重落后已经成为我国林草业高质量发展的最大短板。

　　党中央、国务院高度重视林草装备制造业发展工作。《中华人民共和国农业机械化促进法》于2004年11月1日施行，2018年10月26日修正。国务院于2010年和2018年两次印发促进农业机械化发展的指导意见，16个部门联合建立了国家农业机械化发展协调机制，坚持政府扶持与市场引导相结合，合力推进农业机械化快速健康发展。2019年，国家林业和草原局陆续出台《关于促进林草产业高质量发展的指导意见》《关于促进林业和草原人工智能发展的指导意见》等。这些重大举措，都极大地促进了林草装备制造业的发展，对提升林草装备水平发挥了重要作用。

由中国林业科学研究院组织，汇集国内众多专家学者的智慧，完成了《中国现代林草装备发展战略研究》。本书以林草现代化发展的现实需求为导向，充分分析林草装备国内外的发展现状、发展趋势、发展历程和发展环境，以及面临的挑战和机遇，提出了我国林草业装备的发展方向、发展目标、战略核心和战略重点，重点探讨了营造林、草原管护与利用、园林绿化、森林保护、木材生产、木材加工、竹材加工、人造板及表面装饰加工、生物质能源转化、林业机器人及人工智能等关键装备技术，着重分析了提升现代林草装备水平的主要任务和技术创新领域，确定了技术路径、重点任务和战略布局，为促进林草装备制造发展提出了政策建议。

本书旨在为各级林草部门尤其是林草业科研部门推动林草装备创新提供参考与借鉴。林草装备不是"说起来重要，忙起来次要，干起来不要"的事。现代林草装备制造业的发展，以推动林业草原高质量发展为主题，以深化供给侧结构性改革为主线，以提高森林草原资源高效培育与利用和以满足林草发展对机械化的需要为目标，大中小机型结合、多种经营形式并存、动力与配套机具协调发展，关键在于立足我国国情、林情、草情，积极借鉴国际先进经验，加强技术装备和相关配套政策研究，提出改进林草业技术装备的思路和措施，坚持科技创新、机制创新、政策创新，补短板、强弱项、促协调、提水平，不断提高机械化、信息化和智能化水平，推动装备技术转化为现实生产力，为生态文明建设和乡村振兴贡献力量。

2023 年 4 月

目 录 ‖ CONTENTS

第1章 ‖ 总 论

　　林草装备是衡量林草现代化水平的重要标志之一。大力发展先进的林草装备，发展现代化林草机械，加快推进林草装备机械化、信息化、智能化，是深入践行习近平总书记"两山"理念，实施创新驱动，提升林草治理能力的必然要求，也是推进林草高质量发展的迫切需要。林草装备种类较多、品种不一，按照不同的划分标准，可以划分为不同的种类。本研究集中探讨营造林装备、草原管护与利用装备，木材、竹材生产与加工装备，森林保护装备，园林绿化装备，生物质能源转化装备，林业机器人及人工智能等关键装备，具体从发展现状及发展趋势、发展环境与发展问题、发展方向与发展目标、重点领域和保障措施等方面，着重分析提升现代林草装备水平的关键和共性问题，谋划战略目标和战略布局，确定战略核心和战略重点，明确林草装备行业优先发展的关键技术及重点任务，探讨战略措施，促进林草装备制造业的跨越式发展，推动使用现代科学技术提升林草发展水平和质量。

1.1　背景与意义

　　"工欲善其事，必先利其器。"林草机械装备是林草装备的主要内容，是林草业实现自动化、信息化、智能化及无人化的基础和关键。目前，世界经济增长速度减缓，各种形式的贸易保护主义抬头，全球性竞争更加激烈，对我国林草业和林草装备发展带来新的挑战。践行"两山"理念，实现"双碳"目标，绿色经济成为新时代经济变革调整的重要模式，现代林草业成为经济发展方式转变和经济结构战略性调整的重要领域。大力发展林草装备技术成为发展现代林草业、建设生态文明、推动科学发展的关键举措和实现装备制造大国向强国转变的必然选择。

1.1.1　发展基点

　　我国已步入工业化中期，装备制造业发展到了关键阶段，成本优势将逐步受到挑战，技术优势蕴藏着巨大潜力，研发和科技投入的边际效益逐渐提高，资本密集和技术密集型产业面临快速发展的机遇。《中华人民共和国农业机械化促进法》（简称《农业机械化促进法》）于 2004 年 11 月 1 日施行，2018 年 10 月 26 日修正。国务院于 2010 年和 2018 年两次印发促进农业机械化发展的指导意见，16 个部门联合建立了国家农业机械化发展协调机制，坚持政府扶持与市场引导相结合，合力推进农业机械化快速健康发展。

中国林草机械装备种类多，总体技术水平取得了长足发展，病虫害防治装备技术、人造板机械、木工机械整体技术已达国际先进水平，很多领域已处于领先地位。中国园林机械、园艺工具及中小型产品，广泛用于欧美发达国家。但是从林草生产环节来看，很多生产工序依然依靠人力或者简单的机械，即便是在发展较好的木材加工机械领域，一些高精尖产品还是处于空白，需从国外进口。在造林绿化、森林培育、荒漠化防治、草原保护与治理、林果产业、木竹收获、园林绿化养护等户外林草机械方面多处于起步阶段或空白，主要工序机械化率不足 15%，林草机械化率总体不足 45%，而欧美等发达国家户外林草机械化率达到 80%，综合草机械化率达到 90%，园林绿化养护机械化率达 95% 以上[1]。我国林草装备技术水平在"上山入林"、研发制造、产品可靠性和作业效率方面，与农业机械化水平差距甚远，与国外发达国家相比至少落后 30 年。

1.1.2 国际环境

当今世界正经历百年未有之大变局，新冠疫情全球大流行使这个大变局加速变化，技术突飞猛进既是百年变局的基本内容，也是导致百年变局的基本推动力量。进入 21 世纪以来，全球科技创新进入空前密集活跃的时期，新一轮科技革命和产业变革正在重构全球创新版图、重塑全球经济结构[2]。

1.1.2.1 新兴技术加快发展

以智能制造为引领的全球制造业变革已经成为新一轮全球产业竞争的焦点。利用新兴技术对传统产业进行全方位、全角度、全链条改造，提高全要素生产率，促进传统和新兴产业、大中小企业共同迈入数字时代。美国 2009 年提出"再工业化"计划框架，从重振制造业到大力发展先进制造业，积极抢占世界高端制造业的战略跳板，推动智能制造产业发展。这一计划主要聚焦在税收减免、科技创新、扩大出口、支持中小企业、改革教育体系和加强基础设施建设六个方面，而新能源、新材料和先进制造业等领域则成为政策重点。2013 年德国政府提出第四次工业革命概念，即"工业4.0"，是一项全新的制造业提升计划，其模式是由分布式、组合式的工业制造单元模块，通过工业网络宽带、多功能感知器件，组建多组合、智能化的工业制造系统，从根本上重构了包括制造、工程、材料使用、供应链和生命周期管理在内的整个工业流程。在这一战略性背景下，众多国家提出了与之接轨的系列指导性规划，例如英国的"高价值制造战略""工业 2050 战略"，以网络为中心，整合产品、服务和价值，得到世界上许多国家的积极响应。另外，"韩国新增长动力规划及发展战略""新工业法国""印度制造计划"等，都是以智能制造为重点，以创造力提升经济附加值[3]。

1.1.2.2　国家之间竞争加剧

发达国家重振制造业和发展中国家低成本制造竞争的双重挑战正日益加剧。2016 年年末，美国政府提出"企业回归"战略，2010—2018 年，美国回迁企业数量达到 1912 家。这些企业回迁带来了大量的就业机会，但对其他国家的经济和就业形成了一定压力。美国、日本等国家将中国作为主要的竞争对手，对中国经济，特别是制造业进行疯狂打压。制造业是中美贸易战中"卡脖子"的重灾区，关键零部件、材料、工业软件等存在断供的风险，精密仪器、高端数控系统、工业软件等都是非常隐蔽的痛点。印度、越南、墨西哥成为中美贸易战的主要受益国。国际上劳动密集型制造业向中国转移的趋势已经开始放缓，越南、印度、墨西哥与东欧等国家以比中国更低的成本优势，成为接纳发达国家产业转移的新阵地。东盟制造、墨西哥制造开始用更加低廉的成本要素，实现对"中国制造"的供给替代。东南亚、南美洲、非洲等资源富集、受贸易战影响小的海外市场，是中国林草装备产品和技术转移的主要阵地。

1.1.2.3　新冠影响持续深远

2019 年，新冠疫情的爆发对整个世界的经济发展造成了极大的影响，国际间合作深受其害，全球范围内大部分国家陷入衰退，发展中国家受到的影响更加明显。世界经济的形势导致国际市场商品需求进一步减弱，国际商品市场竞争更加激烈。全球疫情走势仍存在很多变数，世界经济增长动能有所减弱，主要经济体货币政策转向的外溢效应不容忽视[4]。在这种情况下，既要看到中国林草装备制造业发展所面临的前所未有的不利影响，更要按照构建以国内大循环为主体、国内国际双循环相互促进的新发展格局，积极挖掘、拓展国内市场，加快淘汰落后产能、优化产业结构、塑造龙头企业、创造品牌产品、开辟市场领域、提升产业素质和提高竞争能力。因此，加强林草装备的科学规划和战略研究，对转变林草装备发展方式，实现林草业和装备制造业的全面调整与振兴，促进林草业的高质量发展，意义十分重大。

1.1.3　国内形势

国内发展环境也经历着深刻变化，我国已进入高质量发展阶段，林草装备产业必须增强机遇意识和风险意识，准确识变、科学应变、主动求变，努力实现更高质量、更有效率、更可持续、更为安全的发展。

1.1.3.1　高质量发展是要求

我国经济经历了加速发展阶段，生产潜力不断得到释放，生产要素有效利用，经济规模越来越大。与此同时，经济增长方式较为粗放，经济结构不合理，能源、资源、环境等约束日益凸显，迫切需要转变经济发展方式。党的十八大以来，中国特色社会主义进入了新时代，党中央提出要适应、把握、引领经济发展新常态，坚定不移地贯彻新发展理念。所谓高质量发展，就是要回归发展的本源，坚持以人民为中心，坚持创新、协调、绿色、开放、共享的发展理念，着力构建市场机制有效、微观主体有活力、宏观调控有度的经济体制。坚持以质量第一、效益优先，实行供给侧结构性改革，解决好人民群众普遍关心的突出问题，切实提高资本运营质量和效率，实现大多数人的社会效用最大化。

1.1.3.2 绿色发展是主题

实现碳达峰、碳中和目标将引领人类工业革命以来在发展理念、发展方式等方面的系统性变革，倒逼经济社会发展全面向绿色低碳转型。推动绿色发展是今后较长一段时期内我国经济社会可持续发展的重要方向，我国将在基础工业、装备制造业、生态产业与农业等领域，通过自主创新和节能环保，实现国家"绿色发展"的战略转型。这就需要把美丽中国建设、可持续发展等贯穿于整个社会生活和社会生产的全过程之中，变成中国工业化进程的理念和方向；彻底改变过去过多依赖增加物质资源消耗、过多依赖规模粗放扩张、过多依赖高能耗高排放产业的发展模式，让"中国制造"走向"中国智造"。

1.1.3.3 创新发展是引领

中国正在全力推动《中国制造2025》，而智能制造作为《中国制造2025》的重要方向，更加体现了制造技术和信息技术的融合发展，是数字经济与实体经济的深度融合，为传统制造业增添新元素，培育新动能，形成新业态，开辟新生态[5]。只有创新驱动才能推动我国经济从外延式扩张上升为内涵式发展。要加快科技创新，加速攻克重要领域"卡脖子"技术，掌握更多"杀手锏"式技术，突破关键技术，提高全要素生产率，推动经济高质量发展。要转变经济发展方式，推动经济从规模扩张转向结构优化，从要素驱动转向创新驱动，推动科技和经济社会发展深度融合，信息化和工业化深度融合，工业化和城镇化良性互动，城镇化和农业现代化互促互进，打通从科技强到产业强、经济强、国家强的通道，加快建立健全国家创新体系，推动科技创新、产业创新、企业创新、市场创新、产品创新、业态创新、管理创新等各种形式的创新，形成以创新为主要引领和支撑的经济体系和发展模式。

1.1.3.4 劳动力短缺是现实

2020年，中国大陆地区60岁及以上的老年人口总量为2.64亿人，已占到总人口的18.7%。"十四五"时期城镇化率可突破65%，城乡之间还将呈现出大迁移、大流动的基本格局。20世纪60年代，第二次出生高峰所形成的更大规模人口队列则会相继跨入老年期，使中国的人口老龄化水平从最近几年短暂的相对缓速的演进状态扭转至增长的"快车道"[6]。城镇化和人口老龄化，使得人口红利减少，制造业成本上升，迫切要求装备制造业加快转型升级向智能化方向发展。同时，农村劳动力将会面临严重的短缺，林地、湿地、草地、沙地等自然资源的经济潜力需要用机械化来挖掘，生态环境的保护和建设也需要现代装备的科技创新及产品服务供给等多方面持续发力。

1.1.4 行业业态

林草业建设是事关经济社会可持续发展的根本性问题，发展林草业是全面建成小康社会的重要内容，是生态文明建设的重要举措；林草业要为实现中华民族伟大复兴的中国梦不断创造更好的生态条件和物质供给。随着生态文明建设持续推进，生态环境明显改善，林草产业迅速发展，林草装备的支持保障作用更加突显。

1.1.4.1 现代林草业已经成为国家经济社会可持续发展战略的重点

作为一项最为重要的绿色产业和社会公益事业，林草业兼具生态、经济、社会、碳汇和文化功能，对于改善和保护人类赖以生存的生态环境具有不可替代的重要作用。在全球可持续发展的过程中，在我国"五位一体"的总体布局中，在生态文明建设中，在人与自然和谐共生的生态循环中，森林和草原作为生态环境的主体，是可再生的、绿色的"资源库"和"能源库"，也是"水库""粮库""钱库""碳库"。发展林草业能够有效地增加就业和促进农民增收，促进转变经济发展方式和经济结构战略性调整，对拉动内需，实现国民经济增长，发展低碳经济、循环经济和绿色经济，意义十分重大。

1.1.4.2 装备成为现代林草业高质量发展的重要支撑

为建设人与自然和谐共生的现代化，林草部门坚持"绿水青山就是金山银山"的发展理念，深入实施可持续发展战略，构筑生态安全屏障，发展林草特色产业，帮助林农脱贫致富。林草装备作为现代化发展的重要支撑和保障列入议事日程，在加快发展现代化信息技术使用，建设林草生态网络感知系统，推行网格化、精细化资源管理的同时，着力改造提升林草机械装备产业，通过科技支撑、产业发展、规划引领、政策扶持、示范带动等措施，加快促进机械化、智能化与林草行业深度融合，提高户外林草装备自动化、智能化水平。

1.1.4.3 中国林业装备制造业已初具规模

我国林业机械装备从新中国成立初期开始通过不断引进、消化并吸收国外先进机型，形成了较为完备的品种类型。产品研发取得明显进展，生产各类设备2400多种，对推动林业生态建设和产业发展发挥了重要作用。随着产业规模的不断扩大，自动化程度也在不断提高，人造板设备、家具及木材加工利用技术装备、中国特色的竹材加工和林副产品加工技术装备取得很大进步。据不完全统计，目前我国林业机械制造业年总产值约1000亿元，居世界前列。在满足国内林业建设需要的同时，进一步打通了国际市场，走向了国际舞台，2020 年主要林业装备进出口总额超过 600 亿元，产品销往 150 多个国家和地区。

1.1.5 历史贡献

林草装备是林草发展中不可或缺的一部分，涉及林草发展"种、育、管、收、用"各方面，贯穿了新中国林草发展史的全过程，是现代林草业发展的重要支柱和引擎。

1.1.5.1 林草机械装备为新中国建设作出了重大贡献

新中国成立初期，国民经济建设需要大量木材，手工采运方式不能适应木材生产发展需要，采运机械最先得到重视和发展。从 1950 年开始，在黑龙江伊春林区进行了机械化集材和运材作业试点。20 世纪 50 年代，从苏联引进 KT-12 和 C-80 集材拖拉机集运材、BTY-1.5 型动力架空索道，并进行了试验，从德国进口的哈林 100 型双人操纵电锯，后经试验验证、推广。1954 年哈尔滨林机厂试制成功单筒绞盘机，1956 年黑龙江和四川省先后试用架空索道集材，1958 年广西柳州机械厂研发了051 型油锯[7]。1961 年 7 月 16 日至 8 月 10 日，刘少奇对我国东北、内蒙古国有林区进行了为期 26 天的视察调研。在调研中讲到"现在伐木的许多工序还是手工作业，工人很辛苦，生产效率也低，以后要向机械化和半机械化发展"[8]。20 世纪 50 年代末至 60 年代初，国家确定了"林业生产机械化，机械设备国产化、标准化"的方针，同时设立林业机械科研机构，扩建和新建了一批林业机械制造厂和修理厂，并在主要的林业高等院校设置了林业机械专业。随着林业机械科研机构和林业院校的设立，我国自主研发的林机产品越来越多，相关技术也愈发成熟。由仿制开始逐步发展为自主研发，我国林业机械逐渐走上稳定发展的轨道，为森林资源开发、木材生产发挥了重要的作用[9]。

1.1.5.2 林草机械装备为生态建设作出了重要贡献

我国是全世界人工林面积最大的国家。第九次全国森林资源清查结果显示，我国持续开展大规模国土绿化，人工林稳步发展，面积稳居世界第一。2021 年，我国人工林面积 7954.28 万公顷，蓄积量 33.88 亿立方米，平均每公顷蓄积量 42.59 立方米。在人工造林、森林更新、资源恢复中林业机械功不可没。1953 年在吉林省开通县建立了第一个机械化造林试验站，到 50 年代末全国建成国营机械林场 63 处，保有拖拉机 198 台，其中较大的林场每年机械造林 3 万亩 *以上[10]。改革开放以后，林业部(现国家林业和草原局)科学技术司、造林司(现生态保护修复司)，通过培训、观摩、展会等方式，大力推进营林机械化发展。这一时期，营林机械、森保机械迅速发展，国内先后研制出多种型号营林拖拉机，以解决不同立地条件下的营林生产需求。

---

* 1 亩＝0.067 公顷

研发了大苗开沟植树机、轻型植树机、沙丘植树机、深植栽树机等近 10 个品种。采种、育苗、造林、抚育等主要工序基本有了相应的机械,苗圃从整地、筑床、播种、移栽、喷灌到起苗包装已基本配套。一些小型动力机械,如高程弥雾喷粉机、喷烟机、移动水泵、割灌机、挖坑机等都完成了产品的更新换代,性能指标有了很大提高。这些机械的研发和使用,提高了造林育苗效率,加快了三北防护林等重大生态项目建设步伐[11]。

1.1.5.3 林草机械为林草产业发展作出了突出贡献

2020 年,我国林草产业总产值 8.17 万亿元。木竹生产及加工、木家具、木地板、人造板、林产化工、经济林果、花卉、中药材、森林旅游、森林康养、生态休憩、牧草等大部分产业已经实现了全程机械化,部分产业实现了自动化,部分工序实现了智能化,一些林草装备达到了世界领先水平。以人造板为例,国内共有规模以上人造板机械制造企业 100 多家,年销售额 45 多亿元。国内人造板机械制造企业能够提供 39 类共 800 多种人造板机械产品,拥有世界上最为全面和完整的人造板机械产业结构和产品种类。人造板产业的发展及人造板机械制造业的发展壮大得益于人造板产品产能的提升,特别是人造板产品生产线单线产能的提升,说明我国人造板机械制造业在技术上取得了长足的进步,进入了一个全新的发展时期[12]。

尽管如此,总体来看,中国林草业现代化发展水平还比较落后,规模化、机械化、智能化水平远低于发达国家,与国内其他行业相比也存在较大差距,在林草丰产栽培、抚育经营、加工利用等生产环节,机械化生产、精深化加工等问题还没有得到很好解决。2019 年对 484 位林业专家的调查问卷显示,认为林业机械发达和十分发达的占 9.3%,落后和十分落后的占 44.0%,一般的占 43.6%,其他不好说的占 3.1%。对 61 名草业专家的调查问卷显示,认为发达和十分发达的占 23.0%,落后和十分落后的占 44.3%,一般的占 29.5%,其他不好说的占 3.2%。

1.1.6 发展意义

随着城市化的进程和农村剩余劳动力的转移,迫切要求林草经营实现组织化、规模化,提高林草机械化水平,提高生产效率,实现高效高质发展,确保林草业在现代化进程中不掉队。2019 年对 545 位林草业专家的调查问卷显示,认为林草装备急需发展的占 88.6%。对个体企业的 576 份问卷显示,认为机械化降低了生产成本的占 74.3%,减少了用工量的占 82.3%,降低了生产风险的占 73.9%,提高了产品质量的达到 71.7%,改善了工作条件的占 79.5%。

1.1.6.1 林草装备是加速林草业发展的必由之路

国家高度重视生态文明建设,推进大规模国土绿化行动,在发展速度、资源质量、实施范围等方面提速增质增效,每年将完成营造林 733.34 万公顷,确保到

2035 年全国森林覆盖率达到 26%，为促进经济社会可持续发展、建设生态文明和美丽中国创造更好的生态条件。如果有相应的林草装备保障，劳动效率至少可以提高 3~50 倍，减少 3~8 成的人力投入。一是营造林需要现代装备。近几年大规模国土绿化成效斐然，造林任务逐年增加，但很多林草生产环节仍然以人工为主，肩拉背扛，在国家林草重大工程项目中也普遍采用人海战术，林草生产效率低下。在我国宜林地较多的中西部，地广人稀、劳动力不足，如果有 30% 的林地能够实现机械化作业，生产效率会大幅度提高。二是生态保护需要相应的林草装备。守林护林是简单的重复劳动，如果能有相应的林草装备，就能极大地提高劳动效率，为贫困偏远地区弱势群体提供更多的发展机会和平台。三是中幼龄林抚育更需要林业装备。浇水灌溉、平茬割灌、抚育整枝、间伐更新等生产环节有了相应的装备，西部以及边远山区、沙区造林绿化的成活率就会大幅度提升。四是草原生态保护修复需要现代装备。大面积草原改良、补播、施肥、除杂、灌溉、松土、鼠虫害治理、人工草地、植被重建需要相应的装备，为依赖这些地区生存和发展的农牧民摆脱贫困、维护边疆少数民族地区稳定、发展草原特色经济提供了有力支撑。五是城镇、美丽乡村建设、道路两侧的园林绿化需要专用的养护装备。园林绿地建设的植树、栽花、种草，形成绿地以后为保持其美观的养护需要修枝、整形、草坪修剪、通气、切根复壮、灌溉、病虫害防治、养护剩余物处理等环节，都需要各种各样环保、操作安全的园林养护设备。如果现有林草业投资的 1% 用于提高林草装备水平上，可以适度解决从种子采集、幼苗培育、植树造林、中幼林抚育到木材生产、收获的大多数生产环节无"机"可用、无"机"好用、有"机"难用的状态，生态环境修复的效率将提高 100 倍以上。

1.1.6.2 林草装备是加快林草产业发展的基本保障

我国经济林有 4133.35 万公顷，目前全国油茶种植面积达到 6800 万亩，高产油茶林 1400 万亩，茶油产量 62.7 万吨，油茶产业总产值达 1160 亿元。按照中央部署，持续推进扩大油茶种植面积、改造提升低产林，到 2025 年，全国油茶种植面积力争超过 9000 万亩，茶油产量达到 200 万吨，茶油占国内食用油消费的比例由 2% 提高到 5% 左右，成为增强国内食用油生产保障能力、丰富食用油品种的重要支撑。高效、便捷的林草装备，可以实现大范围及时采收，将产能转化为产品，提高经济林的生产效益，实现资源高效利用[13]。调研了解到，湖南一个油茶种植大户，种植油茶 2 万亩，5000 亩已经到了成熟期，每亩可产油 50 千克，但在收获季节遭遇了极端天气，连续降雨，不能及时采收，损失了几百万元。红松果、山核桃的采集，因为高空作业难度大，每年都有人员伤亡，如浙江山核桃采摘每年死亡人数都在 20 人以上，因此，山核桃也被林农称作"带血的金果"[14]。随着油茶、核桃、枸杞、橄榄、竹子、花卉种植面积快速增长，经济林采收已经成为必须攻关的重大难题。竹产业发展也面临着同样的问题，因为缺乏装备，80% 的竹木没有得以采伐利用，已采伐的竹木利用率不到 45%。尽管应对需求，各地都有一些积极的探索，但都没有形成规模和产业。

1.1.6.3 林草装备是助力乡村振兴和精准扶贫的重要支撑

林草业是大部分贫困地区重要的经济产业，山区贫困人口纯收入的 20% 左右来自林业，重点地区超过了 50%，林草装备在乡村振兴中发挥着助力器和催化剂的作用，促进经济发展和林农增收脱贫。一是培养林草机械使用能手，有利于提升劳动者素质，促进林农向职业化发展。二是现代林草机械可快速提高林草业工作效率，增加经济效益，节省出来的劳动力又可转移到其他经济链中，产生更多效益，增加农民收入。同时，林农可以购买机械组成林草专业户和合作社，与林草社会化服务结合起来实现收益。三是林草机械可加快推进乡村林草抚育、保护乡村自然生态、增加乡村生态绿量、提升乡村绿化质量，对于改善农村人居环境，实施乡村振兴战略具有重要意义。为更好地发挥生态文明建设生动范例的示范引领作用，塞罕坝机械林场编制完成了《河北省塞罕坝机械林场"二次创业"方案》，旨在利用机械化手段造林、育林、管林、用林，进一步释放林业生态富民功能。

1.1.6.4 林草装备是应对农村劳动力不足的有效途径

随着人口红利窗口加速关闭，各行各业必将面临人口老龄化之苦。目前，农村的劳动力年龄主要集中在 60~70 岁，随着城市化进程加快，农村空心化和农民老龄化趋势日趋明显，迫切要求农村发展方式由粗放经营向集约化经营加快转变，要求农村生产由人力向现代机械加快转变，林草业生产对机械化依赖日益明显。随着我国造林绿化用工短缺，劳动力成本快速上升，大部分可绿化土地又分布在干旱半干旱地区，立地条件差，造林难度大，这对加快提升我国造林绿化的机械化水平提出了新要求。同样，在大规模城市化进程的影响下，机械化将是解决用工荒、实现劳动替代的有效途径。

1.1.6.5 林草装备是经济内循环的强劲动力

培育开发国内市场、增强经济内循环、减少对外贸易的依存度，是稳定我国经济发展的压舱石。林草装备是我国经济发展的短板，补这个最短板，强这个最弱项，将为拉动内需打造一个广阔的空间。我国 8.25 万亩草原才有一台割草机。美国平均 900 亩草地就有一套割、搂、捆、垛、运设备。以 37.95 亿亩林地和 32.91 亿亩牧草地，按照 1 万亩配备 1 台(套)设备计算，市场容量约 71 万台(套)，172.12 万平方千米的沙化土地，按照 10 平方千米 1 台(套)计算，市场容量约 17 万台(套)。一个机械就能带动一个产业，拉动一方经济。这不仅可以改进林草业从业者的工作环境，提升劳动者生产素质，提高劳动生产率，加速推动我国大规模国土绿化，山水林田湖草沙综合治理，防治水土流失和荒漠化石漠化，也能增加就业，促进整个实体经济的增长，也可以为"一带一路"沿线国家输出设备，为树立大国形象、提升国际影响力作出贡献。

1.2 国内外发展现状

1.2.1 全球现状

世界林业发达国家目前的林业生产已全面实现了机械化。营造林机械完成了由单工序机械化向工序联合机械化作业方向的转变；木材采运设备实现了高度安全化和操作舒适化；林业灾害防御技术已实现了遥感、卫星监测、计算机智能控制等高新技术现代化；木材加工设备更是实现了高精度、高效率和全面自动化；林副产品加工生产已经实现了工厂化、标准化和智能化。为最大限度地节约资源和能源、提高产品质量和降低生产成本，世界各国都在进一步改进和完善生产工艺和技术装备，大力引进现代科技成果，使林草装备技术水平不断提高，生产能力持续增强。在顺应大势，向绿色化、低碳化，安全便捷、简单易操作方向发展的同时，具有以下的特点。

1.2.1.1 大型多功能联合作业，向规模化、高效能发展

欧美、日本在国际市场的供给中占有主导地位，在生产总值、出口贸易额、产品的技术水平及专利数量方面居领跑地位。德国研发的抚育修枝机最大修枝速度达到4米/秒，每小时可处理40~60棵人工林，最高可达80~100棵。芬兰庞赛公司、美国约翰迪尔公司研发的联合采伐机可将林区每项作业联合起来，由一台或多台设备完成，实现伐木、打枝、造材、归堆、集材、装卸及短距离运输的集中作业，每小时可完成100~140棵树的木材生产联合作业。德国、奥地利的陡坡山地索道集材运输设备减少了生产过程中对幼树的损伤和水土流失，有利于森林的天然更新，充分体现了多功能、大型化机械采伐运输作业的规模化和高效率[15]。澳大利亚、新西兰等国家普及了草原作业及保护装备，在平原牧场进行牧草收割打包，实现了牧草全程机械化作业。

1.2.1.2 单机全面机械化，向全过程自动化、智能化发展

欧美、日本发达国家已经实现某个生产作业路程全面机械化，特别是日本、奥地利受有限资源约束、丘陵山区立地条件与我国类似，这些国家开展的林草生产机械化作业模式，为我们提供了可借鉴的经验。日本久保田公司注重装备与作业条件结合，以高度机械化为基础实现高速、低耗、多功能的全过程精准作业。美国研发的林果采摘机与生物技术、计算机、卫星遥感技术结合，向着全过程自动化和精确化生产方向发展。草业机械大量采用电子、液压精确控制、GPS定位等现代技术，向大型、高效、复合式作业方向发展，同时形成了大型跨国公司和著名品牌，通过研发系列产品，保持核心竞争力，全面实现由单工序走向全过程装备配套。

1.2.1.3 信息技术的深度融合，向全面数据化、网络化发展

随着人工智能、5G、工业互联网、大数据等新一代信息技术与制造业融合发展，

各种工业机器人、计算机集成制造、智能制造、柔性加工装配等先进制造技术和方法在林草装备制造业率先应用，推动新一代信息技术对制造业进行全要素、全流程、全产业链改造，数字化设计与信息化管理贯穿新产品开发的全生命周期，推动林草装备制造业加速向数字化、网络化、智能化方向转型升级。突出特点是通过"物联网"和"务（服务）联网"，把产品、机器、资源、人有机联系在一起，推动各环节数据共享，实现产品全生命周期和全制造流程的数字化。信息网络技术与传统制造业相互渗透、深度融合，正在深刻改变产业组织方式，推进形成新的企业与用户关系。一是由大规模批量生产向大规模定制生产转变。二是由集中生产向网络化异地协同生产转变。三是由传统制造企业向跨界融合企业转变[16]。

1.2.2　国内现状

"十三五"时期，我国林草装备发展适应国家林业和草原工作新使命新要求，不断创新，各项工作均有新突破，为林草业现代化发展发挥了重要支撑和保障作用。

1.2.2.1　林草机械化产业逐步完善

我国林草机械经历从无到有、从小到大的过程，已经建立起集科研、生产、推广、服务为一体的发展体系，形成了一批产业集群基地，产生了一批具有行业代表性的企业，日益成为我国林草机械产业市场竞争的中坚力量。

据不完全统计，目前我国林业机械制造业年总产值约 1000 亿元。我国家具和木材加工机械总产值都已名列世界第一。规模以上人造板机械制造企业 100 多家，年销售额超过 45 亿元。人造板机械制造企业能够提供 39 类 800 多种人造板机械产品，拥有较为全面和完整的人造板机械产业结构和产品种类。园林机械生产企业从来图加工和贴牌生产逐渐向创立自主品牌过渡，主要动力为绿色清洁能源的占比逐步增加，产品质量不断提升。"十三五"期间园林机械仍以出口为主，以每年 24% 左右的速率增长，年均出口额 17 亿美元左右，2018 年为 21.55 亿美元。进口额从 2016 年的 1.47 亿美元减少到 2018 年的 0.81 亿美元。

草业机械包括种植、收获、加工三大类，草业机械和饲草料加工机械拥有量较"十三五"期间增加了 50%，2019 年草业机械收获牧草数量已达到 6624.71 万吨，秸秆捡拾打捆面积 88.56 万公顷，机械化青贮秸秆数量 9077.99 万吨。草业机械装备能力有所提高，机械化播种、收获、加工面积和能力均有所提高。

1.2.2.2　林草机械化科技创新多点突破

"十三五"期间，我国林草机械科研工作多处发力、多点突破。林业病虫害防治高效施药、木质建筑结构材应力分等、竹材工业前序工段高效加工、木材加工高速电主轴制造、人造板连续平压生产线控制、多功能固沙、林区智能生态监测等关键技术与装备，荣获国家级、省部级和行业的科学技术奖励，取得显著成效。

营林机械化取得进展。开沟大苗植树、葡萄修剪、悬挂式挖坑，多工序联合机械大规模投入使用，苗圃作业全程机械化。多功能固沙集成技术装备、干旱沙地机械化深栽造林技术、草方格铺设机器人提升了防沙治沙装备的机械化、智能化水平。基于"天-空-地"一体化林草智能监测装备，结合无人机低空监测与林内地面精准传感监测，为森林资源的监测提供有效手段。

油茶、枸杞、核桃、橄榄等经济林果生产机械化采摘取得阶段性成果，初步实现由人工作业向半机械化转变。丘陵山地生产多功能动力共享平台、油茶籽机械化收获、油茶青果脱壳及干燥装备、除草清林与深松垦覆抚育设备、果园病虫害防护设备取得进展。经济林智慧管护系统具有智能灌溉、自动施肥施药、小气候监控、防火防盗等功能，实现了节本增效。采运机械初步实现了伐木和集材作业使用伐木联合机、集材车等一体化，为现代化采运机械发展提供了示范。

森林防火机械基本实现自动化，研发了森林火灾烟气检测、森林余火清理及消防救援机器人、林火自动探测系统等设备，以及全地形草原灭火战车，初步实现了"天-空-地"一体化的防火网络，有效地防控森林大火。

草业机械针对退化草原的恢复治理，开展"草地机具-土壤-根系"系统等应用基础研究，进行了草地切根、补播、打孔、施肥等机械化改良、草地遥感信息监测技术的试验与示范和低扰动草原亚表层土壤修复机械化。

木材加工机械初步实现智能化，以超薄纤维板连续平压机、薄单板旋切生产线、数控木门横梃生产线、高效木工柔性生产线、木结构用锯材自动分等、新型高得率节能型木质纤维制备系统为代表的关键技术装备取得突破，定制家具生产线装备集成仓储、加工、物流及质量检测功能于一体，向无人化生产模式转变。

人造板装备制造发展取得明显成效，以连续平压机、热磨机、砂光机、旋切机为代表的关键技术装备取得积极进展，智能制造和先进工艺在人造板装备产业不断普及，制造企业数字化、网络化、智能化步伐明显加快，关键工艺流程数控化率大大提高，成套装备生产线出口量逐步增加，形成了人造板装备中国制造的新模式。

林草机械智能技术的研究，在林草业信息智能感知获取、信息智能处理、自主定位与导航、自主避障、装备智能调平、木材加工和人造板生产过程智能控制等方面研究取得了有效进展，为林草机械智能化发展和产业化应用奠定了基础。

1.2.2.3 林草机械保障能力日益增强

随着国家林业和草原局印发《关于促进林草产业高质量发展的指导意见》等一系列促进林草机械化发展的国家层面扶持政策的制定与实施，并不断加大投入力度，涌现出一批自主品牌的优质企业和林草机械产业创新高地。林草机械的发展，对改善劳动条件，提高劳动生产率，降低生产成本，增加林农收入，加速林草发展，提高作业质量，发挥了重要的保障作用。一是森林火灾综合防控能力得到大幅提升。我国森林防火卫星遥感、飞机巡航、高山瞭望、视频监控和地面巡护有机结合的立体监测网络，消防水车、高压水泵、高压细水雾等机具装备推广应用，有效保护了森林资源和人民群众生命财产安全，维护了林区社会稳定。二是有害生物防治机械较好地满足了防治需求。以施药器械类为主，均衡供药和高射程喷药机械、空防设施设备，形成空中与地面相互补充，适应各种复杂地形和气候条件的防治要求。三是园林机械快速发展。经过技术引进、消化和吸收，产业优化升级，国产园林机械在市政园林、公路绿化、庭院绿化建设中发挥了重要的作用。容器育苗、组培育苗等技术装备得到推广应用。四是草原机械支撑作用加强。草原恢复与改良技术已被我国林草主管部门和产业优势区列为主推技术，在我国北方草原典型区域进行大范围的推广应用，系列机械化技术连续 14 年支撑我国北方退化草原保护与建设等工程项目，占全国退牧还草工程实施面积的 82%，草原畜牧业整体效益提高 40%。退化草地机械化改良工艺及配套机械的研发与应用，综合技术达到国际先进水平，机械制造已初具规模和成效，推广应用专用机械 4000 多台(套)，实施草原机械化恢复治理面积累计 8000 多万亩。

林草装备与农业装备相比有较大区别，适用范围、作业空间都有很大的特殊性。必须充分发挥林草装备工作者的聪明才智，立足我国林草事业发展实际，以实现林草事业现代化为目标，以解决农民的切实之需为导向，创新驱动、攻坚克难、补齐短板、提高质量、增加效益。

1.3 面临的机遇与挑战

1.3.1 现代林草装备发展优势

1.3.1.1 产业发展有基础

经过 70 多年的发展，我国林草装备制造业建立起门类齐全、独立完整的制造体系，积累了与林草生产密切结合的专用技术和人才，形成了具有核心竞争力、影响力和号召力的企业品牌，建立了一整套行业标准、团体标准、企业标准等标准体系，在组织结构、创新能力、管理水平、产品质量等方面基本跟上了国家制造业发展的步伐，实现了产业更新改造和优化升级，部分机械装备达到或者接近国际先进水平。中国林业机械协会、中国林学会、中国治沙暨沙业学会等社会中间组织，在政府与企业、科研院所与企业、企业与企业之间发挥了重要的桥梁和纽带作用，特别是中国林业机械协会以服务林草机械装备企业，促进行业发展为宗旨，通过搭建展会、研讨会等各种平台，促进各相关经营及科研主体间的联系、交流和合作，推进国家项目落实，在规范行业发展，引导产业集聚等方面发挥了重要的作用，积累了丰富的经验。

1.3.1.2 科技攻关有平台

近几年，科学技术部、国家林业和草原局等相关单位，关心支持林草装备科技创新能力建设，建成国家重点实验室、国家工程实验室、国家工程技术研究中心，以及国家级产业技术创新战略联盟等一批国家和省部级科技创新平台，为提升林草装备科技水平奠定了良好的基础。如南京林业大学机电产品包装生物质材料国家地方联合工程研究中心、中国林业科学研究院所属的木材工业国家工程研究中心、林业机械与自动化国家林业和草原局重点实验室、国家林业和草原局林业机械工程技术研究中心等，北京林业大学、东北林业大学、西北农林科技大学都建有相关科研平台。近些年来，这些科研管理部门和科研单位克服困难，坚持研究，积极探索林草装备的发展，取得了一批具有较高水平的林草装备技术成果，初步形成了比较完整的集科研、生产、推广服务于一体的林草装备高技术研究体系，培养聚集了具有攻坚精神的研究人才，完善了高技术研究的手段和条件，为中国林草现代装备技术水平的提高奠定了较为坚实的基础，有效地促进了林草技术装备制造业的发展。

1.3.1.3 技术创新有经验

科技自立自强是林草装备发展的战略支撑。科技创新能力是企业和产品实力的体现，是企业发展的原动力。很多林草装备企业和科研院所精工深耕，以强大的科研能力为支撑点，以客户及市场需求为切入点，以促进产品更新换代和行业升级为发力点，持续构建高效先进的智能化、数字化产品体系，引领行业稳定、高质量发展。原北京林业机械研究所开展了自动破竹、乔灌木机械化采收、便携式多功能林果采摘、丛生竹择伐的装备研发。哈尔滨林业机械研究所开展了北方苗圃系列技术装备、容器苗工厂化生产线、经济林苗木自动嫁接、油茶脱壳分选、竹材干燥自动控制系统、沙生灌木仿形平茬、雷击火防治、葡萄修剪、悬挂式挖坑、移动喷灌喷药、草沙障修筑的装备研发。甘肃省治沙研究所开展了微型压沙机、铺草压沙一体机、塑料网带状沙障机、流沙灌木快速植苗器的开发应用。北京林业大学开展了困难立地造林特种底盘、立木整枝机、多功能立体固沙车、三北防护林生态监测系统、联合伐木机的研究。南京林业大学开展了病虫害防治施药、作业机器人、果蔬采摘的装备研究。东北林业大学开展了机载式风力灭火机、蓝莓采摘机的相关研究。中南林业科技大学开展了油茶果采摘、扬土灭火、银杏叶采收的相关研究。原南京森林警察学院开展了森林火灾烟气检测、着火点定位、水基灭火弹、余火监测清理及消防救援机器人的相关研究。

1.3.1.4 政府支持有措施

为深入落实习近平生态文明思想，将绿水青山打造成金山银山，很多省份都在通过技术创新、机制创新、产业创新、政策创新推进林草装备的发展。浙江省政府与国家林业和草原局在永康创建林草装备科技创新园，旨在建立"林企林农出题，高校院所企业联合解题"的协同创新机制，建设一批高质量的林草机械应用示范基地，推动机器换人、机械强林，打造具有国际影响力的新型林草装备创新高地、科技人才集聚高地和林草装备产业集群高地。国家林业和草原局与浙江省政府多次专题研究创新园工作，聚焦面向全球的林草装备科技创新园区、服务全国的产城互动融合发展高地、引领永康的生态智慧园区建设标杆"三大示范"，力争在运营架构、园区建设、要素保障、科技平台和招商引资上取得"五大突破"。浙江安吉县林业局与原北京林业机械研究所合作开展了国有林场机械化伐竹试验与示范工作。通过设备现场演示、机械化作业培训等多种方式进行机械化推广，提出专业工程队机械化作业模式和设立林业机械维护点等措施，全县竹林经营基本实现机械化。福建省连续3年共投资3000万元，用于林地机械化的研发和推广。以营林机械推广示范点建设为抓手，以点带面推广竹业机械，割灌机、油锯、单轨运输机等的广泛应用，初步实现营林作业职业化、营林装备专业化、装备保障常态化的发展模式。湖南省林业局与省农业机械管理局建立了油茶、楠竹产业机械化合作机制，在购置使用机械、科技研发、课题调研等方面，对推进油茶、竹木机械化生产给予支持。宁夏回族自治区开展枸杞高效低损智能化采收关键技术与装备研发，面对采摘季节劳动强度大、用工量大、效率低等突出问题，"十三五"首批重大科技项目投资2000万元，重点攻克快速识别、精准采摘等关键技术，研发枸杞自动化采收智能装备和机器人，力争解决我国枸杞产区长期以来面临的采收难题。

1.3.1.5 国际竞争有市场

中国在21世纪以来引领了全球制造业版图的巨变，伴随着美国、日本、德国等发达国家的市场份额快速下降，中国、印度、土耳其等国家市场份额快速上升[17]。林草机械装备也一样，市场份额逐年扩大，国际竞争力也明显上升，特别是营林机械、采伐机械、木材加工机械、人造板机械、园林机械，在适用性、购置成本、性价比、维修服务等方面具有一定的竞争力，近几年林木机械产品出口保持稳定增长，全球市场需求潜力依然较强。据海关统计，2021年我国主要林木机械包括营林机械(含农林、园艺用设备)、园林机械、木工机械、木工刀具、人造板机械等产品进出口态势良好，进出口总额达202亿美元，同比增长35.08%，出口额持续增长，为193.09亿美元，同比增加36.96%。在亚洲、欧洲、北美洲都占有很高的市场份额。占进出额半壁江山的木工、园林等用便携式电动工具向美国、欧盟和东盟三大贸易伙伴的出口额，分别占出口总额的30.59%、24.52%、8.28%[18]。

1.3.2 现代林草装备发展瓶颈

我国林草业机械化率低，户外林草装备产业一直处于市场资源低效配置状态，植树造林、防沙治沙、生态修复等生产环境复杂，生产主体分散，公益性强，重点工程项目资金少，市场动力不足，林草机械作业环境、林艺草艺与机械不匹配，林草装备重大关键技术与国际差距较大。

1.3.2.1 有效需求不足

林草高质量发展对林草装备有巨大的潜在需求，但由于投资总量不足，劳动的社会化组织程度不高，经营主体的消费能力不强，装备需求的时间间歇性和作业环境的复杂多样性，以及劳动者的用机习惯等现实状况，影响了装备的消费倾向，使林草装备的潜在需求，很难变为有效需求。所以在市场经济制度下，"看不见的手"是失灵的，就需要"看得见的手"，更好地发挥作用，推进其潜在需求变为有效需求。改革开放40多年的实践也印证了这一点，没有政府强有力的领导，市场资源配置难以配置到林草装备产业。

1.3.2.2 技术创新不够

中国林草装备制造业创新不强，尤其是主机设备的关键技术缺乏创新，长期处于跟踪和模仿状态，产品质量、自动化程度和节能环保水平与国际先进产品相比差距较大。许多林草技术装备（特别是便携简易营造林及采伐运输设备）的开发既要考虑便于在复杂地域、气候、立地等野外条件下使用，又要兼顾使用者的购买能力和操作能力，增加了林草机械新产品开发的技术难度。加之此类产品品种繁多、需求量有限、市场分散、产品使用受季节限制等因素，势必增加产品的研制成本，社会资本投入兴趣不大，企业参与开发的积极性不高。

林草装备科研力量薄弱，全国现有专业从事林草装备研究的科研教学单位不足10家，现有直接从事林机的研发人员较少，人才流失达50%以上，独立财政科研机构运转困难。全国仅有不到10家林业大学、省级林业科学研究院保留了少量林草装备研究团队和学科方向。全国科研机构中林草机械科技人员总数不足200人，包括企业在内，从事户外林业机械的科研人员不足1000人，而农业机械2017年科技人员为4.9万人。产学研用脱节，即便是有些适用的机械产品也很难得到推广和应用，并转化为林草生产力。2017年农业乡村机械从业人员5128万人，林业及木竹采伐机械从业人员1200人[19]。

1.3.2.3 政策扶持不足

国家有关部门对林草装备制造业的扶持和管理工作还很薄弱，对林草装备技术研发投入不足，有关林草装备科研项目被边缘化，支持力度不够，协调服务不周，大型装备研发列不到议事日程。林草重点工程项目的机具配置、机械化技术路线和实施方案缺乏统筹设计、立项论证和检查指导。林机服务体系建设规范和标准、林机使用教育与培训、林机购置补贴政策、林机安全作业规程等，都缺乏专门的研究和实施。"十一五"以来，国家林业和草原局先后出台了《全国林业机械发展规划（2011—2020年）》和《林业科技创新"十三五"规划》，提出了林草装备的科研和学科发展要求，但期间没有获得过国家科技支撑项目的资助。"十三五"国家重点研发计划无林草装备课题的科研项目，科研投入微乎其微。

1.3.2.4 行政管理薄弱

我国现在的林草事业发展中，管理体制、运行机制、生产方式、技术规程和政策支持等方面也严重制约着林草装备的提升和发展。农业机械化发展很快，2019 年平均机械化率为 67%，新疆、黑龙江已经达到 98%。农业农村部下设正司级主管部门——农业机械化管理司，负责全国农业机械化发展政策和规划、农机作业规范和技术标准，指导农业机械化技术推广应用。还设有农业机械化总站这一具有 19 个部门的事业单位。地方各级政府都设有农机管理部门，实现了行业主管、省、市、县、乡五级政府机构共同组织和引导农业机械化发展。而林草装备产业一直处在市场失灵、政府主管部门缺位的状态。经历了多次机构改革之后，没有明确的政府部门来主管林草机械工作。由于缺乏政府部门或行业机构权威性的及时指导与协调，无法整合有效资源集中力量办大事。

1.3.3 现代林草装备发展机遇

当前，新一轮科技革命和产业变革蓬勃兴起，全球科技创新进入密集活跃期，颠覆性技术创新层出不穷，新产业新业态相继涌现，引发了生产力和生产关系的重大调整。这为提升林草科技发展水平提供了更多的机遇、更高的平台。

1.3.3.1 国家林业和草原局高度重视林草机械的发展

林草装备落后，机械化水平不高已经成为行业的共识。习近平总书记在 2022 年 3 月 30 日参加首都义务植树活动时强调，"林草兴则生态兴"。为落实总书记振兴林草的指示，国家相关部委协调研究大力推进林草机械化、智能化，给林草现代化插上科技的翅膀。国家林业和草原局提出，要改变林草生产管理落后局面，迫切要求加强林草科技工作，加快促进机械化、智能化与林草行业深度融合，使林草事业跟得上时代发展步伐，在国家现代化进程中不掉队、不拖后腿。提出加快推进国家森林资源智慧管理平台和林草生态网络感知系统建设，对林草机械加快融合物联网、人工智能、遥感等先进技术提出了更高要求并带来重大机遇。要求以降低木本粮油和林下经济生产成本、突破地形地貌制约为目标，围绕"轻便上山"、植保采摘等重点环节装备以及全程机械化装备体系、智能化装备和作业体系等关键技术开展联合攻关，尽快在实用林草机械研发领域取得突破。

1.3.3.2 林草装备发展已列为"十四五"规划的重要内容

国民经济持续高速发展和社会生活不断改善为林草装备制造业提供了巨大的国内需求市场。转变发展方式要更多地关注经济增长质量，宏观政策导向和林草发展规划对林草装备制造业提出了新的更高要求，为林草装备技术创新提供了重要机遇。《国民经济和社会发展第十四个五年规划和 2035 年远景目标》明确提出研发造林种草等机械装备，要通过建立机械化示范区推进丘陵山区农田宜机化改造工程。在科学技术部

"十四五"重点专项中，将枸杞、油茶和核桃等经济林采收和山地通用底盘等装备列入其中。《"十四五"林业和草原保护发展纲要》明确，提升林草装备水平，推动林草机械化技术研发，加快研发全地形行走专用底盘、高效造林种草机械、高性能木竹采运机械、林果采收机械、木竹加工智能机械、森林草原防火机械等关键技术，切实解决林草保护发展存在的"无机可用、有机难用"问题。推进营造林、种草改良、有害生物防治、森林草原防火、林果采收、牧草生产全程机械化，推进家具、人造板生产全程智能化。开展林草生产机械化试点示范。

1.3.3.3 林草装备供给侧结构性改革潜力巨大

我国林草装备整体水平落后，林区、林农基本上处于无"机"可用状态。林草装备技术研究起步较晚，设备的开发及生产能力薄弱，发展很不平衡。如苗圃的机械化率44.6%，造林大都用人工完成，机械化造林不足10%，且设备故障率高、功能单一、配套性差、利用率不高。我国荒漠化防治事业取得显著成效，草方格成为了全球最便捷、环保、低廉的固沙模式，被世界赞誉为"中国魔方"。到目前为止，草方格治沙造林基本上还是以大规模的人海战术为主。从林草业生产的实际需求出发，利用制造业和农机装备成熟的基础研究和关键零部件，特别是智能控制、机器人、多光谱识别系统、大马力拖拉机、高强度轻质航空材料、大容量锂电池等方面的成果，推动造林绿化、荒漠化防治、草原治理、林果采收、木竹加工等关键领域的机械和装备产品重点突破、集成创新与应用，完全有可能攻克一批对林草业竞争力整体提升具有全局性影响、带动性强的关键共性技术。通过政策引导、资金扶持、项目带动，有利于推动林草装备企业发展壮大和优化升级，鼓励装备制造企业由单机制造为主向系统集成为主转变，带动配套及零部件生产的中小企业向"专、精、特"方向发展，形成优势互补、各有特色、重点突出的林草装备产业链。

1.3.3.4 国家制造业发展为林草装备业发展奠定了基础

改革开放40余年，我国制造业取得了令人瞩目的成就，持续的技术创新，大大提高了制造业的综合竞争力，连续12年规模居世界第一。农机装备作为"中国制造2025"重点发展的十个领域之一，在国家科技支撑、国家研发计划的持续支持下，实现了农机装备产业转型升级和科技创新能力持续提升。农机装备数量快速增长、农机作业面积不断扩大、农机化水平稳步提升，我国农业生产方式实现了由人力畜力为主向机械作业为主的历史性跨越。2022年，全国农作物耕种收综合机械化率达到70%，比2004年提高近36个百分点，其中小麦、稻谷、玉米耕种收综合机械化率分别达到96%、84%、89%，基本实现机械化生产。农业机械化发展有力地提高了我国农业生产力水平，促进了城乡一体化发展，推进了中国现代化的进程。国家装备制造业和农机装备振兴方面取得的技术成果，信息化、网络化、智能化以及新技术、新工艺、新材料的发展，为林草装备发展创造了良好的条件和重要的机遇。

1.3.4　现代林草装备发展面临的挑战

目前，我国林草科技发展存在基础薄弱、高端人才缺乏、科技支撑薄弱等问题。相关统计数据显示，2018 年中国林草科技进步贡献率仅为 53%，草原科技进步贡献率不到 30%，没有显著的标志性成果。林草产业人均生产力不足发达国家的 1/6，产品附加值仅为发达国家的 1/3，缺乏具有国际影响力的大型企业和知名品牌。

1.3.4.1　林草装备市场开拓艰难

我国现有林草装备企业主要集中在木材加工等户内机械，植树造林等生态建设户外机械少，占比不到 30%。林草装备企业市场开拓艰难。一是林草生产作业环境差，需要的装备差异性大，单机的市场容量不高，市场份额小。二是林草机械利润率低。低端林草机械同质化严重，企业陷入低端价格战，导致企业用于设备研发的费用较少，用于新产品、新技术研发的费用更少。三是林农的用机意识和用机习惯，还需要启发、培训、拓展。从研发、试制和使用，还需要一个过程。四是林草装备研发周期长、创新难。我国林草机械装备产品开发周期是国际水平的 2~3 倍，需要投入大量的研发资金，而一些机械设备又比较容易模仿，这就导致很多中小企业采取模仿、抄袭大企业产品，对原创企业科技研发形成冲击。五是农业机具补贴很难用到林草上。由于管理渠道不同，同样服务于农业和林业的装备制造企业，却始终无法享受购机补贴的同等待遇，直接影响到更多的制造企业不能投身于林草装备产业。

1.3.4.2　绿色发展对林草装备发展提出了新要求

现阶段，我国生产函数正在发生变化，经济发展的要素条件、组合方式、配置效率发生改变，面临的硬约束明显增多，资源环境的约束越来越接近上限，碳达峰碳中和成为我国中长期发展的重要框架，高质量发展和科技创新成为多重约束下求最优解的过程[20-21]。林草装备制造企业生产技术总体水平较低，处于"制造-加工-组装"低技术含量和低附加值环节，生产方式比较粗放，创新能力弱，80% 以上为中小企业，在全国产业分工中处于低端水平，与全球相比差距更大。随着新一代信息技术与制造业深度融合，正在引发影响深远的制造业产业变革，以大数据、云制造为代表的制造业正在发生历史性重大变革，我国林草装备制造企业如果跟不上发展的步伐，将更加落后，面临二次淘汰的风险。

1.3.4.3　经济下行压力增强

从国内看，需求收缩、供给冲击、预期转弱三重压力在工业领域体现更为明显，市场需求不足，企业综合成本居高不下，产业链和供应链的安全稳定还存在一些风险，招工难、用工贵、创新人才缺乏，企业特别是中小企业生产经营困难增多。由于我国多数企业长期从事加工制造，技术创新动力和能力不足，导致制造业长期处于全球价值链中低端，生产工艺落后、缺乏研发设计投入、缺乏核心技术、关键零部件严重依赖进口，出口产品附加值低、缺少自主品牌。一部分劳动和资源密集型产品受到严重冲击，产品价廉优势正在被国内资源价格、劳动力工资上涨和资源过度消耗所抵消，一些发展中国家的经济崛起和产品的比较优势已经显现；一些林草装备企业经营观念落后、创新不够、管理不善、信用不足和法律意识不强，也面临着更大的困难。因此，中国林草装备制造业必须了解世情、国情和林情，立足自主创新，开发新产品，开拓新市场，发展新业态，主动利用国内外两种资源和两个市场，解决中国林草装备产品在国际市场中的竞争力问题。

1.3.4.4 林草装备产学研用之间结合不足

林草生产经营主体多为分散的林户、林场、企业，规模小、经济基础弱，作业空间复杂，生产环节多、变化大，对机械的需求总量千差万别，小而无序，对装备产业发展的拉动力不足，更没有形成产学研用有效的信息链、价值链、利益链。一是科研与实践脱节。以往 SCI 为导向的科研考评机制，导致科研人员以完成课题为主，以发表论文为成果，研究成果不接地气，缺乏应用场景，形不成可供市场批量生产和销售的产品。二是供给与需求脱节。林草装备产业链上中下游信息脱节，林草装备研发与林草业生产需求未能实现有效对接，新产品缺乏有效试验，与作业环境、林艺草艺不匹配，导致林草装备适用性不足，销量少。

1.3.5 现代林草装备发展综合分析

根据林草装备现代化发展过程中面临的发展优势和劣势、发展机遇和挑战，构建SWOT 矩阵，具体如表 1-1 所示。

表 1-1　林草装备发展 SWOT 策略分析矩阵

项　目	优势 S	劣势 W
	①产业发展有基础 ②科技攻关有平台 ③技术创新有经验 ④政府支持有措施 ⑤国际竞争有市场	① 有效需求不足 ② 技术创新不够 ③ 政策扶持不足 ④ 行政管理薄弱
机会 O	SO	WO
① 国家林业和草原局高度重视林草装备的发展 ② 林草装备发展成为"十四五"规划的重要内容 ③ 林草装备供给侧结构性改革潜力巨大 ④ 国家制造业发展为林草装备业发展奠定了基础	① 加大林草装备科技创新力度 ② 充分利用科研院所的科研力量 ③ "揭榜挂帅"激发创新活力，加快从仿制、仿造向自主研发、自主设计转变 ④ 提升科研成果转化率 ⑤ 加大林草装备的多元投入和融合发展 ⑥ 建立装备创新产业园，发展装备产业 ⑦ 加大对企业扶持力度 ⑧ 充分发挥产学研联盟的作用	① 建立完善的企业经营管理体系 ② 加大政策扶持，对重点领域、关键技术给予重点支持 ③ 完善创新体制机制，增强产品国际竞争力 ④ 落实林机补贴政策，相关金融财税政策 ⑤ 做好展会经济，定期举办各种线上、线下展览

风险 T	ST	WT
① 林草装备企业市场开拓艰难 ② 绿色发展对林草装备发展提出了新的要求 ③ 经济下行压力增强 ④ 林草装备产学研用之间信息断链	① 加强社会化服务及产品售后服务 ② 整体提升林草装备水平 ③ 理顺政产学研机制体制，让科研项目成为真正推动林草装备现代化发展的科技支撑 ④ 强化优惠政策，扶持发展，鼓励企业研发和管理队伍，重点引进、培养紧缺人才	① 完善林草行业行政管理体制，明确林草装备的管理部门和职责 ② 完善产业链，增强产品竞争力，以高精尖的高端产品创市场 ③ 淘汰落后产能，促进绿色低碳发展 ④ 试验示范带动发展 ⑤ 积极参与国际合作和竞争

根据对林草装备发展战略的 SWOT 分析可以看出，优势和劣势并存，机遇和风险同在。应利用好优势，把握好机遇，克服困难，监管风险，立足当前，着眼长远，超前谋划，用心应对，牢牢把握发展的主动权，赢得更大的发展空间。

1.3.5.1 政府主抓是关键

改革开放 40 余年的实践说明，没有政府强有力的领导，市场资源难以配置到林草业装备行业。现实的需求变为市场的需求需要政府组织，从普通林农变成职业林农需要政府培训，从装备产品到田间地头的使用需要政府支持引导。应建立由政府牵头的林草机械化发展协同推进机制，统筹协调林草机械化发展工作，加强顶层设计和工作指导，解决发展中的突出问题。建议国家出台《关于加快推进林草机械化发展的指导意见》，落实国家、省级政府林草装备产业管理部门的责任，将推进林草装备现代化纳入各级林草管理部门的议事日程和考核目标，研究制定落实加大林草装备发展的扶持政策，打破行业封闭、院所界限，强化管理，整合资源，合力推进。增强林草装备发展的组织效能，促进形成强大的国内市场，带动林草装备制造业快速发展，为实现林草业现代化提供有力支撑。

1.3.5.2 科技创新是核心

启动现代林草装备创制国家科技重大专项，重点开展造林抚育、人工林质量提升、荒漠化防治、草原治理、经济林果采收、资源监测、灾害防控、木竹初加工等薄弱环节的机械化技术创新和装备研发、集成示范与推广应用，攻克多功能底盘、林草机器人等制约林草机械化"上山入林"、高质高效发展"卡脖子"的关键共性技术问题。通过"揭榜挂帅"充分激发社会科技创新潜能，促进原始创新思想大量涌现。以行业主管部门或委托相关科研院所，面向全社会甚至海内外公开招投标，充分竞争，优胜劣汰。定期组织林草装备创新大赛，为企业、林农、学生、科研人员搭建智慧平台。建立实用林草装备科技创新名录，通过以奖代补等措施，鼓励大众创业、万众创新，调动全社会的资金和技术、财富和智慧向林草装备产业集聚。建立林草装备信息化服务平台，促进政产学研用信息互通，不断提高林草装备有效供给。打造林草装备全产业链科技创新平台，利用现有科技创新联盟、工程中心、重点实验室等平台，围绕林草重大工程和生产一线需求，建立林草装备产业链上下游联合攻关，产学研用多主体协同推进、研发生产与推广应用相互促进的创新机制，形成良好的创新氛围。

1.3.5.3 加大投入是保障

资金是做好各项事业的基本保障。林草装备同林草行业一样，具有公共性和公益性的特点，存在着市场失灵的情况，必须充分发挥好政府的作用，加大资金支持力度。发挥政府投入的主导和主体作用，发挥金融和财税资金的引导和协同作用，积极引导和吸引社会资金参与，鼓励和扶持企业资金投入，形成多渠道多元化的投入机制。加大科技创新投入，利用国家科技专项、重大公益专项、科技成果转化等项目支持，集中科技资源，确保在重大科研项目上立项并能取得突破性进展，推动高新技术产品的开发研究，提高装备科技含量。加大重大生态工程中重点项目资金的单位投入，留出一定比例的资金用于装备购置，改善工作环境，提高劳动效率。建立先进装备产业投资基金，加大产业发展投入，通过政府增信和适当让利，引导基金投向、吸引社会资本、扩大有效投资、落实国家战略，实现政府和市场的双赢。加大政策补贴性投入，将农机补贴政策落实覆盖到林草机械上，让购买林机的农民直接受益，提高农民购置林机的能力，使农民在使用机械促进发展中得到实惠。

1.3.5.4 典型示范是带动

典型示范带动一直是比较行之有效的工作方法。探索具有区域特点的林草生产全过程机械化解决方案，优化机械化作业环境条件，林艺草艺、林草装备一体化标准、规范和实施细则的匹配，改善林草机械通行和作业条件，提高林草机械化适应性。以优势林草企业为龙头带动，结合国土绿化、森林质量精准提升、天然林资源保护、退耕还林、防沙治沙林业重点工程需求，聚焦造林抚育、人工林质量提升、荒漠化防治、草原治理、经济林果采收、资源监测、木竹初加工等不同作业方式和工序需求，以及林草机械化发展的薄弱环节，加大研发制造、工程验证、区域试验和示范工程的支持力度，建设示范工程。率先在重点林区、国有林场、林草重大工程创建林草机械化示范区(县)，引导有条件的省份、市县和林区林场率先基本实现林草生产全过程机械化。

1.3.5.5 人才培养是基础

千秋大业，人才为本。发展林草装备业，必须建立多渠道多形式人才激励机制，广泛吸引各层次的人才和智慧，汇集到林草装备产业发展和林草装备改善提升上来。引导涉林涉草科研教学单位积极设置林草装备与信息化、林草机械工程相关专业的学科方向，构建产学研协同科技人才培养体系。提升林草装备科技创新人才培养能力，强化基层林草机械技术推广人员岗位技能培养和知识更新，开展多渠道、多层次、多形式职业教育和技术培训，采用实训与传帮带教学，培养林草装备科技推广人员，鼓励与机械生产企业、合作社、林农开展技术合作。支持林草装备科研教学单位、生产机械企业等广泛参与技术推广，依托"互联网+"，构建高水平远程技术服务平台。推动林草装备产业服务创新，建设一批林草机械经营服务中心、林草机械合作社，鼓励成立专业队伍和林草机械租赁服务，为林农提供一站式综合服务，提升林草机械化技术推广效果。完善人才评价机制，落实国家林业和草原局党组织激励创新人才"二十条"措施，坚持人才下沉、科技下乡，鼓励解决林草生产机械化问题，把创新的动能扩散到林间草原地头。

1.3.5.6 市场需求是动力

经济利益是市场得以运行的原动力，是市场运行机制的核心。政府通过政策的引导，对市场利益关系进行健康调整，使各经济主体作出有利于实现宏观经济目标的决策，以确保市场活动的正向性和前瞻性。政府要在扩大市场容量、积极培育用机市场上下功夫。促进规模化经营，通过规范土地流转、集体资产股份制改革、股份制合作经营，扩大经营规模，提高劳动的社会化程度。引导集约化生产，实施分类经营，鼓励一部分林地以经济效益为主导利用目标，集约经营。加强基础设施建设，实行宜机化改造。加强专业化服务，发挥合作社、协会的力量，采取托管或购买服务的方式，平滑装备需求的时间间歇性和作业环境的复杂多样性，培养劳动者的用机习惯，影响装备的消费倾向，使林草装备的潜在需求变为有效需求[22]。

1.4 战略构想

1.4.1 指导思想

以习近平新时代中国特色社会主义思想为指导，全面贯彻党的二十大精神，牢固树立和贯彻落实新发展理念，充分发挥市场在资源配置中的决定性作用，坚持问题导向、目标导向、结果导向，坚持以践行"绿水青山就是金山银山"理念为指导，以推动林业草原高质量发展为主题，以深化供给侧结构性改革为主线，以提高森林草原资源高效培育与利用率、满足林草发展对机械化的需要为目标，既解决有没有的问题，也解决好不好的问题，大中小机型结合、多种经营形式并存、动力与配套机具协调发展，加强改革创新，加快制造业转型升级，坚持科技创新、机制创新、政策创新，补短板、强弱项、促协调、提水平，注重技术引进与自主开发相结合，基础研究与应用开发相结合，研究开发与推广应用相结合，增强技术创新和推广应用的能力，推进机械装备与林草发展工艺相融合，不断提高林地产出率、劳动生产率、资源利用率，加快构建中国特色林草装备现代产业体系，为实现林草现代化提供最基本的物质支撑和保障，大力弘扬"牢记使命、艰苦创业、绿色发展"的塞罕坝精神，为建设生态文明和实现乡村振兴贡献力量。

1.4.2 发展原则

1.4.2.1 坚持创新驱动、融合发展

促进林草装备与新一代高新技术深度融合，提升林草作业智能化水平，顺应国家新时代发展要求，林草装备构建智慧化格局，促进林机林艺有效融合，为我国林草现代化建设提供装备支撑。抢抓机器人、人工智能、物联网、大数据、云计算、5G、无人机技术等新兴领域发展机遇，强化产学研推用优势资源整合，形成同向同步同频的推进力，强化跨界融合思维，倡导团队精神，建立协同攻关、跨界协作机制。向科技广度和深度进军，多出高水平的原创成果。

1.4.2.2 坚持问题导向、目标导向

针对林农"无机可用""无机好用"的难题，用好政府和市场两只手，充分调动中央和地方积极性，优化资源配置，汇集各方财智，重点攻坚克难，加强新装备新设备生产应用，布局消费网络节点，加快补齐发展短板，改善林草装备，提升装备水平和质量，改进林草工作环境，提高劳动效率，让林草生产者和林草装备生产企业都能够享受改革发展的红利。

1.4.2.3 坚持开放理念、全球视野

瞄准国内、国外两个市场，形成以国内大循环为主体、国内国际双循环相互促进的新发展格局。充分学习借鉴国外林草机械方面的先进经验，有目的、有重点、有选择地开展国际合作交流，吸引国内外专家、企业、组织协同攻关，引进国际高端智慧，促进林草装备自主化发展。支持林草装备制造企业自主开发新产品，鼓励开展引进消化吸收再创新，引导林草装备制造企业逐步由依赖技术引进向自主创新转变，大力推进创新技术产业化。

1.4.2.4 坚持优化结构、合理布局

采取因地制宜、分类指导、先易后难的办法，逐步解决林业草原机械化作业的问题，部分有条件的地区可以率先实行全程机械化。在经济基础好、积极性高、地势较缓、效益明显、具备作业条件、便于实行机械化作业的区域，集中攻关、率先突破。优先发展机械化，逐步向工业化、集约化、信息化发展，不断提高造林种草、防沙固沙等生态修复效率，确保林业草原工作高质量发展。

1.4.2.5 坚持市场主导、政府促进

加强政策支持和市场引导，使市场在资源配置中起决定性作用，以培育形成有效市场需求为抓手，更好地发挥政府政策推动作用，充分利用实施重点建设工程和调整振兴重点产业形成的市场需求，以国内市场为主体，大力开拓国际市场，不断创造新的消费需求，支持、培育、壮大市场，为新型消费发展提供全方位的制度和政策支撑。

1.4.3　政策依据

(1)《中共中央关于制定国民经济和社会发展第十四个五年规划和二〇三五年远景目标的建议》;

(2)《"十四五"林业和草原保护发展纲要》;

(3)《中共中央、国务院关于抓好"三农"领域重点工作确保如期实现全面小康的意见》;

(4)国务院印发《关于加快推进农业机械化和农机装备产业转型升级的指导意见》;

(5)《国务院关于印发〈新一代人工智能发展规划〉的通知》;

(6)《国家林业和草原局关于促进林业和草原人工智能发展的指导意见》;

(7)《全国重要生态系统保护和修复重大工程总体规划(2021—2035 年)》;

(8)《工业和信息化部关于开展绿色制造体系建设的通知》;

(9)《国务院关于加快振兴装备制造业的若干意见》;

(10)《关于促进林草产业高质量发展的指导意见》;

(11)《国务院办公厅关于进一步加强林业有害生物防治工作的意见》;

(12)《中国制造 2025》;

(13)《新一代人工智能发展规划》;

(14)《关于科学利用林地资源 促进木本粮油和林下经济高质量发展的意见》;

(15)《国家林业和草原局关于促进林草产业高质量发展的指导意见》;

(16)《全国竹产业发展规划(2021—2030 年)》;

(17)国务院印发《关于科学绿化的指导意见》。

1.4.4　发展方向

"十四五"期间及未来一段时期,是我国林草装备行业向全程机械化、自动化、智能化转变的关键时期,应加速林草装备技术创新,优化林草装备产业结构,推进林草作业局部产业机械化向全程全面高质高效升级,推动林草装备产业向智能化发展转型,走出一条中国特色的林草装备发展道路,为林草高质量发展提供装备支撑。

1.4.4.1　全程机械化实现林草业集约化经营

"十四五"期间,全面打破传统半人工半机械、单机作业的林草业生产模式,推进林草业生产全程机械化,充分发挥机械装备在林草作物生产各个环节中的作用,实现林草业的集成、集约、高质、高效的发展。一是聚焦薄弱环节补短板。针对林草主要领域生产的关键环节和薄弱环节,加大试验示范和服务支持力度,着力提升油茶、枸杞等主要经济林果机械化采运储一体化装备,典型沙漠化区域治沙、植被恢复、沙生植物收获利用全程机械化装备，林场区域经营全程机械化装备、机械化集成配套，探索具有区域特点的林草业主要生产领域全程机械化的解决方案。按照"统筹兼顾、突破薄弱、逐步实现全程"的思路，打造林草装备特色优势区试点。二是构建区域林草机械化体系。林草机械化装备向多个领域延伸，技术装备产品向多样化发展，着力研究整地、种植、植保、采收、产品加工处理等全流程的林草机械化装备，以点带面、点面结合，打造一批林草全程机械化样板，构建区域内林草全程机械化作业体系。三是优化林机作业组织形式。围绕生产全程机械化推进目标，建立林机作业服务组织，积极探索发展多元化、多业态和多模式的社会化林机作业服务组织形式，增强林机作业服务活力。

1.4.4.2　智能化引领林草机械生产方式

新型工业化、信息化、城镇化同步推进，转变林草业发展方式，要求林草装备要拓展领域、完善功能、提升水平，加快向自动化、智能化发展。一是开展复杂地形高性能越障动力作业平台研究，重点突破林区导航、避障技术，研制适用于山林草地复杂地形的"上山入林"通用底盘、全地形自行走机器人平台，研究人机协同、机群协同、人机物协同作业技术，开发林草装备智能操作系统、林机自主作业系统等。二是加强对林草作业执行器研究，重点突破果实识别与采收技术、执行器集成技术等林草装备关键技术，集成信息感知、工况检测、作业质量监测、总线控制、定位导航，以及远程运维管控等智能化技术，形成满足不同林草环境需求的林机装备智能系统。三是强化林草机器人研发条件保障，建立林业装备智能化产学研平台，以技术谋发展、求变革、促生产，形成面向林草业生产的信息化整体解决方案，构建以智能装备、智能管理服务为核心的智能林草生产技术装备体系。

1.4.4.3　"互联网+智慧林机"催生林草装备制造新业态

"互联网+智慧林机"不是对传统林草装备产业的替代或颠覆，而是传统产业的助力器，互联网与传统林草装备行业融合是新的"信息能源"，将会催生新业态，产生新产品。"互联网+智慧林机"充分利用云计算、物联网、移动互联网、大数据等新一代信息技术与林草装备深度融合、创新发展，打造林草建设和创新模式，提供精准信息服务和智慧化林草装备解决方案。一是快速开展林草作业环境的数据采集及处理，利用互联网、遥感、光谱、传感等技术，收集数据以满足林草业操作需求，比如营林、抚育、森保、巡检等。二是林草机械作业参数智能检测与反馈。通过装备北斗导航技术，通过林机运行轨迹及相关参数的测量反馈，可对林机运行状态进行优化。三是林草机械定位监控及预警。可有效、实时地观测林机使用情况，从而合理安排作业任务，减少资源浪费，提高整体工作效率，提高林草机械使用效率。

1.4.4.4　基础研究夯实林草装备创新发展根基

林草装备基础研究是开展现代林草装备研发应用的根本基础。一是要研究不同种植方式、生产装备、气候与环境等对林地质地结构和林草植物生长的影响机理，同时研究土壤工作、采收采伐作业等部件的减阻降耗、耐磨延寿、表面强化等技术及智能材料，开发林草土壤工作、采收作业部件新机构、新材料、新方法。二是研究构建林草植物生长从育苗、林地整备、栽植、林间管理到采收采伐的全周期智能化作业技术体系，研究林草植物生理、生长、环境信息感知技术，水、肥、药、光、热等精准精量调控，研究光感控制节能、感知记忆等智能新材料，开发林草植物传感器及装备系统；研究作业对象感知与跟踪技术、工况实时监测与智能测控等技术，开发作业对象视觉跟踪、树木精准定位等新装备。

1.4.4.5 林机林艺融合促使林草机械化生产高效协调

林机林艺融合有利于林草生产机械装备的性能和林艺相互适应，进而构建高效协调的生产系统，从而达到林草生产的成本效益最优化。一是构建协同高效林机林艺生产体系。加快选育、推广适于机械化作业、轻简化栽培的林草品种。将适应机械化作为品种选育、标准种植、林草生产基础建设等工作的重要目标，促使良种、良艺和良机配套，充分发挥林机作业的潜力和优势。二是打造林机林艺融合的新型主体。通过打造林机林艺融合示范应用平台，培养一批林机装备操作、维护能手，形成实用性强、可复制、可推广、可持续的林机林艺融合生产模式，促进林机林艺融合，加快推动林机林艺的协调创新。三是改善林机作业条件。结合机械化智能化作业对林地的要求，开展林地宜机化改造，积极推广"改地宜机"示范区建设，力求优化林机通达和作业条件，为林机林艺融合夯实基础。

1.4.5 发展目标

"十四五"时期，加快林草机械化进程，在国家政策保障上确立林草机械化在深化生态文明体制改革、全面实现乡村振兴战略和服务精准扶贫战略中的公益地位。到2025年，主要林草生产作业机械化、林业产品加工全面机械化、竹木加工机械智能化取得显著进展，区域协调共进的林草机械化发展新格局基本形成，有条件的地区率先实现全产业链的全程林草机械化。到2035年基本实现林草产业发展和生态建设机械化。

1.4.5.1 总体目标

围绕林草现代化建设总要求，通过机械化增强林业草原建设进度，以建设美丽中国，助力乡村振兴为目标，聚焦林草基础装备业、沙地治理装备业、林草防火装备业、林果采收装备业和木竹加工装备业的实际科学技术问题开展林草机械化共性的基础性研究，加强重大核心装备技术研究，突破因装备问题而制约林草绿色高质量发展的重大科学问题和关键技术瓶颈，如图1-1所示，按照产业链、问题链、创新链、任务链思路，从基础技术研究、关键技术与重大装备开发和典型示范三个层次部署30余项研究任务，推动林草生产经营模式转变，为林草高质量发展和现代化建设提供装备技术支撑。力争为"十四五"期间实现林草综合机械化率达60%提供科技支撑，具体目标是林草户外作业机械化率达到30%；沙地治理机械化率达到50%；林草防火机械化率达到65%；林果采收机械化率达到70%；木竹加工机械化率达到90%，其中智能化率达到40%。

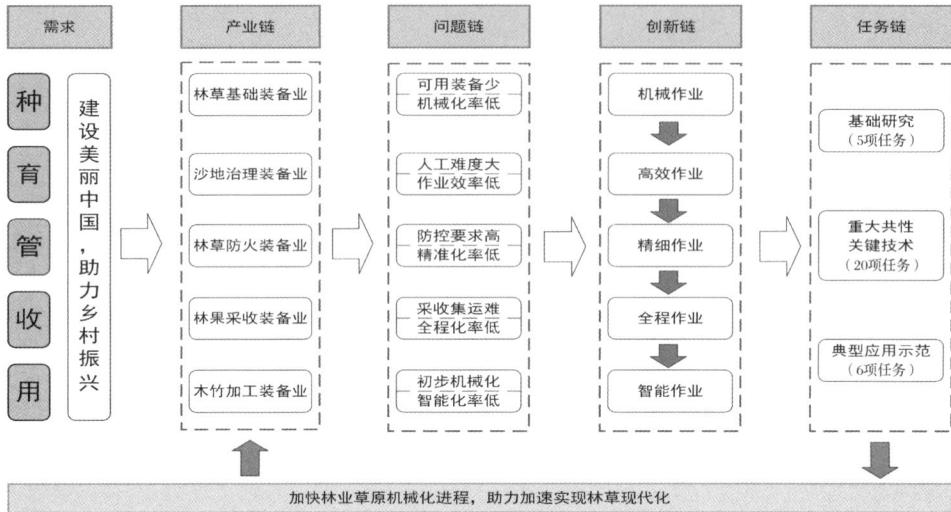

图1-1 产业链、创新链、任务链布局

1.4.5.2 专项目标

林草机械化发展的长期目标是在坚持可持续发展的原则下努力做到产业化、规范化、网络化、智能化，认真贯彻绿色、低碳发展理念，实现经济效益和生态效益相统一，全力推动我国林草机械高质量发展，为我国森林草原资源的可持续发展和高效利用提供有力支撑。

(1)林草机械化水平全面提升

林草机械总量稳步增长，结构持续改善。林业机械重点在智能高性能木竹加工机械、园林机械、森保机械等领域增长50%以上。在高效营林机械、高性能木竹采伐运输、人造板机械及设备等领域保有量增长5%~10%。经济林果、木本粮油和林下经济机械取得突破，争取市场总额翻番。草原机械重点在退化草地改良修复和病虫鼠害防治等草原生态领域，确保治理能力和生态服务功能显著增强，新增草原机械规模扩大10%~20%，全国机械化改良草原面积达到10亿亩，草原生态机械化治理得到全面发展。到2025年，我国林草机械制造业与世界发达国家差距显著减少；到2035年，我国逐渐步入林草机械制造业强国之列，林草机械制造业年总产值达到5000亿元。

(2)林草机械作业水平全面提升

林草综合机械化率达到 60%，其中林草生态修复机械化率达到 35%，林业加工机械化率达到 85%，林业生产能耗降低 20%，林果采摘、木材采伐运输、木竹材加工、森林防火领域综合机械化作业率大幅度提高。人造板机械、林产化工机械、家具机械、苗圃机械等林业机械智能化程度显著提升，林用航空作业面积明显增长。草原机械在草地改良、播种（补播）、草原管理、种子收获等机械化作业薄弱环节取得突破，初步形成草原机械化保护与修复技术体系，苜蓿、燕麦等优质牧草生产实现全程机械化，草原综合机械化率超过 50%，草原机械化建设作业水平得到全面发展。智能化草原机械技术取得一定进步，草原装备行业规模以上企业超过 2000 家，草原机械化建设装备水平得到全面发展。

(3)林草机械化科技水平全面提升

"十四五"期间争取林草机械领域国家重大科技专项立项，解决林草机械化"卡脖子"问题，着力解决林草资源培育与综合利用的科学技术问题。在丘陵地区林果采摘、南方人工林区木竹采伐集运全程机械化形成基本生产体系、生产模式。林草通用底盘、林草专用机器人、大型高效营林机械等高端林业装备产业化有所突破。森林植保、森林防火、林业生物质等机械化技术广泛应用。林草机械精准作业能力显著增强。加速突破自主化木工机械、人造板机械、竹工机械的专用智能系统研发、全面实现智能化生产。草原-机械互作关系等基础研究取得重大突破，草原机械产业科技创新能力持续提升，草原机械化保护与修复能力显著增强。

(4)林草社会化服务水平全面提升

林草机械化专业合作社建设更加规范，在营造林、森林防火、林果采收、智能林机、智慧草原等领域，建立了 50 个现代机械化示范林场和 20 个现代机械化示范草场。引导建立基层林草机械技术推广站和林草机械合作社。加大对中小型林草机械企业信贷的支持力度，促进新型林草机械经营和服务组织不断发展壮大，作业服务面积进一步扩大，机械化支撑适度规模经营的作用显著增强，林草机械销售、作业、维修、租赁、保险等社会化服务更加便捷高效。

1.5　林草装备科技创新

科学技术作为第一生产力，已成为当代经济发展的决定性因素。林草装备发展的战略方针是坚持科技创新为引领。核心任务是创新驱动，科技引领，破解瓶颈制约，攻克关键技术，提升原创能力，通过新技术、新产品、新工艺带动新发展，切实解决很多生产工序上无机可用、无机好用的现实问题。

1.5.1 主要任务

围绕林草现代化建设总体要求，以林草机械关键技术点为重要支撑点，通过林草机械智能化发展，全力加速推进林草迈向现代化建设的进度，助力乡村振兴，打造美丽中国，进而促进生态文明建设，如图 1-2 所示。由科技支撑向科技引领过渡，聚焦林草机械化进程中的简单机械作业、高效机械作业、精细机械作业、全程机械作业和智能机械作业的问题，实施林机普及、技术升级、多机协同、产业示范等四大行动，构建林草机械化作业、林草自动化作业、林草信息化作业、林草智能化作业四大体系，突破因装备问题制约林草绿色高质量发展的重大科学问题和关键共性核心技术瓶颈。重点开展造林抚育、人工林质量提升、荒漠化防治、草原治理、经济林果采收、资源监测、灾害防控、木竹初加工等薄弱环节的机械化技术创新和装备研发。攻克多功能底盘、林草机器人等制约林草机械化"上山入林"高质高效发展的"卡脖子"的关键共性技术问题。

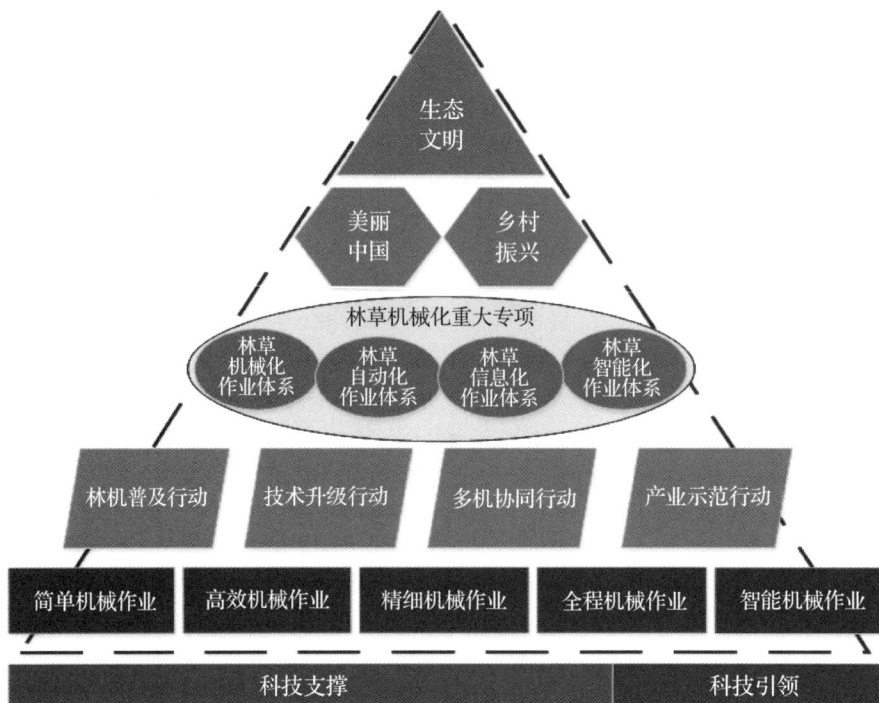

图 1-2　创新驱动林草机械装备发展布局

其中，林草机械化体系是引导林草机械从无到有的过程，如林区困难立地造林、沙漠治理、林果采收、竹工机械等领域，要加强户外林草作业通用平台等应用基础技术研究；林草自动化体系是引导林草机械从弱到好的过程，如园林机械、苗圃机械、病虫害防治等领域，要加强部分已实现机械化的林草机械加强在自动控制层面的应用基础技术研究；林草自动化、林草智能化体系引导林草设备从好到强的过程，如人造板机械、家具机械等领域，要加强工业技术配套较完善的林草机械大数据、物联网、人机物协同、远程监测、智能作业与管理等共性技术研究。

自动化应用基础及关键机械化、自动化、智能化技术 100 ~ 200 项，并培养科技创新人才 300 ~ 500 名，形成创新团队 20 ~ 30 个。创制关键共性核心技术装置与系统 150 ~ 200 项，研制机械化、自动化、智能化重大装备产品 100 ~ 150 种，建立林草机械化区域试验和示范工程 6 ~ 12 处，实现因地制宜推进林草生产全过程机械化。在重点林区、林场、草场等创建林草装备现代化示范区，引导部分省、市、地区的林草产业率先基本实现林草生产全过程装备现代化。

1.5.2 "卡脖子"技术科技攻关项目

针对林草机械化进程中的重大需求，以科技支撑带动行业引领，专项布置重点任务，面向林草作业机械化中急需攻克的难题，面向林草作业现代化急需储备的最新前沿技术，从支撑项目到引领项目、林草机械化科技研发项目，加快林草作业机械化进程。

1.5.2.1 基础技术研究

(1)环境生态要素与机械互作机制等基础研究

针对林草作业过程对环境生态要素与设施设备互作机制，土壤和作物对象互作规律不清，作业机理、原理与基础研究缺乏，作物生产过程信息表征不明等问题，开展林草作业对土壤质构及作物生长影响机理研究，研究森林、草原与土壤之间存在的密切的相互反馈作用，能够控制根面、根际、个体、群落、生态系统或区域等尺度上反馈的效应、性质与过程，探明"林草植物–土壤–机械"相互反馈的过程与机制。

(2)经济林果力学特性及自适应振动采收机理研究

针对目前林果采收设备基础研究薄弱、工艺参数几乎空白、标准缺乏等原因，提出一种新的振动力学参数辨识方法及其理论新体系。通过对果树的几何形态分析，研究树枝剪切模量，树叶、细小侧枝和果实掉落，果实成熟度对采摘效果影响。以线性梁为基础建立有限元模型，研究果柄系统瞬态动力学。建立果树在简谐振动时的力学机理和振动特性。建立数学模型分析变质量系统中质量、刚度、阻尼与固有频率之间的变化关系，求得能使果实脱落的振动频率，使设备激振频率大于果实脱落频率，完成果柄分离过程，采用附加质量法实验验证。最终建立变质量体系中树干固有频率分布规律辨识方法及实现技术。

(3)林草复杂地形多功能动力底盘研发

针对我国林草区地势复杂、坡度起伏大和从业劳动力缺乏、机械化程度低等问题，研发适用于山地林草经营生产的林草复杂地形多功能动力底盘，可以在坡度低于45°、地形复杂的山地林区移动并作业。通过对林草营林工艺过程的研究，确定作业平台整机与各工作模块性能要求及设计参数，开展平台整体设计和多功能林业作业控制系统研发，开展通过性能优化分析，试制样机并进行生产实验。

（4）林草全地形自行走机器人研究

林草全地形自行走机器人是林草机械智能化的必经之路，基于对林草作业区域的智能感知，研究内容有林草全地形机器人机械系统设计、林草区环境精准感知、林草全地形机器人的自适应行走控制、自然环境的林草机器人自动建图与导航控制系统、自然环境林草机器人作业规划与多机协作等。

（5）林草智能机械平台与设计方法

研究林草作业和林草生产中存在的机械机构相关共性技术。研发林草机械智能化设计多功能通用基础平台、大型抚育机械关键部件系统设计、林草病虫害智能化识别系统、机械智能化设计知识服务系统以及林草机械设计分析系统、虚拟仿真系统等软件和应用系统，研究轮履结合、仿生结构的新型林间作业行走机构，最大限度减少机械对生态环境的破坏。针对经济林采收共性问题，研究林果采摘机构设计方法。经济林果种植主要以油茶、枸杞、蓝莓、核桃等为主，采摘周期短，采摘期高度集中。研究制定高效的执行结构，针对不同对象设计专用的执行机构。

1.5.2.2 关键共性技术与重大机械开发

（1）全程机械化林业育苗作业机械研发

研究全程机械化林业育苗技术机械，构建机械化育苗作业模式，从优质种子获取到容器育苗和裸根苗培育，实现全程机械化作业，提高优质苗木的生产效率，降低育苗生产成本，解决林业生态修复对优质苗木的迫切需求。研究优质林木种子的获取与长效存储、自动化高效容器育苗成套设备及全程苗圃地育苗关键设备。

（2）造林整地一体化机械研发

利用机械原理、电子信息技术、液压控制技术、传感器技术等，研制整地造林一体化工艺技术和精准、高效、节能的机械。利用整地造林一体化技术机械的高效工作系统，提高造林作业时种苗的位置精度，减少机械对造林的破坏，适于坡地造林整地。

（3）病虫害精准低污染植保机械研发

围绕现代林草发展方式，针对提质、减施、增效对病虫害防控技术及重大产品的紧迫需求，突破森林病虫害预测预报的信息化技术，采用机载高光谱成像技术，开展森林病虫害监测与预测系统研究；研究经济林、人工林大尺度、微尺度特征参数获取方法，探索高效、精准防治技术，研制并示范应用多种形式和方法的精准施药防治机械；研制并示范应用复杂山地特殊施药技术和机械及其智能化技术，为智慧林业的发展提供支撑。

(4) 人工林联合采育技术集约化机械研发

针对人工林"全环节机械生产体系"需求，涵盖林木生产中的种植、抚育、清林、就地加工、剩余物收集、装运等多个环节，研发提升采育技术机械整机智能控制技术，研制抚育清林收集和集材机械、伐后生物质剩余物就地加工、收集机械、自走式智能抚育修枝机械、清林割灌和植苗造林机械，建立人工林采育技术机械制造生产线。

(5) 生态智能监测与保护关键技术机械研发

研究内容包括森林环境微能量发电技术与装置研究、林业和草原土壤关键参量监测技术与机械、林业和草原植物关键参量监测与保护技术与机械、林业和草原动物监测与保护技术与机械和构建山水林田湖草一体化生态智能监测与保护云平台。

(6) 草地快速封育及鼠害绿色防治技术机械研发

基于我国草原地表特点，研发具有定位多动力输出功能的适用于草原地况的自走式动力装置；研制快速草地围栏建植机，实现机械化快速栽植固定围栏立柱与丝网铺设；研制具有去除围栏杂草功能的围栏管理机，开发监控围栏异常功能的智能化监护系统；研制废弃围栏去除机。研制碎石清除、消坑填洼、激光平整等机械化技术与配套设备，实现草原高效保育。研发草原鼠害智能监测与预警系统；研制可以调节计量的微生物与饵料自动搅拌装置；研制鼠害绿色灭除机械；研制自动与半自动饵料投放机械设备；构建综合高效防治技术体系。

(7) 退化草地土壤–植被机械化重构技术与关键机械研发

研究内容包括运用等离子体手段破除草种物理休眠、激发种子萌发活性，研究牧草种子复壮处理与促生机械化装备；突破高坚实度低扰动稳定开沟、种肥床协同构建和保墒技术瓶颈，研发草地土壤单元体重构关键技术与装置；针对牧草种子的品种多样、形态各异等致使流动性差的难题，研发新型种肥兼施系统；集成切根、松土、混合补播、固液态肥料洒喷施技术，开发作业环境信息快速获取、草原空斑精准识别、行数行距智能决策系统，研发草原建群种基础上间隔精准补播机具、切根松土补播复式作业机具、高效间套作免耕播种机械、喷播机械等系列机具；提出适用于北方典型草地、高寒草甸草地、南方草坡土壤–植被系统修复的机械化作业模式。

(8) 草原病虫草害精准防控技术及关键设施设备研究

草原病虫草害种类繁多，危害周期长，预警灭除难度大，对草原生态环境的危害大，经济损失严重。国内不同地区每年以化学防治与生物防治手段为主，多采用飞机与大型机械喷施农药，劳动力投入多，工作强度大，效率低，对环境造成了一定程度的污染。利用大数据、人工智能以及物联网技术对草原有害生物进行精准防控预警，并利用智能机械技术实现精准灭除是亟待解决的问题，既可提高防治效率，又可减少农药投放，保护草原生态环境。

(9)沙漠治理及固沙技术机械研究

研发高性能智能化微、小、中、大型系列低速沙地作业的特种底盘机械；研发快速实施工程沙障、生态植苗插条播种、沙地作物收获的关键技术和机械；研发典型沙漠化土地耐旱、耐盐碱的快速固沙、防沙措施相结合的立体复合建植技术与机械；基于水资源高效利用的沙地种植和管理技术与机械；采收固沙一体化技术与机械和植物产品的深度开发利用技术与机械。

(10)沙生灌木平茬复壮关键技术机械研究

沙生灌木具有防风固沙、保持水土、改善生态系统和维持生态平衡的作用。为了更好地可持续性地利用沙生灌木，针对沙地表面承载能力低、路况复杂的特性，研发不同种类的沙生灌木平茬收集机械，以期完成不同种类的沙生灌木平茬、粉碎、打捆、运输等机械化作业，从而满足沙生灌木平茬复壮的需求并产生后续的经济和社会效益。

(11)林草火灾监测、预警与扑救设备研发

研制风速、温度、湿度等火场气象环境因子的智能传感器，实现气象因子实时动态监测；研究"天地空"一体化的火场状态数据采集系统，进而应用人工智能技术设计森林草原火灾蔓延预测模型，实现火情高精度预测；研发轻便型森林草原灭火机械、航空灭火设备、灭火机器人、灭火火箭炮等灭火装备；建立一套先进且完善的森林防火体系，最终实现森林草原火灾的智能扑救。

(12)竹材采伐集材及工业连续智能化生产技术机械研发

竹材采伐集材运输关键技术机械研究、竹材工业备料工段智能化连续化加工技术机械研究、竹材工业智能制造关键技术机械研究、竹餐具连续化智能化生产技术机械研究、竹笋探测采收及初加工关键技术机械研究、竹质能源高效生产关键机械研究。

(13)油茶果智能化采收运输加工机械研发

开展油茶果采收技术机械的机械化、智能化研发，重点突破油茶高效机械化采收执行器设计，开发智能化油茶果集运设备，实现无人驾驶，遥控操作，具有良好的执行能力；开展油茶果集中预处理加工技术机械研发，实现智能化、大规模化集中处理。

（14）特色经济林果高效采收处理技术机械研发

针对核桃、蓝莓、枸杞、橄榄、澳洲坚果等不同立地条件，研发不同种类的采收机械，初步实现采收机械化，开展作业对象分析与高效智能化作业机理研究、目标快速识别与精准定位技术研究、作业机械自适应作业对象及其控制技术研究；完成不同立地条件、不同种类的采摘、收集、运输等机械化作业，在保证采收质量的前提下可较大程度提高采摘效率，从而降低劳动成本，并产生后续的经济和社会效益。

（15）林下经济智能化技术机械研发

研发经济林种植模式下的耕作机械主要包括微型耕耘机、山地开沟机、便携式割灌机、田园管理机、地茎类中药材播种机等；研发经济林种植模式下的收获机械主要包括地茎类中药材收获机、智能识别采茶机、智能竹笋探测仪、食用菌类智能采摘手、山地运输机等；研发经济林种植模式下的加工机械主要包括地茎类中药材清洗机、烘干机、茶叶杀青机、竹笋剥壳机与竹笋切片机、食用菌类清洗、烘干机等。

（16）木工机械智能智造及远程监测检测关键技术研究

将现代通信技术与智能控制相结合，通过智能检测、远程监控、性能评估等物联网技术应用于木工机械集群远程控制，以区块链技术作为物联网安全的支撑技术，提高检测过程的可控性，提升我国木工机械制造业的智能化检测水平，实现相关行业的转型升级。通过可视化图像识别技术解决木材加工自动识别和智能分选，设置多种实时数据采集与识别装置，在线检测生产过程的加工精度和表面质量；引入自适应控制技术，对柔性加工参数、纹理、缺陷进行自动分析处理，提高木材加工质量与效率；以工艺参数数据库为支撑，建立具有人工智能的专家系统，自动优化加工的工艺参数，实现多轴联动和多加工工序的协作。创新发展工业化木结构建筑预制生产线设备集成与信息传输技术，实现建筑木构件生产线智能化、信息化、定制化和智能工厂高质量建设，全面提升我国居住建筑产品水平。研究内容包括定制化实木家具零部件检测设备、实木家具智能装配设备和实木家具成品检测设备。

（17）木材及人造板质量智能监测关键机械研发

针对目前木材加工机械及人造板生产机械自动化智能化程度低、产品质量监测技术与国外差距较大的问题，开展如下研究：单板及人造板力学品质分等关键技术与机械；锯材、单板、人造板（例如中密度纤维板）表面质量在线监测技术和设备；锯材及人造板内部缺陷在线监测技术与机械；新型木结构工程材［例如结构用正交胶合木（CLT）］力学品质分等智能检测设备；木材及人造板机械在线监测和分析系统；木材加工设备及人造板机械生产大数据平台；木材加工设备及人造板机械生产智能辅助运行决策系统。

（18）林业生物质材料高精增材制造机械研发

利用微滴喷射成型技术，开展林业生物质材料的紫外光低温快速成型关键技术，研究微滴喷射与成型、烧结特性、机理和工业级高精增材制造机械及其成型工艺控制系统，开发多功能性材料，研究后处理的快速实现工艺技术及其配套设备；研究开发叠层实体制造（LOM）层积薄木热压成型异型构件、木质零部件和大型模具的增材技术和机械，通过多层微米薄木叠层形成三维曲线异构模型，研究自动化供料、精准定位、水导激光切割、层积胶合、快速热压工艺技术及新型成套机械。研究面向生物质复合材料的选择性激光烧结（SLS）加工技术，研究工业级模块化烧结设备，研究振镜扫描系统及整机控制系统。

（19）绿色环保智能园林绿化及剩余物高效利用机械研发

研究低噪声、以高储能蓄电池为动力源的园林机械和研究适用于落叶、树枝修剪物、草屑等不同物料的采收方式，开发高适应性的连续采集、粉碎压缩、运输回收、深加工等智能化联合作业机械及精细化施工技术研究，重点解决一体化作业中的精准控制及输送技术；突破绿化剩余物联合采收机械的不同工序中不同运动加工部件的协同控制，解决物料处理过程的精准控制的问题，提高绿化剩余物中生物质成分的高效循环利用率；研究多来源碎料性能，开展绿化剩余物深加工高效利用等关键工艺技术；研制菌袋废弃物和木粉废弃物进一步碳化设备；创新粒料性能稳定性控制的技术，开展深加工过程中混合造粒与挤出成型设备研究。

（20）人造板连续平压线生产智能系统研发

对"平压线"的运行数据、工艺数据和当地环境数据等海量工艺数据，进行收集与研究，研究其相互交叉影响的规律；"平压线"各子系统高度集成，建立统一的生产数据管理及共享机制，保证生产线以正确的数据信息在正确的时刻以正确的方式传到所需的地方，缩短板材缺陷问题的处理周期；研究生产系统与市场信息、订单管理和消耗等数据的有机集成，形成数据全方位管理及共享机制，实现各信息和系统的全方位管理及共享机制。

1.5.2.3　核心技术突破

（1）困难立地林草通用底盘技术

针对我国森林、草原地貌类型特征繁多，地势复杂、坡度起伏大，普通的工程车辆底盘难以满足承载林、草作业模块进行生产作业的问题，开展适用我国重点区域的生态保护和修复工作所需的复杂地形多功能动力底盘的研究。急需研究可以在坡度45°以下复杂的地形灵活移动，具有动态自平衡调整系统、良好的防倾覆能力、越障能力和通过性的多功能动力底盘，实现底盘行走、停止、转弯以及除草、松土、开沟、采伐、集材、割草等多项林草生产作业控制。

(2) 面向全程或半全程作业的林草机械化作业工艺

由于林草环境复杂、设备通过性差、作业面积大等客观原因，研制精准、高效、节能的全程半全程一体化机械化作业工艺，一直是林草机械化发展的难题，现有的地面机械较适合在平原上进行大面积播种作业，不适用于在山区和丘陵等地形复杂地区作业，在作业面积较小的区域大型造林机械不方便使用并且工作效率低、能耗较高。林果采摘等部分采收执行器适合在林区采收，但是采运下山一直是困扰整体机械化的难题。全程半全程一体化机械化作业工艺明确各个环节的过渡技术，对发展林草机械技术意义重大。

(3) 林草机器人技术

针对户外林草复杂的环境，研制适合林草作业的林草机器人，关键技术包括林区和草原多源传感器融合感知、基于北斗的高精度地图与定位定姿、目标行为识别与轨迹预测、自主决策与轨迹规划、多目标林草无人机纵横协同控制等。突破复杂地形行走、避障、转向等林草机器人核心技术及关键零部件数字化建模、动态仿真、动力匹配等，研发林草全地形自行走机器人。

(4) 林草智能感知技术

针对林草业特殊环境，研究林草作业时高效实时获取活立木、地形、障碍物、自身位置等信息及异质多传感器数据融合的理论方法，研制辅助森林作业设备的高效实时环境感知系统，为森林作业特种机器人的行走控制和作业控制提供基础数据。基于现代传感技术、信息技术、大数据技术等，重点开展复杂环境现场实时感知、准确定位、可靠反馈等智能化技术研究，推动林草感知技术数字化、网络化和信息化发展。

(5) 智能化人造板连续压板技术

平压线是以木材剩物、次材、废料等为原料，生产出高质量的木质人造板，可极大地缓解日益增长的市场需求和木材资源日益紧张的尖锐矛盾。对人造板智能热压工艺大数据进行集成与处理，形成集成生产系统，一方面大幅提升生产线运行和管理效率，促进产能提高、人造板产业结构优化和人造板企业高质量发展；另一方面也体现新一代信息技术与制造机械的深度融合，符合《中国制造 2025》关于智能制造工程的发展要求。

(6) 油茶精准高效采摘采收技术

油茶果花果同期的生长特性是影响油茶果机械化采摘的另一关键问题，主要表现在油茶果成熟后，花苞和果实同时存在且花苞易损伤和掉落，机械装置的碰撞和采摘很容易造成油茶果花苞损伤，花苞一旦损伤将会大幅降低下一年的油茶果产量。目前，油茶果采摘半机械化、机械化与油茶品种培育和栽培有极大关系，暂没有做到机艺融合，油茶果的机械化采收未能真正解决。

(7) 草原鼠害绿色防治技术

针对鼠害入侵草原，并在草原上繁殖，导致草原上到处都是鼠洞，对草原造成严重的破坏，对草原土质造成不利影响的现状，通过化学法治理会造成草原生态的大面积破坏，开展机械化绿色防治是发展趋势。鼠害分布密集给治理带来了极大的困难，通过建立一个高效精确的草原鼠害监测系统，来实现鼠害绿色防治。

(8) 木竹加工智能制造技术

依据《中国制造2025》的要求，将现代通信技术与智能控制相结合，通过智能检测、远程监控，实现整个产业链的智能制造，是以产品的生命周期来划分，如采购、物流、生产、安装、维护等，木质产品智能制造都会处于其中一个或几个环节中。将工业信息化技术深度融入木竹加工制造中，将物联网技术应用于设备集群远程控制，以区块链技术作为物联网安全的支撑技术，提高检测过程的可控性，对提升我国木工机械制造业的智能化水平，实现相关行业的转型升级，提高国家木竹加工机械的核心竞争力等有重要的意义。

(9) "互联网+"人工智能技术

移动互联、大数据和人工智能的发展为生态监测应用提供了良好平台。物联网与移动互联网成为生态监测与保护创新发展新领域；云存储和云计算为海量生态数据存储和处理带来极大便利；大数据、可视化与人工智能的发展为生态监测与保护智能化提供了技术手段。

(10) 竹材采伐集材及备料连续化加工技术

竹材采伐集材已成为制约我国竹材工业发展最大瓶颈问题，开展竹材采伐机械底盘技术、采伐专用刀具关键技术同智能技术融合创新，基于我国现行竹林生长环境，突破竹材采伐和集材运输关键技术机械，就地进行备料连续化加工，使竹材实现标准化、连续化、自动化生产，减少劳动力投入，降低加工生产成本，从而创新实用的竹材采伐、集材、运输以及就地加工的机械化经营模式。

1.5.3 技术推广典型示范

1.5.3.1 规模化林场全程机械化经营示范

针对我国南方国有林区、东北国有林区、西南国有林区的生态建设与生产经营开展林业经营过程中采种、育苗、林地整理、挖穴、幼林抚育、施肥、修枝整形、病虫害防治、采伐、集材、运输等，开设林道、防火道等机械化经营中关键机械与技术集成创新研究，建设全程机械化经营示范点，实现全程机械化经营。

1.5.3.2 典型沙漠化区全程机械化治理与修复示范

面向西北脆弱生态区域，研究快速实施工程沙障、生态植苗插条播种、沙地作物收获关键技术和机械示范推广；典型沙漠化土地耐旱、耐盐碱的快速固沙、防沙措施相结合的立体复合建植技术与机械示范推广；无人机飞播技术与机械示范推广；基于水资源高效利用的沙地种植和管理技术与机械示范推广；采收固沙一体化技术与机械和植物产品的深度开发利用技术与机械示范推广。

1.5.3.3 竹林场全程机械化经营示范

研究竹林场经营全程机械化经营技术模式，配套竹林抚育机具，包括竹林微耕机、毛竹伐桩处理机、竹枝丫粉碎机、垦复机、施肥机、毛竹钩梢机、竹材采伐机、移动式毛竹输送索、竹材备料加工连续化技术机械，实现竹林抚育、采收、初加工全程机械化。

1.5.3.4 油茶全程机械化经营示范

开展油茶苗培育技术机械研究，解决机械化油茶苗木基质处理、容器栽植、嫁接等技术问题；开展油茶管护机械设备研究，研究油茶林内智能化无人驾驶自行走设备，实现除草、施肥、喷药等功能；针对茶果采收技术难题，开展机械化、辅助设施等采收关键技术研究；为解决油茶果采后预处理损失严重、影响油品质量、高质量压榨等问题，开展油茶果采后预处理、高质量压榨关键技术研究。

1.5.3.5 枸杞机械化经营创新与示范

开展枸杞全程机械化经营技术研究，经营机械化包括机械化种植、机械化除草、机械化追肥、机械化防治病虫害喷药、机械化枝干还田作业、无人机植保、机械化自动化采收等关键技术研究，大部分工段代替人工作业，全面提升作业效率。

1.5.3.6 青藏高原草原机械化生态修复与治理示范

作为我国青藏高原生态屏障、黄土高原-川滇生态屏障和北方防沙带的重要组成部分，草原总面积2.68亿亩，其中可利用面积2.41亿亩。研究草原生态修复与治理机械化关键技术，包括草原生态监测、草原鼠兔机械化防治、草原航空播种、草原施药机械、草地快速封育机械等全程机械化作业，突破生态保护监测和机械化防治的薄弱环节，逐步实现机械化修复与防治。

1.6 战略重点

针对"十三五"期间林草生产中存在的实际问题和现有产业规模，考虑逐层递进式机械化实现可能性，集聚资源强科技、兴主体、推全程，集中力量补短板、抓薄弱、保安全，全面促进重点领域林草机械化、自动化、数字化和智能化水平。

1.6.1 重点任务

1.6.1.1 加快攻克林草机械化关键技术瓶颈

围绕林草装备技术创新的整体构想，聚焦林草装备技术创新的重点领域，坚持创新驱动，以支撑林草机械化供给侧结构性改革为主要目标，聚集优势资源、强化创新基础、推进联合协同、提升创新能力、主攻薄弱环节、推进集成配套，增强先进适用、安全可靠、绿色环保、智能高效机械化技术的有效供给，大力发展林草机械化新技术、新装备、新工艺、新模式，淘汰高能耗、高污染、安全性能差的落后机械，促进技术装备更新换代，切实改变林草生产中不同程度存在的"无机可用""无好机用""有机难用"的被动局面，全面解决林草机械化中的"卡脖子"问题。紧盯林草生产作业的薄弱环节和空白领域，加强生态系统结构功能与调控机理、生境生态要素与设施设备互作机制等基础研究，为加快推进林草机械化提供基础支撑。加快解决困难立地造林的林业专用底盘、高效木竹采伐运输机械、林草专用机器人、智能化林机、草原生态恢复机械等关键技术的研发，加大丘陵山地林果采收机械、人造板机械、草原机械等关键领域科技攻关和成果转化，提升林草机械信息收集、智能决策和精准作业能力（图 1-3）。

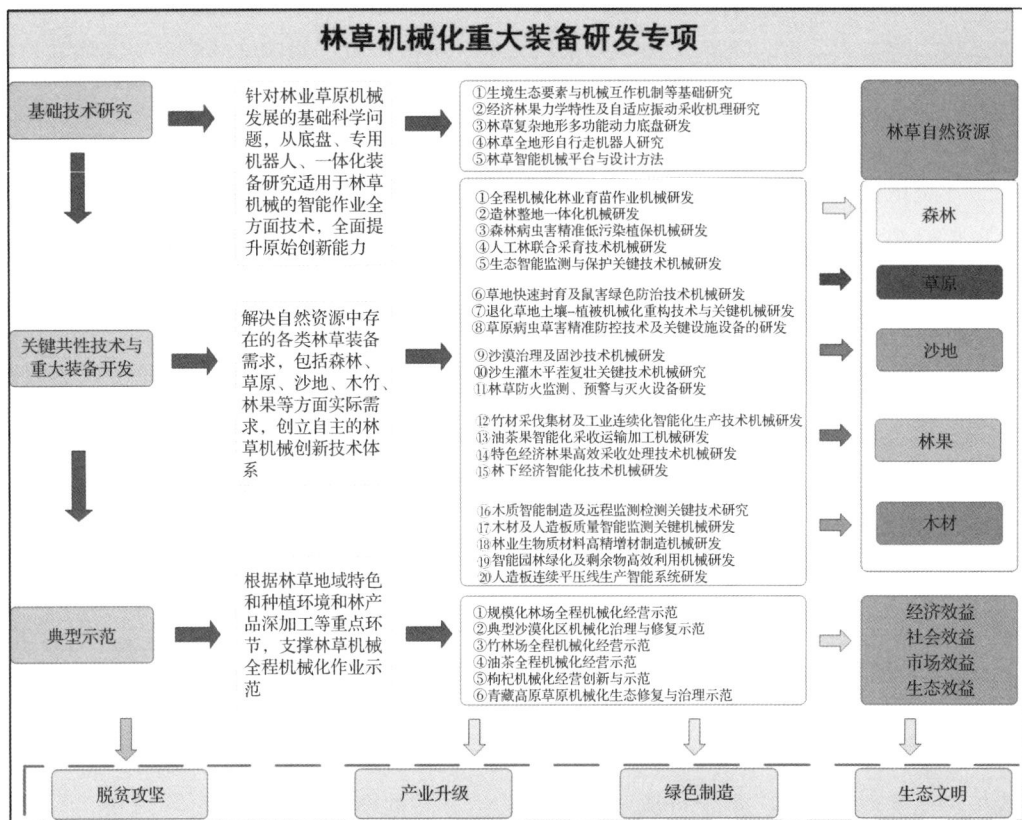

图 1-3　林草机械化技术创新布局

1.6.1.2 继续推进林草主要作业环节全面机械化

通过林草作业机械化来改变林草作业生产方式，提升林草劳动生产率，提高林草生产效率和质量。坚持突出重点，实现营造林机械、森林植保机械、森林防火机械、林果采收机械、木竹采运机械、木竹加工机械、林草生物质能源利用生产工序、植牧草生产全程机械化，探索具有区域特点的草原生态修复全程机械化解决方案。在家具机械、人造板机械已经实现机械化的基础上，探索作业全程智能化，在全国建成一批主要林草生产全程机械化示范点，推进有条件的地区率先实现全程机械化。

1.6.1.3 稳步协调区域化林草机械发展

坚持问题导向，着力解决各产业各区域间林草机械化发展不平衡，以及机械增长与效率效益不协调问题。对标区域林草产业分布与规模，按照因地制宜、突出重点、经济有效、节约资源、保护环境、保障安全的要求，紧密结合林草产业结构调整，推进林草机械化区域均衡协调发展。依据林草发展新格局，突出重点，根据区域经济特色和产业配套，探索建立不同区域林草机械配备应用模式，推进林草机械区域均衡协调发展。

1.6.1.4 着力促进林草机械产业升级

通过建立林草机械科技创新高地等措施，从林草生产机械化、智能化发展环节到生产全程机械化，再到产前、产中、产后全产业链机械化，推进林草机械产业化转型升级，在全国工业较发达地区率先建设一批林草机械产业示范园区，提高林草机械化产业链整体水平。组织竞争性选拔，培育一批龙头企业，综合运用市场化、法制化的方式集聚资源，扶持龙头企业，形成品牌效应，促进企业做大做强。以木工机械、人造板机械、园林机械、木竹采伐机械等产业升级为重点，全面提升林草机械技术水平，结合"一带一路"国家战略，促使优质产能向外转移，带动沿线国家林草产业发展。

1.6.1.5 重点提高林草机械绿色节能水平

为实现"美丽中国"的建设目标，要使用一些低能耗、低成本、低污染、低材耗的制造原材料，减少对生态环境的破坏。要以发展先进适用、低排放、低污染、高能效和高效率的环保型林草机械产品，提高林草机械产品的信息收集决策和精准作业能力，推动木工机械、人造板机械等高能耗生产加工方式向环保低能耗生产方式转变。加快推进天然草原机械化生态保护、治理、恢复和利用工程，启动草原机械化生态修复工程，保护天然草资源，加大种质资源提升力度，启动草原机械化种质提升工程，加大优良草种繁育体系建设力度，推进高标准高质量草原建设。

1.6.1.6 全面提升林草机械智能化水平

充分利用云计算、物联网、移动互联网、大数据等新一代信息技术与林草机械深度融合、创新发展，通过感知化、网络化、智能化的手段，打造林草建设和创新新模式，提供精准信息服务和智慧化林草机械解决方案。实施"互联网+林草机械化"，促进信息化、智能化与林草机械、作业生产、管理服务深度融合。支持在大中型木竹采伐运输机械、林草防火机械等重点机械上装配智能信息技术，鼓励林草制造龙头企业加快基于北斗定位系统的作业和工况监测终端研制集成与应用步伐。开展林草机械精准作业示范，攻克林草环境精准感知和智能处理决策、全地形行走系统等智能化前沿技术，建立林草信息与装备智慧云平台，推进林草智能机械与智慧林业、智慧草业建设等融合发展，形成一个有机整体。加快人造板、木竹机械智能化进程，融合智能制造理念，研发基于物联网和大数据的人造板加工生产、智能化专用数控系统等，整体提升林草机械行业的核心竞争力。

1.6.1.7 加强林草机械标准化体系建设

加强林草机械化标准体系建设，制定和完善林草机械产品质量和作业质量等标准。对林草机械产品涉及人身安全、质量安全和环境保护的技术要求，应当按照有关法律、行政法规制定强制执行的技术规范。结合新标准化法和国家林业和草原局的职能范围，对原有林草机械标准体系进行梳理、调整，充分体现国家标准、行业标准、团体标准的各自作用，确保标准体系分类科学、架构合理、内容完善。突出体现满足基础通用、与强制性国家标准配套、引领行业技术进步的作用，进一步压缩一般性林草机械产品标准数量、加大基础性林草机械标准制修订力度，充分满足林草机械发展需求。实施以应用为导向，强化标准的评估和实施效果评价，注重标准实施应用过程中的信息反馈，建立健全林草机械标准信息反馈机制。结合机械化技术推广，及时组织开展标准宣贯培训活动，有效推动标准宣贯实施，推动标准推广应用。

1.6.1.8 健全林草机械化安全生产体系

根据中共中央、国务院印发《关于推进安全生产领域改革发展的意见》，林草机械生产作业需要落实安全生产责任，健全安全生产体系。在生产组织层面，重点检查林草机械合作社等林草机械生产组织安全生产管理责任落实情况、安全生产管理制度建立和执行情况、安全风险管控情况、隐患排查治理情况、应急管理情况。在行业管理层面，重点检查安全生产责任制落实情况、严格监管执法情况、安全防范制度措施落实情况、深入开展专项治理情况。

1.6.1.9 强化林草机械质量体系建设

完善林草机械检验检测认证体系，在全国重点区域设立林草机械质检中心，提升林草机械试验测试和林草鉴定公益性服务能力。对涉及人身安全的产品依法实施强制性产品认证。加强林草产品质量监管，强化林草企业质量主体责任，对在用林草机械进行质量调查，加强省、市、县三级投诉体系建设，维护用户合法权益。强化林草机械知识产权保护，加大对违反《中华人民共和国产品质量法》和《中华人民共和国商标法》质量违法和假冒品牌行为的打击和惩处力度，开展增品种、提品质、创品牌

"三品"专项行动。

1.6.1.10　培育林草机械社会化服务体系

加强林草机械行业产学研用的系统整合，加快培育社会化服务组织，大力推进林草机械社会化服务，提高行业集团的作战能力，提高林草机械专业化、社会化、组织化程度。着眼提高林草机械社会化服务的效率效益，支持鼓励大型国有林场林机管理部门、装备生产流通企业、社会服务组织、集体合作社开展市场供需对接、机具调度、服务保障等方面的信息化服务平台建设。充分利用林草机械发展契机，实现部分地区由全面脱贫走向乡村振兴。推进基层林草机械技术推广站和林草机械合作社建设，服务林农牧民，强林惠林兴林，指导和推广林业和草原生产机械化。

1.6.2　区域发展布局

因为各个区域自然禀赋不同，社会经济状况各异，林草发展特色多样，水平不一，按照因地制宜、经济有效、保障安全、节约资源、保护环境、突出重点的要求，围绕优势林草产品产业带建设，协调推进不同地区林草机械化发展。

1.6.2.1　华北地区

主要涉及北京、天津、河北、山西、内蒙古（中部）5省份。为京津冀一体化建设战略，重点巩固提高城市绿化植树造林全程机械化。华北地区有中国第二大平原——华北平原，华北地区大部分属暖温带落叶阔叶林带，广大平原的田间路旁以草甸植被为丰，未开垦的黄河一带沙地、沙丘上，生长有沙生植物。现阶段需人力推进森林防火、树木移栽、园林绿化、水土保持、高效森保等机械化，部分区域推动高端木工机械发展，积极发展林草航空，加快发展经济林果收获、生物质能源加工等过程机械化，推进清洁能源在林草机械上的应用。探索现代化林木花卉苗圃生产有效途径，加快落后林草机械报废更新，加快高端木（竹）工机械的自主生产研发。

1.6.2.2　西北地区

主要涉及陕西、甘肃、青海、宁夏、新疆、内蒙古（西部）6省份。西北地区属于生态脆弱区域，现阶段需重点加快防风固沙、植树造林等全程机械化进程，积极推进枣、核桃、枸杞等经济林生产机械化，加大抗旱节水机械推广应用力度，扩大林用航空作业面积。重点建设植树机、固沙车、特色林果采收设备、草原机械等。西北区域草原资源极其丰富，急需加强草原生态监测、草原生态保护、草原机械化修复与智能管理等设备的供给。

1.6.2.3　东北地区

主要涉及辽宁、吉林、黑龙江、内蒙古（东北部）4省份。东北林区是全国最大的林区，是国家重要的木材生产基地，又是东北地区平原的生态屏障，具有重要的生态和环境价值。重点加强航空护林、森林消防、森林抚育、植树造林、绿色防控等过程机械化，重点地区实现全程机械化。加大林产品精深加工、林下经济、生物质能源机械化示范和推广力度，大力发展设施林业、生态林业、林用航空等装备，加快落后林业机械更新换代。以草原畜牧业为主业的牧区，具有天然的草原优势，应加快草原管理和草原资源利用机械化进程。

1.6.2.4　西南地区

我国西南地区，主要涉及重庆、四川、贵州、云南、西藏 5 省份，以高原、山地为主，高山峡谷，沟壑纵横，为喀斯特地貌，林草资源较为丰富，以生态环境保护为主，要攻克复杂地形轻便式索道、便携式装备的林草机械关键技术，大力发展轻便式营造林、林下经济、生态监测、木竹采运加工、草原生态修复、森林植保等机械。建立林草机械合作社，以林草机械助力当地脱贫攻坚，服务当地林农牧民开展生产作业。

1.6.2.5　华南地区

主要涉及福建、广东、广西、海南、香港、澳门 6 省份。华南地区依托沿海口岸和区域工业配套优势，在园林机械、木(竹)工机械、人造板机械等方面着力整合现有企业资源，建设一批有特色的林业装备产业园区。在广东、广西地区，大力发展速丰林全程机械化作业，建立林业机械化示范基地，辐射全国林业机械化采伐和营林全程机械化作业。广东地区有木工机械、人造板机械的产业优势，急需破解机械智能化的关键问题，增加产品附加值。

1.6.2.6　华东地区

主要涉及上海、江苏、浙江、安徽、福建、江西 6 省份。利用长三角地区制造业优势，在长三角地区大力发展林草机械配套产业园和贸易示范区，重点突破营林机械、园林机械、木(竹)工机械、人造板机械等智能技术，孵化人工智能结合林草机械的企业，发展林草机器人产业。加速林草机械产业与先进工业技术融合，推动绿色能源在林草机械上的应用。发展竹业机械产业，初步实现竹材加工全程机械化，稳步发展林用航空，加快落后林业机械更新换代。

1.6.2.7　华中地区

主要涉及河南、湖北、湖南 3 省份。重点发展经济林果、竹业机械，逐步实现机械化、自动化、智能化加工生产。依托华中地区林果产业优势，突破林果采摘机械技术瓶颈，大力发展油茶、核桃等机械化采收、加工，形成林果采收产业全程机械化示范。大力发展竹材采运机械化，大力发展设施林业、生态林业机械化的探索，加快落后林业机械更新换代。

1.6.3　重大行动

加快关系林草现代化战略性全局性的重点领域跨越式发展，根据林草现代化建设的现实需求，提高林草机械供给体系对林草发展需求的适配性，提升供给体系质量，扩大内需战略同深化供给侧结构性改革有机结合起来，以创新驱动、高质量供给为引领，构建新发展格局的清晰路径。

1.6.3.1　林草机械化协同创新行动

以创新需求为引导方式，通过发布科技规划、制定公布需求目录、提出项目建议等形式，为林草机械化科技创新提供遵循和指导。积极争取建设国家级和省部级的林草装备重点实验室和工程技术研究中心，依托龙头企业建立高水平博士后工作站。充分发挥国内林草制造品牌企业在创新中的主体作用和引领作用，组建 5~8 个林草机械行业创新联盟，布局建设林草机械区域性创新高地 2~5 个。围绕"一带一路"战略实施，引导和支持林草机械企业及产品走出去。"十四五"期间争取国家重点研发计划专项支持，聚焦林草机械化重大需求，集中在林草机械与先进工业技术结合、林草原创机械、林草机械化示范等领域进行研究。

1.6.3.2　智能林草机械行动

采用物联网、移动互联网、云计算、人工智能技术，实现林草智能化种植、机器人管理、大数据评估和合理化采购等功能，加强种质资源监测与保护。通过环境感知与人工智能决策、自主导航、智能越障避障技术的攻关突破与集成，研发全地形自适应智能行走底盘，解决机械装备"上山入林"问题。针对森林消防、病虫害防治、森林抚育、林果园作业(含油茶等果实采收)、困难地植被恢复等重要需求，以智能底盘为基础，研发专用林草作业工作装置及智能控制技术，形成几种高效实用的林草智能装备产品。通过构建林草生物信息、环境信息以及智能控制为一体的林草机械作业智慧云平台，实现森林火灾、病虫害、林果园等信息及林草机械状态信息的智能管理与操控，建立智能预警系统、智能调度系统、远程智能运维系统、无人智能装备作业林果园等，以达到快速响应的目的。通过木竹加工和家具等木制品加工的数控技术、柔性制造技术以及基于高速网络的信息化生产技术，打造木竹工机械数字化智能制造平台、木材加工专用机器人和人造板生产线无人化智能技术、人造板和工程结构材质量在线智能监测与分等智能技术，提高木竹材与人造板制造的质量和效率。

1.6.3.3　防沙治沙装备创新与应用行动

重点攻克工程化综合快速治沙、智能化作业和先进底盘传动等技术难题，研究开发固沙、无人机飞播与航测、沙地作物种植、采收、沙生灌木平茬收集以及植物产品深度开发利用等关键技术和装备，加强产学研用等部门之间的交流与合作，实现沙区治理、种植、采收等以人工、畜力为主的传统方式向全程机械化、自动化及智能化作业模式转变，形成以干预控制沙漠化为主的固沙技术、以改变沙漠理化性质为主的生物技术和以利用沙区资源为主的沙产业开发技术，实现生态治理和生态产业相结合，构建沙漠化土地快速固沙技术与经济作物创收的共赢模式。在荒漠化地区逐步建立适应可持续发展的良性生态系统，使荒漠化问题对人民生产和生活带来的危害显著降低。

1.6.3.4 竹产业全程机械化行动

建设"宜机化"竹林场，实现机械化整地、育苗、种植、抚育和保护，开展竹林场全程机械化经营示范。加快推进竹材采伐集材运输全程机械化，研发推广复杂立地条件竹材采伐、集材、运输、存储装备。推进竹材生产全程机械化，提升竹材加工自动化水平，实现竹材工业连续化生产。促进信息化、大数据与竹林作业生产、监测等深度融合，推进"互联网+竹林场机械化经营"，实现竹林场数字化机械生产。

1.6.3.5 林果机械创新与应用行动

针对林果采收机械缺乏、功能单一、性能不稳等薄弱环节，加快技术创新，研发行业急需、农民急用的林果机械。加快油茶、枸杞、蓝莓、枣、核桃、板栗等种植、抚育、植保、收获机械研发，攻克采收和产地初加工机械化难点，增强高效、节能、绿色、智能的林果生产机械供给能力。推进种植品种、种植模式等宜机化，促进品种、栽培、装备集成配套，产前产中产后机械化协调推进。通过创新研发、引进消化、示范推广先进适用新设备、新机具，组装配套全程机械化生产体系，在林果主产区特别是优势产区，选择一批机械化服务基础较好的地区，建立林果生产机械化示范基地，加快林果生产机械化发展步伐。

1.6.3.6 草原机械化修复建设

在草原作业机械耕作与退化草原土层界面耦合关系系统、草原土-草界面和草-畜界面等多界面融合的草原机械-土壤-植被系统等方面开展基础性研究，开发多系统契合的智能化草原改良机械，进一步深化退化草原机械化改良试验示范与长期效果监测和评估工作。立足各地区草原类型、生态环境特征、草牧业发展现状等客观实际，探索重点生态功能区草原生态保护和治理修复的新农艺、新技术和新模式。开展智能化草原生态恢复机械研发与应用研究，加强退化草原机械化改良技术研究，突破草原精准补播关键技术、草原鼠兔害高效灭除技术以及草地合理耕层构建技术等，促进草原生态系统实现良性循环。建立草原机械化作业试验示范区，开展草原改良机械性能及效果试验，并针对草原机械化修复效果进行长期监测和效果评估，以点带面，进一步加强草原机械化治理与修复技术推广应用和转化。

1.6.3.7 木材采运机械创新与应用行动

应用现代电子技术、网络化技术、智能化技术和新一代信息技术等，创新研制实用高效节能的采伐集运装备。从采伐、集材、运材和贮木场四个方面进行技术攻关，研发急需关键技术装备，建立全程机械化试验示范基地，推动木材采伐运输机械的跨越式发展。推动伐区自行式作业机械向作业机器人发展，开发和生产适应不同地形的新型联合作业机械，提升采伐机械化水平，实现伐木、造材、计量统计等信息化功能，提高作业效率。针对区域化人工林，开发动力优越、转向灵活的集材装备，突破适应性较强的动力底盘关键技术；针对天然林，推动新型高空索道、自行式移动绞盘机创新发展，满足林区生产发展的需要。突破防锁闭制动、车轮滑转自动调控、轮胎集中充气、林区定位导航等关键技术，提高运材效率。推动卸车、造材、选材、归楞和装车等过程实现自动称重、材积测量、质量检测、木材评估与分级等技术，促进贮木场作业向智能化方向发展。

1.6.3.8 木材加工机械创新与应用行动

针对实木定制家具、木门窗、木制品后工段自动化、木材干燥、制材等木材加工行业急需突破的重点领域，突破基于视觉识别的智能化加工、智能分选、智能优化锯切、自动机器人上下料和后工段的成套装备、大批量智能干燥设备、基于物联网及集群中央集中控制的木工机械操控平台、智能化门窗材加工中心、木制品专用 LOM 的3D 打印技术及微纳米木材切削技术等关键技术，推动木材加工产业升级转型。通过信息技术与制造技术的深度融合，以人工智能为研发导向，解决木材加工产业人工智能瓶颈技术。开发个性化定制家具加工中心、智能喷涂成套装备、自动导向（AGV）智能车、智慧整厂操控系统，实现家具行业的推广示范。

1.6.3.9 林草机艺融合发展

推进标准化种植、轻简化作业、机械化生产，指导各地结合实际，细化技术内容，优化生产模式，完善机械化生产技术体系和作业规范。根据机械化作业需求，积极改进适宜的品种选育、栽培和培育模式。根据新品种应用研发推广一批林草机械，建成"良机、良种、良制、良法"配套的林草机艺融合体系，提升枸杞、油茶、蓝莓、核桃等高价值作物机械化种植培育水平。推进经济林草作物关键生产环节机械化，促进设施林果业、林产品初加工等机械化全面发展。以降低木本粮油和林下经济生产成本、突破地形地貌制约为目标，围绕"轻便上山"装备、植保采摘等重点环节装备以及全程机械化装备体系、智能化装备和作业体系等关键技术开展联合攻关，尽快在实用林机研发方面取得突破。加强"良机、良地、良种、良艺"配合，在适宜地区开展"以地适机"试点，加快选育、推广适应机械化作业的优良品种和栽培方式。

1.6.3.10 现代林草机械化示范区建设

实施林草生产全程机械化示范创建项目，以中央财政资金引导各级财政和社会资本加大投入，鼓励、支持、引导有条件的地区以主导产业为核心，依托现代化林草机械和信息化技术，以培育发展与科学利用林草资源为目标，以人工林采伐、林果采摘、森林植保、林草防火等为重点，建设全程机械化示范区，切实提高林草业生产力水平，发挥示范引领带动作用。构建主要林草生产全程机械化评价指标体系，加强绩效考核和监督检查，确保主要林草生产全程机械化推进工作取得实效。

1.7 政策建议

以全面服务生态文明建设、乡村振兴建设为目标，完整、准确、全面贯彻新发展理念，注重高质量发展，服务国家"双碳"战略，以全力提升林草装备水平为目标，科学谋划、因地制宜、分区施策、分类指导、分工经营，机艺融合，规模与装备配套，服务与要求相适应。

1.7.1 政府重视

科学的宏观调控、有效的政府治理，是发挥社会主义市场经济体制优势的内在要求。各级林草行政主管部门，把装备作为建设现代林草，实现高质量发展、提升劳动效率、提高资源利用率、改善工作环境、建立社会公平共享机制的重要手段来抓，作为建设林草治理体系和治理能力现代化的一项重要内容来抓。参照农业农村部机械行业管理做法，在国家林业和草原局明确林草机械化管理的部门和职责，明确林草机械化管理相关处室，负责草拟全国林草机械化发展政策规划、健全林草机械作业规范和技术标准，指导林草机械化技术推广应用。强化林草装备整体性的科学谋划、宏观调控、政策研究、项目支持、资金扶持，推进相关法律实施、政策落实、企业扶持、市场培育、农民培训、信息服务等方面的工作。结合国土绿化、森林质量精准提升、天然林资源保护、退耕还林、防沙治沙林业重点工程需求，聚焦造林抚育、人工林质量提升、荒漠化防治、草原治理、经济林果采收、资源监测、木竹初加工等林草机械化发展的薄弱环节，加大研发制造、工程验证、区域试验和示范工程的支持力度，以优势林草装备企业为龙头带动示范工程建设。探索具有区域特点的林草生产全过程机械化解决方案，优化机械化作业环境条件，林艺草艺，林草装备一体化标准、规范和实施细则的匹配，改善林草机械通行和作业条件，提高林草机械化适应性。率先在重点林区、国有林场、林草重大工程创建林草机械化示范区(县)，引导有条件的省份、市县和林区林场率先基本实现林草生产全过程机械化。

1.7.2 体系构建

从全局战略的高度出发，构建有利于林草装备发展的创新、推广、经营体系，是推进林草装备提档升级，更新换代的组织保障。加快构建科技创新体系，发挥科技引领作用，打破壁垒，实现跨领域、跨部门、跨单位的实质性强强联合，促进科技创新资源的有机集成和高度融通，提高自主创新能力，保护自主创新、保证持续创新，推动装备产业升级，提高林草装备产品有效供给能力。建设并完善林草技术装备推广体系，充分发挥政府职能、社会力量、推广部门、林草机械服务组织等各层次的作用，坚持行政推动、示范带动、效益驱动的原则，健全示范推广长效机制，逐步形成多功能、多层次、多形式的林草装备技术引进、示范、研发、推广服务网络，实现林草装备"量"的扩张和"质"的提升。加快构建完善的林草装备经营体系，培育和壮大林草装备龙头企业，推动组建国家林草重点龙头企业联盟，加快推动产业园区建设，促进产业集群发展。引导发展以林草产品生产加工企业为龙头、专业合作组织为纽带、林农和种草农户为基础的"企业+合作组织+农户"的林草产业经营模式，打造现代林草业生产经营主体。积极营造林草装备行业企业家的健康成长环境。

1.7.3 政策引导

把提高装备水平融入政府决策的全过程。研究出台国家层面的林草机械发展指导意见，多措并举，推进林草机械化发展。积极争取中央财政、科技管理等部门立项，支持林草机械新产品的研发，鼓励发展绿色环保和节约型、高效型林草机械及林业加工技术。在国家实施的重大项目中，增加林草机械的内容，引导和鼓励使用机械化作业。加强规划引领和技术指导，拓展资金投入渠道，支持经济林标准化建设和宜机化升级改造建设，为机械化创造良好条件。探索林草机械化新产品及成套设施补贴的路径，研究适宜林草机械发展的补贴政策，把有效并符合实际需求的林草机械列入补贴目录，调动林农购置林草机械的积极性。落实林草机械产业扶持政策，支持林草机械产业创新高地建设。引导金融机构加大对林草机械企业信贷投放。支持建设一批"全程机械化+服务中心"，开展"一站式"服务。鼓励各地通过项目支持、政府购买服务等方式，扶持产学研推用各方面联合建立试验示范基地，共同开展机械化技术试验示范、人才培训和推广服务。

1.7.4 投资保障

合理的资金支持是林业装备技术发展和自主创新的动力和源泉。坚持多渠道、多形式、多层次筹集资金，努力增加投入，促进产业升级。建立以政府投入为主导，以企业、专业合作组织、林农协同投入的多元化机制，通过以奖代投、以补代投等方式，吸引各类社会投资参与林草装备发展。强化林草重大工程建设的装备支撑，重大工程和装备同步推进，争取10%~20%的资金用于装备建设，主要用于购置和使用机械装备，提高林草生产率和机械化率。研究符合林草业发展需求的林草机械购置补贴政策，简化流程，提高管理效率，重点推进用于生态建设、精准扶贫和乡村振兴的林草机械进入专项补贴目录。加大对基础研究、重点攻关项目研究的投入。研究设立国家林草装备产业发展专项基金，重点支持适合国情、先进适用的林草装备产品研发生产。在新增中央投资中安排林草装备产业振兴和技术改造专项，建立使用国产首台(套)机械风险补偿机制，出台相应的配套政策。确立企业作为装备技术创新的主导地位，加大项目资本金、贴息贷款、优惠税费和还贷优惠等政策的扶持力度，鼓励相关企业积极争取国家对林业技术装备信贷、投资、价格、外汇等方面的优惠政策。建立林业装备技术创新专项补贴制度，对行业发展有重大影响、对用户使用起关键作用、制造厂和用户联合投资开发的新型林草装备给予技术创新补贴和风险补贴。积极引进外资，鼓励和引导龙头企业的资产、技术、营销等方面的重组与合作，尽快形成一批在国内外市场具有核心竞争力的强势业群。

1.7.5 人才培养

建立健全人才培养和激励机制，加快构建完善林草技术装备教育与培训体系，进一步完善与现代林草建设事业相适应，与林草技术装备人才队伍建设要求相符合的林草现代技术装备教育与培训体系，加快提高从业人员整体素质，为林草装备后备人才供给打下坚实基础。积极实施人才强林和科教兴林战略，紧紧围绕现代林草装备建设中心工作，以提高现有从业人员素质能力、培养高质量后备人才为目标，抓好行业培训、职业教育和高等教育三项工作，形成一批具有区域影响力和辐射力的示范性林业职业院校，林业高技能型人才和高素质劳动者在数量和质量上基本满足现代林草装备发展需要。创新引入人才渠道，把引进人才和引进项目、引进技术、引进设备相结合。加强不同层次人员培训，培育高端林草机械人才，包括行业领军人才和行业科技人才项目。充分利用高等院校、科研院所等教育培训资源，培育和壮大林草机械化人才队伍。加强对各级林草机械化主管部门干部职工的培训，加快知识更新，提升服务意识，提高行政能力。广泛开展林草机械化科技推广、安全监理和试验鉴定等技术人员的交流和培训，提高技术支撑和保障能力。加强林机专业合作社人员培训，加强林草机械作业、维修、经营等实用人才队伍建设，培养新型林草职业人员；开展林草机械操作等技能培训和科普宣传，提高从业人员对先进林草机械及技术的接受能力和操作水平。创新教育培训内容，优化师资队伍，提高人力资源的数量和质量。

1.7.6 国际合作

实施林草机械引进来和走出去战略，高效利用国际、国内两个市场和两种资源。在"一带一路"倡议下，鼓励和引导企业建立海外林草机械产业基地和林草投资合作示范园区。深化营林机械、园林机械、木材加工机械、人造板机械、家具机械、草原机械等优势产能国际合作，依托国内口岸，建立进口木材储备加工交易基地。指导林草装备行业引进国外先进设备和技术，注重先进技术的消化吸收和再创新，广泛开展国际交流与合作、不断熟悉国际游戏规则、主动参与国际贸易竞争、积极应对国际贸易挑战，进一步拓展国际市场。加强信息技术和先进制造技术的综合集成，通过有效的国际合作，提高开发能力和产业化水平，形成竞争优势，促使国内林草装备制造企业积极参与国际竞争。实施鼓励产品出口政策，实行出口税率优惠，完善出口信用保险和海外创业保险制度，激励企业开拓全球市场，包括产品出口、到国外办厂和境外承包工程等。健全林草贸易摩擦应对和境外投资预警协调机制，积极应对新冠肺炎疫情影响下的林草机械进出口贸易下滑等情况。

参考文献

[1]邢红，张伟，唐红英，等．林草装备现代化建设调研报告[J]．林业和草原机械，2020，1(1)：4-12.

[2]张宇燕．理解百年未有之大变局[J]．国际经济评论，2019，(5)：9-19+4.

[3]小海．大盘点Ⅰ全球各主要国家智能制造相关政策[EB/OL]．[2018-08-13]．https：//zhuanlan. zhihu. com/p/41227984.

[4]肖亚庆．大力推进工业经济平稳运行和提质升级[N]．学习时报，2022-03-14(1).

[5]怀进鹏．智能制造源自制造技术与信息技术的深度融合与迭代创新[EB/OL]．[2018-05-28]．https：//o. cmes. org/News/Information/2018510/1525927129436_ 1. html.

[6]国家统计局．第七次全国人口普查公报解读[EB/OL]．[2021-05-12]．http：//www. stats. gov. cn/tjsj/sjjd/202105/t20210512_ 1817336. html.

[7]周建波．中国林业机械百年回望与前瞻[N]．中国绿色时报，2022-03-23(3).

[8]李桂芳．刘少奇遗物的故事[EB/OL]．[2018-05-28]．http：//cpc. people. com. cn/GB/64162/64172/85037/85038/6148656. html.

[9]张普照．林业机械化的发展与展望[J]．农村实用科技信息，2012(3)：61.

[10]顾正平．中国林木机械志[M]．北京：中国林业出版社，2011.

[11]陈幸良，等．中国现代林业技术装备发展战略研究[M]．北京：中国林业出版社，2011.

[12]张伟．新时代我国人造板装备产业的发展现状[J]．中国林木机械，2019(6)：4-12.

[13]周力军．我国经济林产业发展形势及国家扶持政策[J]．国土绿化，2018(1)：39-41.

[14]朱超界．一份建议让致富果更金灿—宁国开启核桃产区作业"机器换人模式"[N]．江淮时报，http：//epaper. anhuinews. com/html/jhsb/20190726/article_ 25522. shtml.

[15]苗虎，王晓欢，费本华，等．竹业机械技术现状和发展对策[J]．世界竹藤通讯，2022，20(2)：6-12.

[16]苗圩．推进信息化和工业化融合 打造中国制造业升级版[EB/OL]．[2014-05-07]．http：//www. srrc. org. cn/article10012. aspx.

[17]第一财经研究院．中国与全球制造业竞争力[EB/OL]．[2018-04-09]．https：//www. sohu. com/a/227728469_ 463913.

[18]中国林机协会.2020年12月份我国林木机械产品进出口统计情况[EB/OL]．[2021-02-05]．http：//www. cnfma. org/sf_ 4121C59B300C4304BA2D70A51E6BC63D_ 282_ 09A8FF7F409. html.

[19]布瑞克农业数据智能终端 DB/MT．中国农业机械工业年鉴[M]．北京：中国机械工业出版社，2018.

[20]余磊．我国林业发展需要科技创新装备的支持[N/OL]．科技日报，[2019-12-10]．http：//www. stdaily. com/02/beijing/2019-12-10/content_ 841377. shtml.

[21]刘鹤．必须实现高质量发展[N/OL]．人民日报，[2021-11-24]．http：//cpc. people. com. cn/n1/2021/1126/c441515-32292727. html.

[22]邢红．林草装备需求和供给的经济学分析[J]．林业和草原机械，2020，1(1)：21-25.

第 2 章 ┃┃营林装备

2.1 定义与分类

2.1.1 定 义

营林装备是营林全过程使用的机械装备总称。营林机械装备具有以下特点：

①工作对象是树木的果实、种子、苗木、林木等生命有机体以及生长的土壤等，其物理特性、生物特性差异很大，又在不断变化中，为了使营林机械适于林业生产作业，就要求营林机械装备具有种类多样性。

②装备使用的局限性，从平原到山地丘陵，从寒温带到热带，地形、气候、土壤等自然条件复杂，树木种类多样，使营林机械的使用有很大的地区局限性。

③营林机械作业的季节性较强，大多数装备在一年中作业期较短，为提高装备的使用效率，一机多用或与其他动力机械配套使用来提高营林机械的经济性、通用性。

④工作条件多数是在露天移动过程中完成作业，经常会遇到石块、树根、伐根等障碍物以及与有腐蚀性的药物接触，机器磨损、锈蚀、腐蚀和受到较大的振动，因此要求营林机械应具有较大的结构强度和易于维修的特点。

2.1.2 分 类

营林装备主要按照营林生产工作流程，分为林木种子采集处理、苗木培育、林地清理、造林、抚育管理、森林防护等装备。

分类方法只是相对的，营林生产过程包括一系列的作业或工序。有的机械只能完成单一作业，有的则可以完成几项或多项工序，有的机械可以在不同的作业工序中同时使用，有的可以与农业机械、工程机械等进行通用。除此之外，也可按如下方法进行分类。

按使用动力，可分为人力、小型动力式、自走式、拖拉机配套机械。小型动力式机械，包括背负式、手持式、手推式等；拖拉机配套机械包括牵引式、悬挂式等；自走式机械包括手扶自走式、坐骑操控自走式、智能操控自走式等。

按作业方式，可分为移动式、固定式等。移动式包括拖拉机牵引式、自走式、背负式、手提式等；固定式包括种子处理机械、基质处理机械、容器苗播种机械等。

根据营林业生产作业流程分类见表 2-1。

表 2-1　种苗培育和营造林常用机械

序号	装备类型	主要包括的机械名称	定义
1	林木种子装备	采种机	从立木或伐倒木上采摘并收集林木种子的机械
		拾种机	收集落地林木种子的机械
		球果脱粒机	使种子从球果中分离出的机械
		球果干燥机	利用热气流或其他物理方法干燥球果的机械
		种子去翅机	去除林木种子翅片的机械
		种子清选机	清除种子中的夹杂物并将种子分级的机械
		种子裹衣机	用专门配制的材料包裹种粒的机械
		种子贮藏设备	用于创造适宜条件存放种子以保持其初始活力的设备总称
2	苗木培育装备	筑床机	修筑苗圃苗床的机械
		喷灌机	苗木培育中用于喷淋和灌溉的机械
		起苗机	苗圃中掘取苗木的机械
		苗木换床机	苗圃换床时移植苗木的机械
		作垄机	用于垄作育苗的起垄及垄间培土中耕作业的机械
		切条机	将苗干、枝条等种条截制成插穗的机械
		插条机	用于苗圃扦插作业的机械
		间苗机	对条播育苗按一定株距除去苗行中多余植株的机械
		切根机	用于苗圃截断留床苗木主根的机械
		容器苗栽植器	栽植容器苗的栽植工具
		工厂化育苗装备	在整个育苗生产过程中，能够实现机械化或自动化装播、培育、运输的各种设备总称
		施肥机械	林业作业中施放肥料所用机械设备的总称
		撒播机	是指将种子撒于地面，再用其他工具覆土的播种机
		条播机	是指由行走轮带动排种轮旋转，种子自种子箱内的种子杯按要求的播种量排入输种管，并经开沟器落入开好的沟槽内，然后由覆土镇压装置将种子覆盖压实的机械
		穴盘播种机	是使用自动化播种技术提高播种精度和效率的现代化机械

续表

序号	装备类型	主要包括的机械名称	定义
3	林地清理装备	割灌机	装有由金属或塑料制成的刀片，通过刀片的旋转来切割灌木、杂草或非目的树种的机器
		除根机	以拔、掘、推、铣或粉碎等方式清除伐根的机械
		伐根集堆机	将伐根收集成堆的机械
		灌木粉碎机	以旋转的刀、锤、链等粉碎灌木和采伐剩余物的机械
4	造林装备	飞播造林装置	飞机播种造林时撒播种子的装置
		树木移植机	用于带土移植树木的机械
		深栽钻孔机	插干造林时挖掘小径深孔的机械
		挖坑机	挖掘植树坑和穴状松土的机械
		植树机	用于栽植苗木的机械
5	抚育管理装备	幼苗除草松土机	用松土齿进行破碎、松动或凿裂坚硬土层的机械
		行间中耕机	苗木生长期间在行间进行除草、松土、培土等作业的机械
		修枝机	修剪树木枝条的机械
6	防护装备	喷雾机	将药液雾化后喷出的机械
		喷粉机	以气流喷洒灭虫粉剂的机械
		烟雾机	以释放烟雾来防治病虫害的机械
		生物防治机械	以生物方法防治森林病虫害所用机械设备的总称
		森林消防车	用于森林防火和灭火的车辆
		点火器	用于计划火烧的点火工具
		风力灭火机	以集中的高速气流扑灭或控制明火的机械
		喷雾灭火机	喷洒灭火液的便携式机械
		飞机灭火装置	从飞机上喷洒或投掷灭火材料的装置
		森林消防预警装备	对于可以预见或预测到的森林火灾提供预报、预警数据的设备，包括气象设备、地球红外遥感设备、地面红外和视频监测定位系统等

2.2 国外现状与发展趋势

营林装备的发展与世界各国的林业资源、历史发展、人文理念、作业方式等都有着直接的关联，欧洲、美国等发达国家重视发挥林业的综合效能较早，营林装备相对发展较快，基本实现了全过程的机械化作业，其中在苗木培育过程中的机械化程度最高。瑞典、芬兰等国家在田间苗圃育苗过程中从苗床整地、播种、除草、切根、换床、起苗、苗木包装到储运等都有配套的装备进行机械化作业，其中容器化育苗过程中已实现了全面机械化。国外营林装备由单工序作业向多功能集成自动化、智能化方向发展，连续作业全过程装备向着智能一体化方向发展，物联网、大数据、智能操控等新兴技术获得广泛应用。

2.2.1 林木种子机械

林木种子机械是指采集、调制、清选、贮藏和检验种子所用机械设备的总称。国外林业发达国家在早期发展阶段就注重种子资源培育，营建了大面积适合机械化生产的种子园且保留了条件较好的母树林。因此，在种子园和母树林中采种作业多已采用大型采种机械，如牵引式液压升降台式采种车、自行式采种车、振动式采收机(图 2-1)等。在天然林中采种仍是采用各种爬树工具和采摘工具。种子的加工调制已全部实现机械化，部分实现了自动化，如种子烘干、脱粒、精选、分级等。

图 2-1 振动式采收机

2.2.2 苗木培育装备

苗木培育装备是指培育林木幼苗所用机械装备的总称。国外苗圃作业已实现全面机械化，包括苗圃整地翻转犁、筑床机、卫星定位精量播种机、大苗专用除草机、施肥机、联合起苗机、苗木分级计数打捆机、切根机、苗木移植机(图 2-2)等。

环境因子(主要包括育苗生产中的环境温度、湿度、光照度、二氧化碳含量、土壤湿度、苗木生长营养需求监测与控制等)自动控制技术已广泛应用在温室工厂化育苗当中，极大提高了育苗质量。容器育苗技术得到进一步发展，在容器育苗自动装播生产线(图 2-3)及环境因子自动控制技术方面，充分应用现代电子技术、信息技术、计算机控制技术等先进科技成果，提高林业种苗技术装备科技含量。

在播种方面，播种机械在保证林业生产、推动林业育苗发展和科技进步中具有极其重要的地位和作用。随着国外播种机械产品的品种越来越多，结构型式也呈多样化

图 2-2 苗木移植机

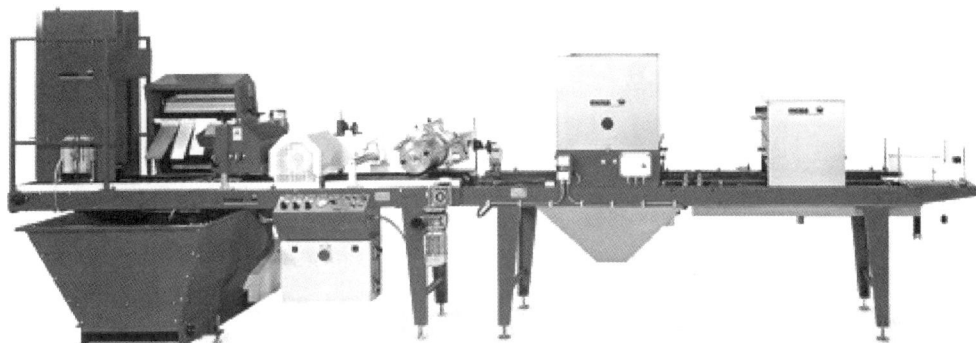

图 2-3 容器育苗自动装播生产线

发展。用户可以从众多结构型式的播种机产品中进行广泛的选择，而且每年均有相当数量的技术创新产品投放市场，但总体上还是以自走式播种机复合播种或通过动力输出轴驱动播种两种结构为主。如美国满胜精密播种机公司的免耕播种机(图2-4)、约翰迪尔公司生产制造的牵引式结构播种机(图2-5)。

图 2-4　免耕播种机

图 2-5　牵引式结构播种机

2.2.3 林地清理机械

　　林地清理机械指在造林前对采伐迹地和灌丛地进行清理作业机械。国外在清理采伐残余物作业方面发展不平衡，主要有手工清林和机械清林两种。机械清林主要有三种方法，第一种是利用各种推集材机械将采伐残余物推集成堆，然后烧毁或自然腐烂。所用的推集机械有推土机、斗式装载机和平地机等。第二种机械清林方法是利用旋转刀切碎机(图2-6)将采伐残余物切碎，然后撒于地面，任其腐烂，增加土壤肥力。第三种方法是利用表面装有切刀的、具有较大重量的压辊将采伐残余物切碎，并压入地中，如林业覆盖机。近年来生物质能源高效利用技术得到各国政府的高度重视，在清林整地工艺方法方面有了很大提高，新研制的高效清林整地机械、林间生物资源收集利用机械有了很大发展，如美国、英国、瑞典、芬兰等国家针对采伐迹地枝丫清理和利用开发的采伐迹地收集、高效运输、现场粉碎利用的灌木及伐根清理粉碎机(图2-7)等，为林木资源高效利用提供了先进装备。

图 2-6　旋转刀切碎机

图 2-7　灌木及伐根清理粉碎机

2.2.4　造林机械

　　造林机械指用于实现栽植幼苗、树木营造或更新森林的机械装备总称。在植苗造林中，常用机械主要有连续开沟植树机(图 2-8)、自动化容器苗栽植机(图 2-9)、链轨式插条机、机载挖坑机、便携式挖坑机等[1]。除平缓林地常用装备动力底盘外，目前正在开发研制四轮高度可调能横坡行走的可调式自平衡动力底盘，主要用于坡地造林作业，但目前技术尚未成熟，还没有得到广泛应用。由于造林地条件差别较大，各国

图 2-8　连续开沟植树机

对于复杂林地条件下造林作业也还有部分需要人工和辅助机械完成。受制于林地条件和作业成本，近年来造林机械发展相对缓慢。从目前发展趋势看，各国都在现有造林机械的基础上进一步完善开沟、投苗等配套装置，同时开发专用配套动力机械，促进困难立地条件下造林机械化水平的提高。

图 2-9　自动化容器苗栽植机

2.2.5　抚育管理机械

　　抚育管理机械是指对幼林进行抚育管理所用机械装备的总称。抚育管理机械包括幼苗除草机(图 2-10)、行间中耕机和修枝机(图 2-11)等。幼林郁闭前主要是采用除草松土机进行中耕抚育作业，松土除草是中幼林抚育机械主要的一项工作，松土可以切断毛细管，减少水分蒸发；疏松土壤，可改善土壤通气性、透水性和保水性，实现松土保墒的目的。主要机械包括悬挂式行间和株行间旋耕除草松土机。除灌作业以机载式和便携式割灌机为主，铣削式粉碎除灌设备近年也有应用。

图 2-10　苗木除草抚育机

图 2-11　除草修枝作业机

2.3　国内发展历程及现状

2.3.1　发展历程

东北地区是我国营林机械的开端和发展地。营林机械化发展经历了四个阶段：初创时期、充实巩固时期、艰难发展期、蓬勃发展期。

1952—1957 年，中国营林机械进入了初创时期。1952 年，东北人民政府林业局借鉴苏联的经验，开始着手筹备机械化造林试点，次年于吉林省开通县建立了第一个机械造林实验站，同年采用纳齐拖拉机牵引苏制四铧犁和圆盘耙造林整地 360 亩，并利用机引蔡斯金式植树机试行机械植树[2]。中国首次机械营林创试成功，成为中国机械化营林开创试行先河，推动了中国营林机械化的发展。此后，黑龙江、吉林、辽宁等平原地区机械化造林装备得到了广泛推广，1954 年试验站拖拉机共计 19 台，1955 年增加至 35 台，机具 178 台[3]。1956—1957 年机械化林场数目增至 4 个，年机械造林面积达 3 万多亩。

1958—1965 年，中国营林机械迎来了充实巩固的阶段。为不断完善平原地区营林机械种类，林业部于 1962 年首次从日本引进了多种型号的动力挖坑机、割灌机、手扶拖拉机和背负式、手式动力喷雾机等中小型机具[4]。经过对引进技术的实地实验与应用，对新技术进行学习使用，对装备的宜地化改进，将营林用小动力拖拉机、割灌机、弥雾喷粉机等改进成为我国的定型产品。

1966—1976 年，中国营林机械进入了发展的艰难时期。特殊时期的科研整顿、工厂停摆、机械化发展停滞，使得中国营林机械几近枯竭，但在后半程的发展中，在党和广大人民的不懈努力下，辽宁、吉林、黑龙江、内蒙古和北京的一些苗圃在较为艰难的条件下仍旧研制出一些适用的新装备，如在各地苗圃中仿制使用起大苗犁、机引播种机、喷药车、施肥车、喷灌车等。虽研发进度相对缓慢，创新程度较弱，但从一定程度上缓解了人们在动荡中对机械化技术发展的担忧[5]。

1977 年以后，中国营林机械化进入了蓬勃发展时期[6]。从这个时期开始营林机械的科技工作得到了更深刻的关注和发展；营林机具通过不断革新、推广，其整体发展已达到较高水平。1977 年 4 月，在北京举办了全国林业机械展览会，展出营林机械 45 种，其中苗圃机械 26 种，造林机械 5 种，抚育机械 8 种，森保机械 3 种，园林机械 3 种[7]。1978 年 9 月中国林业科学研究院召开西北沙荒、黄土高原造林机械技术交流会，林业机械研究所集中了本所研制和群众革新的 14 种育苗、造林机械，进行现场表演交流。1979 年林业部造林司又在辽宁召开了东北、内蒙古营林机械评选会，对参展机具进行了现场表演和鉴评，共计 19 种机具于大会上获奖。1980 年 9 月林业部科学技术司又在甘肃张掖召开西北造林机械技术鉴定会，林业部哈尔滨林机所与新疆、甘肃的林业单位协作研制的 6 种育苗和造林机械通过技术鉴定，决定在西北地区择点使用后进行推广。林业部三北局在甘肃武威举办了三北地区机械化林场规划设计训练班。通过举办这些大型的专业性活动，营林机械得到了恢复和发展。

营林机械的科技工作在这段时期空前繁荣，许多科研成果填补了机械品种的空白，育苗、造林、抚育等主要工序基本有了相应的机型。营林动力机械、苗圃机械以及容器育苗机械等都有了不同程度的技术研发和产品研制。

2.3.2 发展现状

中国每年人工造林面积、抚育面积、种子采集和苗木生产都远高于世界其他国家，营林的规模和质量对实现我国经济社会可持续发展发挥着重要作用。营林机械是林业发展的一个重要组成部分，但目前我国营林技术装备水平还很低，与先进国家差距很大，无法满足现有的林业生产需求。因作业种类广泛、作业环境复杂，与农业机械、木材加工机械等相比，水平相对落后，仍有部分营林生产方式采用传统的手工作业。提高营林生产技术装备水平是中国当前发展营林生产、提质增效、实现林业生产机械化、完成林业跨越式发展的重要环节。

2.3.2.1 林木种子机械

由于我国种子园建设起步较晚，大部分种子来源于天然林采集，多是从民间收购。因此，在育苗生产中存在种源质量参差不齐、出苗率难以保证的突出问题。在现有的种子园里，种子采集装备水平还很低，主要还是使用登高梯、攀登架、高枝剪等简单的采集工具和小型机械，基本没有大型高效采种设备。近年来，根据生产需要研制出一些采种机械，如振动式林果采摘机(图 2-12)、核桃采摘机等，但由于种子园地形条件或应用成本及设备技术性能限制，大多数设备都还没有得到广泛应用。

图 2-12 振动式林果采摘机

种子处理需要对不同的种子采取不同的处理方式，选择不同的机械设备。对于球果类种子的处理一般有烘干、脱壳、脱粒、去翅和分级等工艺。对应种子处理工艺，目前国内通常是先使用干燥设备对采摘的球果进行烘干，使球果开裂，便于种子从球果内分离出来，然后再进行脱粒、分级等。国内比较常见的设备有滚筒式球果烘干机和隧道连续式球果烘干机。球果脱粒主要采用振动和滚筒机械，对于翅果类种子，还要使用各种去翅机进行去翅处理，以利于种子分级、贮存和播种。

种子脱粒完成后需进行清选分级，种子清选通常使用的机械设备主要有依比重原理进行清选的比重清选机、气力清选机、风筛综合清选机、窝眼滚筒式清选机、多工序种子清选机等。另外还有利用种子所带生物电原理进行清选的设备，如静电种子清选机、介电种子清选机等，但由于该类设备技术还不完善，目前还没有广泛应用。

2.3.2.2 苗木培育装备

育苗装备主要包括露天苗圃育苗、温室育苗两大类。在整体林业生产作业中，我国育苗生产机械化程度相对提高较快，目前已基本实现机械化作业，但设备技术水平还有待提高。露天苗圃育苗作业工序主要包括整地、作床（垄）、播种（扦插）、幼苗抚育、苗木喷灌、换床、防寒覆土、起苗、苗木贮存、成苗出圃等。目前国内在露天苗圃作业工序中，主要牵引动力仍是采用农业拖拉机为主，配套相关露天苗圃作业设备，完成露天苗圃主要作业工序。在整地、作床（垄）、播种、喷灌、起苗等主要工序机械设备比较成熟，配套设备可满足作业工艺要求。近年来在精量播种、苗木换床、插育苗、筑床、苗木防寒覆土等方面开发出一批新设备，进一步提高了苗圃机械化水平，如垄作起苗机（图 2-13）、精细分层筑床机（图 2-14），机械性能指标有了极大提高，已经推广应用。

图 2-13　垄作起苗机

图 2-14　精细分层筑床机

温室育苗也称为工厂化育苗，具有育苗效率高、受季节和气候变化影响小的特点。目前我国温室育苗容器育苗工厂化生产设备主要有无纺布容器制作机（图 2-15）、育苗基质处理、装土播种、林木育苗装播生产线（图 2-16）、育苗温室及其温室内的温度、湿度、气体等环境因子调控、苗木运输、装卸等设备，已经基本可实现机械化作业。由于透光保温新材料阳光板的诞生和电子计算机控制技术的普及，阳光温室已经形成产业，温室环境因子调控系统及主要设备还多依靠进口。

2.3.2.3 林地清理机械

林地清理的目的是为了改善造林地的造林环境，为造林后幼苗的生长创造必要的条件。用于伐根清除的机械设备，主要有拔根机(图2-17)、伐根铣削机、伐根破碎机等。拔根机有两种作业方式：一种是挂接在拖拉机后部的钳式拔根机；另一种是安装在拖拉机前部的推齿式拔根机。伐

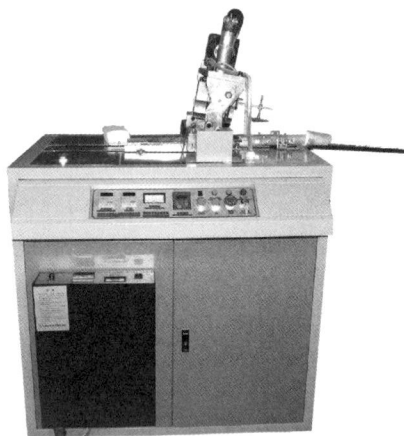

图 2-15　无纺布育苗容器制作机

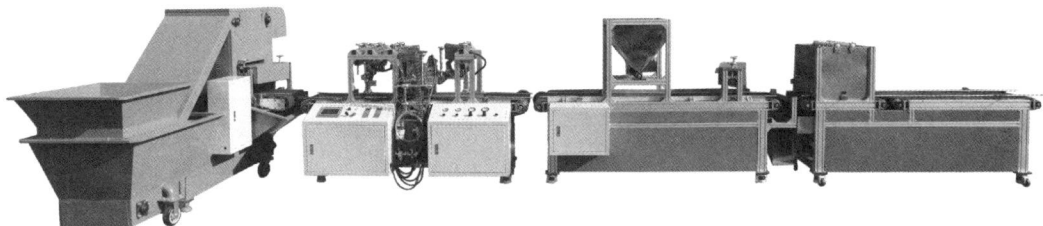

图 2-16　2RZ–J200 型林木育苗装播生产线

根铣削机是用安装在拖拉机后部或前部的一个铣刀盘将伐根铣削成木片。伐根破碎机是用一把或数把刀片或刀齿从伐根的顶部将伐根破碎。

图 2-17　拔根机

用于除灌的机械设备种类比较多。一般常用的小型除灌机械设备有背负式、斜挂式和手扶式割灌机等，通过小型发动机将动力传递到割灌工作头上的锯片或刀片，由1 人操作，旋转的锯片或刀片将灌木切断。也有使用大型的滚刀式除灌机，即在一个鼓形的滚筒上安装有"人"字形或螺旋排列刀片，挂接在拖拉机的后部或前部；作业时，拖拉机牵引或推动滚刀在地面上高速旋转将灌木或较小的伐根切碎。还有一种"V"字形铲刀式除灌机，即在拖拉机的前部挂接一个"V"形推板，中间有刀齿，作业时将灌木向两边分开，"V"形推板的肩部带有锯齿的刀片，用来切断灌木。

2.3.2.4　造林机械

造林机械装备主要有栽植连续开沟式植树机、选择式植树机、螺旋式钻孔挖坑机(图 2-18)等。螺旋式钻孔挖坑机和连续开沟式植树机是应用最广泛的植树机，投苗的方式有人工投苗、半自动投苗和全自动机械投苗等，机器由拖拉机牵引或悬挂在拖拉机上。人工投苗的作业过程是先开一条用于栽植裸根苗的深沟，待乘坐于植树机上的人将裸根苗或容器苗植于沟内后覆土，再由两个镇压轮镇压。半自动投苗的作业是由两个人分别将幼苗(裸根苗)交替地放置于一个滚动夹苗盘的苗夹上。夹苗盘为投苗装置，当其运动到地面时夹苗器打开将苗投入到犁沟内，随后覆土装置、镇压轮进行覆土和镇压。

图 2-18　植树挖坑机

全自动植树机有一套自动的投苗装置，多由夹苗带和分带投苗器组成，在造林作业前，需要用专用设备将被栽植的幼苗(一般为裸根苗)夹在夹苗带上并缠绕起来。植树机作业时将带有幼苗缠绕起来的夹苗带安装在机器上，夹带的一端在经过分带投苗器后绕在另两个夹苗带回收卷筒上，随着机器的前行，夹有幼苗的夹苗带不断被分开并将幼苗投入开沟器开出的犁沟中，经覆土、镇压栽植到造林地上[8]。

选择式植树机不同于连续开沟式植树机，其只对植树点周围进行整地作业，节省能量并能自动将幼苗栽植到植苗点。大多数选择式植树机的植树装置都有一个空心管用于植树点的整地和栽植幼苗。有些选择式植树机的整地是用刀开一条短沟，然后将幼苗栽入犁沟中。选择式植树机在某一地点植苗时，要完成挖穴整地、植苗、镇压等几道工序。对于立地条件比较复杂，如采伐后的林地、多树桩、多石块和灌木丛地的造林作业多使用选择式植树机。

2.3.2.5 抚育管理机械

抚育机械是提高造林成活率，促进林木速生、优质、高产的重要机械。抚育机械的种类很多，包括幼林的除草、松土、耕地（图 2-19）、清林、割灌、修枝和成林的抚育间伐等机械，不同的立地条件和树种、不同的经营方式，对抚育机械的要求不同[9]。现在全国各机械化林场的幼林抚育作业基本上实现了机械化。我国抚育机械正向着全程机械化和智能化方向发展。

图 2-19 履带式微耕机

2.4 存在的问题及其原因

2.4.1 林机林艺不匹配

林机与林艺相匹配的过程，是林机实体同林业基础结构、管理方式、科学技术相结合的过程。充分理解林机林艺的匹配程度在林业具体工作中的指导作用，能够避免科研与生产相互脱节、技术与管理不协调等弊端。但是目前我国的林业机械发展水平，并没有达到林机林艺相匹配的程度，较少开展根据地域、树种和经济条件的林业机械化工艺研究与装备集成配套技术研究，造成林业机械化环节间的工艺、技术装备匹配脱节，限制了林机的制造与发展，同时又因林机产品的缺乏无法正向促进林业产业化发展。造成此现象的主要原因是对林艺指导性作用的认知不足。因此，要将林机林艺匹配性相关研究作为亟待解决的重大问题，为我国林业机械的发展建立良性的科研环境。

2.4.2 劳动力结构制约营林装备发展

林机行业属于劳动密集型产业，很少有人愿意从事该产业，导致我国林业机械研究人员缺乏，基层生产单位的专业技术人员不足。同时目前林业机械行业从业人员的年龄结构显现老龄化的特征，老一代专业技术人员和工人将逐渐退休离岗，而新一代年轻员工并不能完全填补人员上的空缺，导致林机行业储备力量薄弱，发展潜能受限。当前，国家要推进林业机械化发展的步伐，特别是营林机械，必须加快培养能搞科研、懂技术的高素质技能型高端人才。

2.4.3　营林机械产业尚未形成规模化

目前，我国的营林机械产品仍处在一个发展程度相对低的水平，工艺落后、设备陈旧、产品质量和品牌知名度较低、资源利用差，尚未在全国形成规模化的产业及产业化服务体系，发展格局尚未形成。但营林机械行业的缺口问题仍然突出，在需求大于供给的市场现状下，对营林机械行业进行标准化、规模化建设，支持企业改造，提升生产能力，能够推动行业劳动生产率提高及收益增加，同时提高行业活力，加速产业发展，缩短国内与国外的差距。

2.4.4　科研投入不足技术基础薄弱

营林机械产业规模小、实力弱，缺乏长期稳定的政策支持，导致科研投入不足，技术基础薄弱，原始创新能力缺失，在攻克核心技术问题上存在短板，严重制约了产业创新能力的提升。同发达国家的科研水平相比较，我国存在只注重产品而忽视基础应用技术的问题，没有对关键科学问题深入研究，无法支撑进一步的技术产品研发。因此，要重点认识技术基础研究的重要性，加大科研投入、加强基础研究项目部署，为广大林业技术人员营造良好研究环境。

2.5　主要发展方向及重点领域

2.5.1　主要发展方向

营林装备的高质量发展必须服务于林业生态和经济两大需求，开展针对性的生态保护修复营林装备研究，对商品经济林以生产木材和提供林特产品来满足人们对林业经济需求；满足林艺作业规范的要求，发展专精特新的苗木培育、管护抚育、林木采伐采收等装备。营林装备未来主要发展方向如下：①单一工序作业装备的专业化。②多工序作业装备的连续化、自动化。③标准特殊工序作业装备的智能化。

2.5.2　重点发展领域

为满足人们林业作业的专业化、自动化、智能化的营林技术装备的需求，营林装备将重点从林业生态营造保护修复装备、经济林营造装备领域发展。

2.5.2.1 智能化苗木培育装备

瞄准林木良种获取、优质苗木培育全过程技术需求，以实现机械化、自动化、智能化为突破，重点构建种苗培育全过程技术装备实施应用方案，以林木种实特性关键共性为基础研究，开发林木良种获取及处理技术与装备；针对裸根苗培育机械落后，补齐裸根苗与容器苗技术装备交融升级短板，开展裸根苗全程自动化、智能化的装备研发；开发林木容器苗成套技术智能装备。

2.5.2.2 经济林、天然林抚育装备

我国近年来经济林抚育经营装备有所发展，相对世界林业发达国家差距还很大，整体技术水平落后。经济林抚育经营大多借用农机和工程机械来完成，没有适用的装备。天然林择伐、间伐还只能使用简单机具，原条原木只能简单处理，剩余枝丫处理现场完成作业还不能实现。林业抚育装备没有形成完备的产业链，主要以小微企业为主，市场竞争力不强。

2.5.2.3 丘陵山地营林动力装备

针对丘陵山地立地条件复杂、大型装备无法适应等问题，开发适宜丘陵山地营林机械作业所需配套通用动力装备，实现在困难立地条件下与整地、挖坑、铣根等设备的配套使用，为配套设备提供原动力，达到一机多用，补齐我国丘陵山地营林动力装备技术短板。

2.5.2.4 林果采收与预处理装备

聚焦保障国家粮油安全，解决林果机械化采收与预处理装备技术问题，针对目前林果采摘人员攀爬树木高空危险作业，人员坠落伤残或死亡现状，研发适宜林果采收的实用装备与智能化装备，解决不同工况林果采收作业需求，满足在林果成熟季快速、高效、安全的收获。开发林果收获后的除杂、清选、脱壳、去翅、干燥、存储等装备，实现林果的高效低损预处理。

2.5.2.5 生态修复装备

生态修复装备是营林技术装备的重要组成部分，是营林技术装备在生态修复建设中的综合应用。针对生态环境破坏复杂问题，开展荒漠、废弃矿区、盐碱地、火烧迹地、农药重金属残留地等专用生态修复技术装备研究，实现专业的生态修复机械化作业。

参考文献

[1]肖冰，白帆，吴昊，等．国内外营造林机械及森保、采运设备概述[J]．林业机械与木工设备，

2018，46（12）：15-31.

[2]周大元，王琦，白帆，等．我国营林机械的发展（一）——总体概述[J]．林业机械与木工设备，
　　2009，37（9）：11-14.

[3]张宝玉．中国林业机械化[M]．北京：中国林业出版社，1987.

[4]熊大桐．中国林业科学技术史[M]．北京：中国林业出版社，1995.

[5]雷永杰，周建波，蒋鹏飞，等．中国林业机械发展历程分析及其影响研究[J]．林业机械与木
　　工设备，2022，50（9）：14-19.

[6]戴凡．新中国林业政策发展历程分析[D]．北京：北京林业大学，2010.

[7]《林业机械》编辑组．从全国林业机械展览看我国营林机械的发展情况[J]．林业机械，
　　1977（3）：1-5.

[8]刘静，俞国胜．干旱地区植树造林技术装备的研究[J]．林业机械与木工设备，2006，34
　　（6）：4.

[9]肖冰，周大元，张丽平，等．我国营林机械的发展（三）——抚育机械设备[J]．林业机械与木
　　工设备，2011，39（2）：8-12+20.

第3章 ‖ 草原管护与利用装备

3.1 草原管护装备

3.1.1 定义与分类

3.1.1.1 定 义

草原管护技术装备是用于草原生态系统建植、保育、管理、改良、防治与维护的一系列机械装备的总称。

3.1.1.2 分 类

草原管护技术装备包括天然草原改良技术及装备、草原建植复壮技术装备、草原信息技术及装备、草原防火技术及装备、草原鼠虫害防护技术及装备、草原管理技术及装备等。

3.1.2 国外现状与发展趋势

3.1.2.1 国外现状

20世纪以前,各国对草地的经营还基本处于自然放牧利用的状态。到20世纪初,由于草地超载过牧和开垦破坏,在美洲、欧洲、大洋洲等一些国家都发生了大面积草地退化沙化,以致暴发了连续的黑风暴,出现了冬春风雪灾害或旱季干热灾害、家畜大批缺草死亡的状况。20世纪以来,随着社会生产力发展和科学技术进步,一些畜牧业发达国家首先重视草地开发,把草地资源看作是"绿色黄金""立国之本",采取了一系列科学管理和建设措施,如制定合理利用草地、防止退化的法律法令;实行草地围栏划区轮牧的放牧制度;开展天然草地改良和人工草地建设;建立国家草地管理、科研和教育机构;加强草地科学研究和科技人才的培养等,使草地利用迈入科学经营的新阶段，草地生产力达到新高度，在农业经济发展和国民食物供给中起了主导性作用。

目前，各畜牧业发达国家，按其草地资源开发和经营的状况可分为两种类型。一种类型是，草地面积大，草地经营上实行合理利用天然草地和重点建设人工草地相结合的国家，如美国、俄罗斯、加拿大等国家。这些国家对天然草地采取了围栏、电围栏、松土补播、免耕补播、大型草场节水喷灌和施肥等措施，实行划区轮牧制度。已建的人工草地面积占草地总面积的 10%~20%，使得冬春枯草季节有充足的草料储备，草地生产力处于较先进水平。另一种类型是，草地面积小，但草地经营上以建立人工草地为主，实行集约化经营的国家，如新西兰、法国、德国、英国、丹麦、荷兰等国家。这些国家采用现代围栏、种草等技术，将大部分天然草地建设成人工和改良草地，并划出一部分农田种植饲料作物，广泛开展林间放牧。家畜饲养实现了放牧与舍饲结合，加上畜种改良等科学措施，使草地生产力达到高水平[1]。

天然草原改良是草原技术装备研发与制造的重要领域。改良退化草地需要从改善土壤环境和恢复原有植被两个方面展开，国外对退化草地多采取松土、免耕补播等方式进行改良，注重水肥综合利用，所使用的机具以减少土壤扰动、增加土壤透气、透水性以及大型化为主要特点[1]。国外对于因车辆压实或牲畜踩踏等原因造成的土壤紧实的草坪或草场，通常会采用草地打孔、透气机械对草地进行修复；对于退化草场，使用牧草补播机械一次性完成划开草皮、切根松土、播种、覆土镇压和施肥喷药等复式作业，如约翰迪尔 1590 型免耕条播机。

3.1.2.2 发展趋势

为增加畜产品产量、提高载畜量，国外各畜牧业发达国家重点依靠人工种植饲草，改变落后的靠天养畜的游牧方式，走集约化生产经营的方式，在草原的保护与管理方面注重机械技术与生物技术相结合、资源节约和循环利用相结合。而且国外草地管护技术及装备主要针对人工建植草场。在未来，电子控制、液压、人工智能、大数据等先进高新技术将广泛应用于草地管护技术装备，使草原生态系统检测管理系统更加高效便捷，实现草原生态系统的实时监测；草地改良、预警与保护装备更加可靠，以及草原管护装备的系列化、成套化、高效化。

3.1.3 中国发展历程及现状

3.1.3.1 发展历程

中国草地处于北纬 20°~51°，分布区域广阔。全国天然草地总面积为 60 亿亩，占国土面积的 41.7%；其中，可利用面积为 47.4 亿亩。草地类型分为 18 大类 20 多个亚类 800 多个种型[1]。

中国对草原的破坏有两个时期，一是以商鞅变法提出"垦草"政策为代表的封建时期，垦草造田长达数千年，导致"丝绸之路"沿线草原开垦后又弃耕，出现沙进人退问题[2]；二是新中国成立后为解决吃饭和吃肉问题，开垦草原和超载过牧，导致草原退化、沙化、盐渍化，到 21 世纪初全国约 90% 的可利用天然草原出现了不同程度的退化，中度和重度退化面积占了近 50%，产草量比 20 世纪 80 年代平均下降 30%~50%，部分草场完全丧失生产能力[3]。

1980—2002 年，我国低起点的工业化快速启动，农业生产以满足口粮需要为目标，处于草原资源支援耕地的农业时期，大量优质草原被开垦为农田，草原面积锐减 2 亿亩，如半荒漠地区和高山草地等一些不宜种植的土地也被盲目开垦，最后成为既不能种植也不宜放牧的弃荒地。且放牧压力过重，使草原生态系统遭到破坏，此时虽然国家投入相比之前有所增长，也有一些草原常规管理，但草原退化达到历史的低谷，草地、家畜、牧民三者都处于困境，草原生态系统趋于崩溃的边缘。

2002—2014 年，我国已经基本完成了工业化进程，国民食物结构发生本质改变，肉制品需求量大幅度提高。按食物当量计算，口粮需求与饲料消耗之比为 1∶2.5，即饲料需要量为口粮的 2.5 倍，传统耕地农业的缺陷被暴露，我国粮食有余而饲料和畜产品严重不足，同时由于追求粮食超量高产，大剂量的化肥农药使水土资源严重受损，殃及食物安全。草原生态建设虽然远滞后于社会发展，受传统农耕文化的影响，也走了一些弯路，如草原分包到户、全国性的禁牧等，削弱了草原投入的效果，但国家对草原的投入呈数量级增加，草原由急剧变坏转为局部改良。这一阶段的后期，我国第三产业产值接近第二产业，呈现大国崛起之势，但草原牧区发展水平也与全国差距加大，"三农"问题突出。

2015 年以后，我国进入后工业化时期，我国草业发展进入第三阶段。"三农"问题受到空前关注，为草业发展带来不可估量的推动作用，我国草业快速发展，取得了巨大成就[4]。

3.1.3.2 发展现状

我国从 21 世纪初开始实施退牧还草、京津风沙源治理等项目，尤其是 2011 年开始实施草原生态保护补助奖励政策，有力地促进了草原保护建设工作，到 2017 年，草原承包面积、禁牧面积、休牧面积、轮牧面积和围栏面积分别是 2001 年的 1.68 倍、9.46 倍、25.06 倍、6.84 倍和 5.32 倍。2017 年全国天然草原鲜草产量和全国天然草原理论载畜量比 2010 年增长 9.07% 和 7.5%；草原综合植被盖度比 2011 年增长 4.3%，全国天然草原超载率比 2010 年下降了 18.7%[3]。

目前，我国人工草地建植技术在种子与机械装备方面均取得一定的进展。在牧草种质资源收集、评价和筛选的基础上，加强优质抗逆饲草新品种的选育和推广应用。审定登记苜蓿育成品种 14 个，饲用玉米育成品种 11 个，审定登记禾本科牧草新品种 93 个，并在草业生产和草原保护建设中广泛推广应用[5]。高产种子生产田管理和种子收获加工技术取得进展，试验区高羊茅种子最高产量达到 3553 千克/平方千米，紫花苜蓿种子最高产量可达 1680 千克/平方千米，种子质量达到进口种子的水平。

在人工草地建植和管理技术研究方面，主要在牧草混播、种子包衣、根瘤菌筛选和利用、节水灌溉等方面取得进展。混播草地建植从单一满足饲草生产需要发展为改善生态环境和促进畜牧业发展相结合的多功能目标，建立了不同类型混播牧草组合和播种利用模式；豆科、禾本科牧草种子包衣丸化技术取得进展，筛选出最佳包衣配方和保水剂，改进包衣技术使小粒牧草种子在包衣过程中能够成功造粒，包衣成本降低[6]；在豆科牧草特别是苜蓿根瘤菌筛选和利用方面，筛选出适合国产苜蓿品种的优良根瘤菌菌株以及共生组合，研究了苜蓿根瘤菌耐盐性等抗逆性状，苜蓿根瘤菌溶磷和分泌生长激素研究取得初步进展。针对我国大多数地区水资源紧缺的现状，在北方温带地区的东、中、西部地区分别开展苜蓿人工草地亏缺节水灌溉研究，基本确定苜蓿经济灌水量和水肥耦合规律。

(1)天然草地改良技术

我国在系统研究草原受损和退化机理的基础上，研究和运用围栏自然恢复、松土浅翻补播、施肥、低扰动改良等技术，改善草原生态环境，恢复草原植被，提高草原生产力[7]。生物围栏技术研究也取得较大进展，各地采用合适或较适合当地条件的乔、灌、藤本营建植物围栏，可实现保持水土、美化环境、划区轮牧、旅游基地等一举多得的效果。天然草原补播改良由单一机械浅耕翻向浅松耕、深松耕、松土补播、低扰动补播、施肥、灌溉等多因素综合改良方向发展，研制出切根机、松土补播机、浅松耕犁、草地改良多用机、全方位深松机等改良配套机械[8]。中国农业大学工学院研制了 9QP-830 型草地破土切根机，以冲击、贯入的方式割裂退化羊草草地土壤板结层，切断羊草地下横走根茎以改良该类型退化草地，使土壤容积密度有所下降，当年可使羊草增产近一倍；中国农业机械化科学研究院研制了 9BQM-3.0 型气力式免耕播种机，适应性广、播种均匀，能够在田间实现破茬、开沟、播种、覆土、镇压和铺平等联合作业。

(2)草地信息技术

我国地域广阔，林草信息化建设加强了对我国林业和草原资源的监管，"3S"技术与地面调查数据结合，使得我国草原植被、草原灾害监测和草原利用管理手段得到了长足发展[9]。草地信息技术主要包括以下几个部分：利用不同时期草原植被遥感信息反映草原植被长势并划级评价；根据 MODIS 遥感数据和同期地面调查数据，分区域建立草原生物量遥感监测模型，系统测算全国草原产草量分布；利用遥感技术，动态监测草原火灾、鼠虫灾、雪灾，并实时进行预警预报。

(3)草原防火

草原火灾信息管理技术仍处在发展阶段。从20世纪80年代末起，国家卫星气象中心和一些省份的气象部门应用美国国家海洋和大气管理局（NOAA）卫星资料对森林和草原火灾进行遥感监测，改变了传统的草原火灾信息的获取和管理模式。20世纪90年代以后，草原火灾信息获取和管理技术主要以遥感信息的接收，信息加工和处理，传输技术、各类数据库的建立，各类模型的研制，相关系统的集成及相应软件的开发等研究为主。中国农业科学院草原研究所受中国人民解放军总装备部委托，在农业部草原防火指挥部办公室的直接领导和关怀下，"九五"期间主持完成了"卫星遥感草原火险预警、火灾监测和灾情评估系统"研究项目，较系统地对草原火发生时空规律及机理、草原火蔓延的制约因素、损失评估及信息管理等方面进行了深入研究[10]。在预防装备类，目前探测根部火焰的方式是红外探测，该方式可以探测出本地的温度升高。雷电预警仪可探测周围电场环境，探测范围广，可针对易发生雷电火的区域进行重点检测，提前采取措施，出现情况及时处理。扑救装备类，我国常用的有2号、3号、4号灭火工具，灭火水枪，风力灭火机，风水灭火机，灭火炮，点火器及大中型扑救装备系列等。通信装备类，主要有无线通信和有线通信两种基本通信方式，通信装备有GPS定位仪、对讲机、电台、对讲耳麦、喊话器、卫星通信车等[11]。

(4)草原鼠虫害防治技术

我国在草原鼠害防治方面，主要采用的方法包括化学防治法、生物防治法以及生态防治法。化学防治法主要采用缓效药物配置成的毒饵进行灭鼠；生物防治方法主要依靠鼠类天敌及微生物进行灭鼠，如在鼠害严重的地区投放天敌并对其展开保护，从而有效控制害鼠数量；生态防治法注重将灭鼠与草原保护有机结合，通过合理利用、保护草原来达到控制害鼠数量的目的。我国草原虫害主要以蝗虫为主，防治措施有物理防治法、机械防治法、化学防治法和综合治理法。物理防治是利用害虫趋光性的生物特性对其实施诱捕，包括辐射、激光等方式；机械防治是利用相关机械设备治理虫害，如蝗虫吸捕机；化学防治主要采取喷洒杀虫剂来起到防治效果，如飞机超低容量喷雾、地面超低容量喷雾等。综合性治理法通过植树造林、人工种草、封区育草、合理利用草原等多种方式综合防治虫害，通过改变外界环境条件，从源头上降低虫害的发生[12-13]。

3.1.3.3　发展趋势

保护草原、修复草原生态环境是我们必须践行的理念。要合理利用草地资源，避免草地超载过牧和开垦破坏而出现草地沙化现象。开展草原保护修复重大问题研究，在退化草原修复治理、生态系统重建、生态服务价值评估、智慧草原建设等方面，着力解决草原保护修复科技支撑能力不足问题。加强草品种选育、草种生产、退化草原植被恢复、人工草地建设、草原有害生物防治等关键技术和装备研发推广，建立和完善草原监测评价队伍、技术和标准体系，加强草原监测网络建设。充分利用遥感卫星等数据资源，构建"天地空"一体化草原监测网络，强化草原动态监测。健全草原监测评价数据汇交、定期发布和信息共享机制。加强草原统计，完善草原统计指标和方法。加强草原重点实验室、长期科研基地、定位观测站、创新联盟等平台建设，构建产学研用协调机制，提高草原科技成果转化效率。加强草原保护修复国际合作与交流，积极参与全球生态治理。

抓好草原防火和病虫害防治。此外，各级林业草原部门要高度重视草原防火工作，健全防火机构，充实专业力量，加强基础设施建设。广泛开展草原防火宣传教育，严格管控火源，落实好生态护林员和草管员的防火职责。必须采取有力措施，坚决遏制草原虫害快速扩散的态势。

3.1.4　发展环境分析

3.1.4.1　存在的问题

(1)缺乏草原修复治理配套措施

在治理退化草原的过程中，由于生态用水没有包含在用水总量中，加之近年来水资源严格管控，虽然积极争取，通过退牧(退耕)还草工程项目实施了一些退化草原治理修复工作，但因投资标准低，缺少节水灌溉等水资源保障配套投入，严重影响了治理效果[14]。

(2)退化草原生态治理缺乏技术支撑

草原类型繁多，需要因类施策的退化草地治理综合配套措施，特别是适用于退化草原生态修复治理，且为牲畜不喜食的原生生态草种，从而提高草原修复治理效果。一方面基层草原监测技术人员不足、设备老化、技术手段落后、缺乏必要的协作等问题普遍存在；另一方面适生草种少，品种单一，缺少补植、施肥、封育、有害生物防控等配套措施，急需加大研究和技术投入，培育和提供足够数量、适合当地生态条件的草种供给，从而满足草地补播、人工草地建植对草种的需求[14]。

(3)草原防火装备落后

重点火险区主要采用风力灭火、以水灭火、爆炸灭火(索状炸药)、机降灭火、以火攻火、隔离带灭火等手段。国内对草原防火灭火设备相关的研究发展较晚。目前，教学研究单位少，专业人才稀缺，相关研究所处的学科比较混乱、地位也不明确，开展不了学科建设，产学研用相互脱节，形不成合力，严重制约产品的创新发展[15]。

(4)缺乏完善的草原鼠虫害防治技术

物理防治法只能实现小规模的虫鼠害防控,而且杀伤力有限,一旦遇到大规模的虫鼠害泛滥现象,无法做到有效控制;化学防治法利用化学手段,虽然可以做到有效控制虫鼠害,但一旦使用不当则容易引起中毒现象,而毒饵中含有的化学成分会破坏草原生态系统;生物防治法通过引进虫类鼠类天敌进行防控,但这是一个长期且艰难的过程,而且也很有可能造成物种入侵,为草原生态带来另外一种灾难。

3.1.4.2 发展新形势

(1)研究开发现代化防灭火装备产品

由于气候的不断变化,尤其是变暖趋势日益明显,使得草原火灾时有发生,因此需要制定科学、实用、能用的防火灭火装备标准和规范[16],研究开发现代化防灭火装备产品。政府要加大资金投入、优惠帮扶政策鼓励相关企业研发具有自主知识产权的创新创优产品;科研开发要立足国际草原消防技术发展的前沿,引进国际消防装备的技术、理念,在此基础上创新发展[17]。未来需要提高装备性能,减轻装备质量。

(2)研发生物技术对病虫害进行防治

随着生物技术发展的成熟,转基因技术也受到广泛关注,一些转基因作物能够在受到病虫害侵袭时分泌一定的物质来消灭病害。利用转基因技术进行病虫害的防治,能够减少农药的使用,同时不会对周围的土壤和水体造成过度的污染[17]。

(3)研发完善草原鼠害防治技术及装备

在综合分析草原鼠害成因及规律的基础上,构建"天地空"一体化草原监测防控技术,掌握鼠害暴发、危害、扩散等信息,从而制定相应的管理决策,开发更加有效的草地鼠害预防管理系统,并开发适宜的鼠害防治装备。

(4)研发高效的草原管护机械装备

提升草原生产力,增强草原生态系统稳定性,以提高草原生态服务功能为目标,开展高效的草原管护机械装备研究,包括标准化快速围封与精准补播关键装备、草原害虫精准防控与鼠兔高效灭除装备等,促进草原生态系统实现良性循环。

3.1.5 政策依据(政策框架)

自20世纪80年代以来,政府和农牧民逐渐认识到了草原具有综合效益的重要性,1984年我国开始实施草原家庭承包责任制,1985年国家颁布实施了《中华人民共和国草原法》,2003年修订和颁布了新的《中华人民共和国草原法》。2009年1月1日实施《草原防火条例》。2004年,国家发布了《全国草原虫灾应急防治预案》,对草原虫灾开展综合防治和治理。自2000年以来,国家还相继启动实施了天然草原植被恢复与建设、牧草种子基地建设、草原围栏、退牧还草、京津风沙源治理等一系列草原保护建设工程，在工程项目实施中也逐渐注重草原保护建设技术的推广和应用，并取得了较好的生态、经济和社会效益[18]。

2006 年，国务院颁布《国家中长期科学和技术发展规划纲要（2006—2020 年）》，将草原退化与鼠害防治技术，退化生态系统恢复与重建技术，森林与草原火灾、农林病虫害，特别是外来生物入侵等生态灾害及气象灾害的监测与防治技术，人工草地高效建植技术和优质草生产技术，减少土壤污染、水土流失和退化草场功能恢复为主的生态农业技术等内容作为重点领域和优先主题。

国家"十三五"科技创新规划也将草原生态保护和草牧业全产业链提质增效，草原生态退化机理、生态保护与修复作为重要的技术研究内容。

党的十八大以来，党和国家把生态文明建设纳入中国特色社会主义事业"五位一体"总体布局，把推进生态文明建设提升到前所未有的战略高度。

党的十九大提出，要统筹山水林田湖草系统治理，建设美丽中国的宏伟蓝图，并提出了实施乡村振兴战略的决策部署。

国家林业和草原局在积极推进大规模国土绿化行动的意见中也将"提升草原生产力和生态服务功能"作为国土绿化行动的主要任务。

国家发展改革委、自然资源部 2020 年联合印发的《全国重要生态系统保护和修复重大工程总体规划（2021—2035 年）》，提出以推动森林、草原和荒漠生态系统的综合整治和自然恢复为导向，针对国家重点生态功能区持续推进退化草原修复；落实草原禁牧休牧轮牧和草畜平衡，实施退牧还草和种草补播，统筹开展退化草原、农牧交错带已垦草原修复。此外，生态保护和修复支撑体系重大工程中要求加强生态保护和修复领域科技创新，开展生态保护修复基础研究、技术攻关、装备研制、标准规范建设，推进服务于生态保护和修复的国家重点实验室、生态定位观测研究站、国家级科研示范基地等科研平台建设。

2021 年，国务院办公厅印发的《关于加强草原保护修复的若干意见》提出，"坚持绿水青山就是金山银山、山水林田湖草是一个生命共同体，按照节约优先、保护优先、自然恢复为主的方针，以完善草原保护修复制度、推进草原治理体系和治理能力现代化为主线，加强草原保护管理，推进草原生态修复，促进草原合理利用，改善草原生态状况，推动草原地区绿色发展，为建设生态文明和美丽中国奠定重要基础"。

3.1.6　发展方向和重点领域

3.1.6.1　主要发展方向

（1）发展草原监测技术与标准评价体系

加强草原监测网络建设，充分利用遥感卫星等数据资源，构建"天地空"一体化草原监测网络，强化草原动态监测。健全草原监测评价数据汇交、定期发布和信息共享机制。加强草原统计，完善草原统计指标和方法。

（2）发展草原生态修复技术及装备

按照因地制宜、分区施策的原则，依据国土空间规划，编制全国草原保护修复利用规划，明确草原功能分区、保护目标和管理措施。因地制宜地开展草原生态修复治理技术及装备研究，加快退化草原植被和土壤恢复，提升草原生态功能和生产功能。在严重超载过牧地区，采取禁牧封育、免耕补播、松土施肥、鼠虫害防治等措施，促进草原植被恢复。对已垦草原，按照国务院批准的范围和规模，有计划地退耕还草。在水土条件适宜地区，实施退化草原生态修复，鼓励和支持人工草地建设，恢复提升草原生产能力，支持优质储备饲草基地建设，促进草原生态修复与草原畜牧业高质量发展有机融合。

（3）发展草原灾害监测预警技术

加强草原有害生物及外来入侵物种防治，不断提高绿色防治水平。完善草原火灾突发事件应急预案，加强草原火情监测预警和火灾防控。

（4）发展优质草种选育与生产利用技术

建立健全国家草种质资源保护利用体系，建立草种质资源库、资源圃及原生境保护为一体的保存体系，完善草种质资源收集保存、评价鉴定、创新利用和信息共享的技术体系。发展优良草种特别是优质乡土草种选育、扩繁、储备和推广利用，不断提高草种自给率，满足草原生态修复用种需要。

3.1.6.2　重点发展领域

（1）草原害虫智能识别与监测预警技术[19]

一部分害虫具有趋光性，所以在对这类害虫进行防治期间，需要利用好这一特征，在不同波长的光源下，对这类害虫进行诱捕。这类害虫的数量庞大，而且种类较多，诱捕难度较高，而且在对害虫进行识别与计量期间，会消耗大量的人力与物力，但是取得的效果并不理想。所以需要对不同标靶害虫的样本建立模型库，再通过拍摄的照片进行运算，对符合标靶害虫特征的害虫进行有效计数，在后端平台上传相关数据，分析后发出预警。

（2）全电子小气候监测仪

在对草原的空气温度、湿度、风速等进行监测时，在电子传感器的基础上，通过全球定位技术等多种科学技术的应用，及时、准确地获取相关信息，确保积温分析的有效性与可靠性，抗干扰功能较强，精准度较高。校正时为自动化水平校正。通过对草原小气候的监测，可以及时了解草原气候变化，并且能针对气候变化制定有效的应对措施，防止有害生物继续在草原繁衍生息。

(3)草原害草的防治措施

毒害草多光谱遥感分析系统是草原害草监测的重要手段。可利用无人机载多光谱传感器获取数据，用 Yusense Map 数据处理软件进行数据处理。该技术可对草害进行自动化识别并进行数据预处理，无需先验知识即可完成专题图与空间统计信息，能对草害发生的位置与种类进行精准确定，实现监测的智能化[20]。

(4)迁飞性害虫高空测报灯

迁飞性昆虫的飞行高度在 500~1000 米时，可以运用高空探测系统进行诱捕，光柱的高度与顶端半径分别为 500 米与 450 米，这样就可以有效诱捕蝗虫、草地螟等害虫。该技术在实际应用中支持远程运行，同时也能实现远程查询等功能，而且可以通过热辐射高效消灭害虫。

(5)用北斗全球卫星导航系统和高分卫星实现精准监测、实时监测

近几十年来，随着航空航天技术的不断发展，使得通过遥感卫星进行草原火灾的全区域监控成为可能。在国家层面应重点扶持专门的救灾减灾卫星的研发与发射，补齐短板，改变卫星少和受制于人的现状，如大力发展北斗全球卫星导航系统和高分卫星监测，推动遥感数据更快、更新、更准地服务草原火灾监控，实现精准监测、实时监测。结合遥感技术，对火情监控进行整体规划，建立全方位的草原火灾监控系统及高效的数据处理、信息反馈和响应机制。卫星监测作为重要手段与信息化扑火指挥深度融合，实现方式可以是将卫星监测作为灭火综合指挥平台重要模块，与其他模块一起为扑火指挥服务[21]。

(6)高效的草原生态恢复装备及关键部件

按照因地制宜、分区施策的原则，在融合草地改良技术工艺及草地生态学的基础上，因地制宜地开展草原生态恢复装备及关键部件的研发、试验示范与推广，构建草原全程、全面机械化管护、生产与利用体系，并向高质、高效的发展方向转型升级。另外，在结合草原遥感、卫星定位和无人驾驶等智能化技术的基础上，进行多方面融合，开展草原生态恢复机械装备及关键技术的精准化与智能化研究，以提高作业效率和精确程度，降低作业成本。

(7)优质草种选育与生产利用

依据国家草原保护修复利用规划，明确草原功能分区和保护目标，利用多种手段，加强优良草种特别是优质乡土草种选育、扩繁、储备和推广利用，以及种子的播前处理，提高草种的抗性等生长特性，不断提高草种自给率，满足草原生态修复用种需要。

3.2 草场利用装备

3.2.1 定义与分类

3.2.1.1 定 义

用于草地饲草种植过程中的播种、管理、收获等的一系列饲草种植工艺与装备。

3.2.1.2 分 类

包括草场播种(补播)机械、割草机械、摊晒机械、搂草机械和捡拾压捆机械等。

3.2.2 国外现状与发展趋势

3.2.2.1 国外现状

国外畜牧业发达国家在 20 世纪 60 年代基本上实现了饲草生产过程的全面机械化,新型的割、搂机具及各类联合作业机具及成形机具相继研制成功并迅速推广,饲草机械的保有量也达到了相当高的水平。20 世纪 70 年代以来,部分服役机具趋于饱和,饲草机械产量保持稳定或略有下降。为提高产品竞争力,各饲草机械公司致力于新产品的研发工作,以改善原有产品的工作性能,畜牧业发达国家也相继完成了产品的更新换代工作。进入 20 世纪 90 年代,国外饲草机械开始大量采用电子、液压精确控制及 GPS 定位等现代技术,迅速提高了产品的科技含量,饲草机械向大型、高效、复合式作业方向发展[22]。

目前,国外发达国家已经建立了较为全面的草场机械化生产体系,并出现了一些大型跨国公司和著名品牌,如美国的约翰迪尔公司、凯斯公司、福格森公司、纽荷兰公司,德国的克拉斯公司、法尔公司、威力格尔公司,法国的库恩公司和意大利的格力亚尼公司等。其所生产的产品品种齐全、系列完整,能满足不同条件下全面机械化作业的需要;且在机械结构、动力配套、液压系统和控制系统等方面都各有特点。产品系列化生产,作业效率高,自动化程度高,代表了国际领先的技术水平。

(1)播种(补播)机

在国外,大部分的人工种植草场牧草播种机与农用播种机可以相互通用。一些农用播种机只需更换专用的开沟器、排种器就可直接播种牧草种子,这种播种机具有先进的播种技术,播种量和播种深度都比较精确,能够满足牧草种植要求[23]。如美国百利灵 SS 系列保苗播种机、约翰迪尔免耕播种机、大平原免耕播种机和凯斯播种机等。

(2)割草机

国外对割草机械的研究起步较早,经历了从使用畜力作为动力到使用拖拉机作为配套动力、从单向作业机具到成套作业机具、从分段牧草收获作业机具到联合牧草收获机具的发展过程[24]。包括了往复式割草机、旋转式割草机、割草调制机等。早期，往复式牧草收割机因其结构简单、工作可靠、适应性强、切割质量较好且可以进行大割幅切割等优势，得到了广泛应用[25]。20 世纪 70 年代，各国开始研制使用旋转式割草机，利用高速旋转的割刀对植株进行无支撑切割，具有作业速度快、维护保养时间少、磨刀和换刀次数少等优点，适用于高产饲草的收获。随着人工种植牧草面积的大量增加，并且大量含氮肥料的使用使牧草高大、茂密而趋于倒伏，因此，旋转式割草机的使用得到迅速发展。苜蓿草生产中，为了促进割后牧草的田间快速干燥，缩短后续作业时间，在收割装置后加上各种结构型式的调制部件，产生了带有橡胶压扁辊的割草机，即割草调制机。目前较为成熟的割草机如法国库恩公司生产的 GMD3150TL、GMD3550TL、GMD4050TL 牵引式割草机，GMD4010、GMD4410 旋转式割草机；丹麦格兰公司的 2600 系列旋转式割草机；以及美国约翰迪尔公司生产的 630 系列割草压扁机等。

(3) 搂草机

20 世纪初，国外发达国家就开始生产畜力横向搂草机。20 世纪 60 年代，欧美各国的牧草机械得到高速发展，期间完成了由畜力搂草作业机具向动力机械配套的更新换代[26]。作业速度和作业质量均较高的滚筒式搂草机、指盘式搂草机相继研制成功并得到迅速推广。20 世纪 70 年代，欧美各大农机公司为了提高产品竞争力，开始对原有的产品进行改进和优化，出现了采用水平转子的旋转式搂草机，一机多能、作业质量高。20 世纪 90 年代，美国等发达国家将机电和液压等先进技术应用在牧草收获机械的研发中，大大提高了作业效率。国外常用的搂草机有横向搂草机、指盘式搂草机、滚筒式侧向搂草机和水平旋转式搂草机，其中水平旋转式搂草机应用较为广泛。目前，欧美各国的搂草机产品种类齐全，搂草技术比较成熟，能满足不同条件下的田间作业需要。比较成熟的生产企业有法国库恩公司，美国斯普（SIP）公司、约翰迪尔公司、纽荷兰公司，德国克拉斯公司，意大利的伊诺罗斯公司和诺科（ROC）公司等。

(4) 捡拾压捆机

20 世纪 30 年代初，小方捆压捆机问世。50 年代，其生产进入高峰，保有量趋于饱和，当时美国拥有捡拾压捆机约 70 万台，90% 以上的牧草采用捡拾压捆工艺。60 年代中期，圆草捆打捆机诞生，70 年代迅速发展，80 年代方、圆捆机并行发展。近年来，国外发达国家生产的打捆机种类齐全、功能多样，能够满足多种作业条件下的作业要求，生产的压捆机械包括牵引式和自走式等，主要生产厂家包括美国纽荷兰、约翰迪尔、凯斯公司，英国福格森公司，韩国成元公司，意大利格力亚尼公司，德国克拉斯公司、威格公司和前进公司等。捡拾压捆机的自动化、智能化、机电液一体化程度也相对较高，有较高的市场占有率。

3.2.2.2　发展趋势

（1）机械技术与生物技术相结合

畜牧业发达国家早期的发展历程可以分为两大类：一种是以节约劳动力为特征的农牧业机械化主导模式；另一种是以节约资源为特征的生物技术主导模式。而现代农牧业生产的发展以及现代农牧业科技的创新与应用，在很大程度上使机械主导和生物主导的模式相互交织，出现了机械技术与生物技术相结合、资本密集和技术密集相结合、资源节约和循环利用相结合的多种发展模式。如以美国、加拿大为代表的规模化、机械化、高技术模式；以欧洲为代表的生产集约、机械化与生物技术结合的复合模式；以日本、以色列为代表的资源节约和资本、技术密集型模式。

（2）重视科研、制造和推广应用

为了保障草业装备的稳定增长，许多发达国家都非常重视对科学研究、技术推广的经费与物质投入。近年来，欧美国家的农机生产企业向大型、专业化和集团化方向发展，集团下的企业可以在资金、技术、销售渠道等方面进行优势互补。各企业加强科研创新能力，采用高新技术，有力地提高了机具的技术水平、制造手段、工艺及产品质量，增强了产品在国际市场上的竞争力。饲草机械装备新技术的发展主要表现在提高产品的系列化和成套性，采用机、电、液、仪等高新技术及大功率、高效、复合式作业，提高机具田间作业生产率，扩大通用性、提高适应性，普遍采用电子、液压等先进技术。

3.2.3　中国发展历程及现状

3.2.3.1　发展历程

早在新中国成立以前，内蒙古、黑龙江、新疆等部分地区，陆续从苏联引进一些割、搂草机等。新中国成立后，国家在内蒙古兴建了全国第一家牧草收获机械专业厂——海拉尔牧业机械厂和第一家国家直属畜牧机械科研机构——农业机械部呼和浩特畜牧机械研究所，带动了全国各大牧区牧草收获机械化的起步和发展。国内其他地区一些畜牧机械生产企业以及科研、教学、试验、培训等机构也逐渐兴起。

1945—1965年，我国草业机械化事业处于初步发展阶段，以发展草原牧草收获、剪毛、乳制品初加工和牧业供水及农区牧业的饲料粉碎、铡草等机械化与半机械化为主要内容。仅几年，饲草机械便在广大牧区引起了很大的反响，使牧民初步认识到机械化的作用。

1966—1980年，开始从单项作业机械化转向注重发展成套作业机械化；注意引进、消化、吸收国外先进技术；相继在引进的基础上研制和开发了10个品种20个机型的牧草收获机械(割草机、搂草机、方捆和圆捆压捆机、压垛机、散草捡拾运输车等),这些新产品全部完成了样机试制,有的实现了小批量生产。

1981—2000 年,党的十一届三中全会以后,各级政府落实《中华人民共和国草原法》及各项方针政策,牧区推行了"两权一制"的制度,我国畜牧业经济结构发生了历史性的变革。小型机械需求量上升,出现了小型播种机械和小型牧草收获机械等。虽然这些小型机械适合牧区经济状况,但显示出生产效率不高、效益不显著、能力低下和耗能高等缺陷,限制了机械化的正常发展。

2000 年以后,我国开始实施西部大开发战略、环境保护战略和农业产业结构调整战略,减免农业税、购机补贴等一系列惠及"三农"政策陆续出台,畜牧业机械化面临新中国成立以来最好的发展机遇。市场对饲草机械的需求已由小型向大中型变化,以中型需求为主,饲草机械化水平有了较快发展。饲料加工、牧草收获、青贮饲料收获、牧草播种机等在内蒙古、新疆、甘肃、宁夏、青海等省份发展较快。饲草机械化作业项目由过去单纯的牧草收获向人工草场建设,天然草场改良,饲草料基地耕种收、灌溉、饲草料加工等项目发展;由产中向产前、产后延伸,发展空间不断扩大。

(1)割草机

国内割草机于 20 世纪 50 年代开始研制,最早开始生产的是马拉式往复割草机。1958 年,开始研制生产机引割草机[27]。20 世纪 60 年代初,设计出了第一代旋转式割草机——紫云英收割机;1965 年,内蒙古自治区研究出了双动刀高速割草机,接近当时国外同类产品先进水平。20 世纪 70 年代,旋转式割草机在结构上出现单圆盘、双圆盘、四圆盘等多种形式,在高密度草场获得推广[28]。20 世纪 80 年代,已形成一定的生产规模。21 世纪以来,随着国家发展现代畜牧业及"粮改饲"等政策措施的实施,我国的割草机械得到了快速发展。

(2)搂草机

1914 年,呼伦贝尔地区鄂温克旗牧民购买了 1 台俄罗斯畜力搂草机[29-30]。我国最早于 1953 年开始生产畜力搂草机[31]。20 世纪 60 年代初,内蒙古农牧业机械厂开始生产 9L-6.0 横向搂草机,后来进行了改进,即现在的 9L-6.0A 横向搂草机,是我国第一种机力搂草机,也是我国天然草原应用最普遍的搂草机[32]。发展到 20 世纪 80 年代,我国已经具备横向搂草机、指轮式和斜角滚筒式搂草机等产品的生产能力。

(3)压捆机

我国在 20 世纪 70 年代以前一直采用散长草收获工艺,到了 20 世纪 70 年代末期,开始从美国、法国和当时的西德等国家引进捡拾压捆机,在饲草收获中采用捡拾压捆工艺。与此同时开始自行研制我们自己的捡拾压捆机，20世纪80年代初捡拾压捆机研制成功并在吉林、江苏和内蒙古等地投入生产使用。后来随着农村和牧区承包责任制的开始，由于个人占有的草原面积较小，加之个人的经济能力有限，捡拾压捆的收获工艺逐渐退出使用。近几年，随着市场对高密度草捆和农作物秸秆捆需求量的增加，国内的一些科研院所和高校开始研制高密度的饲草压捆机，并且有一些厂家已经在生产各种形式的压捆机。

3.2.3.2 发展现状

(1) 播种(补播)机

国内针对天然草场退化的问题，在草地播种(补播)机方面做了很多工作，在引进吸收国外先进技术、机型、结构的基础上研制生产出 9MSB-2.1 型牧草免耕松土补播机、9MB-2.4 型牧草播种机、9MSB-2.10 型草地免耕补播机、2BM-1.25 型免耕播种机(农牧兼用)、2BMS-9、11 型免耕播种机(农牧兼用)等10余种机型[32]。徐万宝等研制了 9LSB-1.80 型草地改良多用机，将退化羊草草地的切根松土、松土补播、牧草播种三种工艺集中在一起，在内蒙古草原进行试验，羊草产量增长明显；王志强等研制了 9MSB-2.1 型牧草免耕松土播种机，可以一次性完成切草、松土、施肥、播种、镇压等作业程序，在内蒙古多地播种苜蓿等牧草，效果良好。新疆也研制了 91BS-2.1 型草原松土补播机，一次完成切开草皮、切断草根、开沟、播种施肥、覆土等作业，并在此基础上研制了 9SB-2.4 型草原松土补播机，于2002年在新疆新源县完成中试，并获得国家专利[33]。新疆同时引进了内蒙古研制的 9MSB-2.1 型免耕松土播种机，它采用先进的海绵摩擦盘式排种器，排量均匀稳定；引进了 9SBY-3.6 型牧草种子撒播镇压联合机组，其镇压器采用德国先进的栅条滚筒式镇压轮；还引进了 9MB-9 型牧草播种机，其采用双橡胶辊式排种器，可基本满足禾本科、豆科牧草种子的播种要求。我国草地改良机械的研究与开发从无到有，逐步发展，对草原改良和优质人工草原的补播起到了很大作用[34]。

(2) 割草机

目前，国内的牧机生产企业以及科研院所开发和生产了多种割草机产品。生产的往复式割草机有悬挂式和牵引式，割幅有1.7米、2.1米、2.7米、4.0米、4.6米和5.4米等。在我国应用较多的是牵引式往复割草机，主要用于天然草场的饲草收获作业。按切割器的个数可分为牵引式单刀割草机和牵引式双刀割草机。牵引式单刀割草机有 9GQJ-2.1 型牵引式胶轮割草机、9GQ-2.7 型牵引往复式割草机。牵引式双刀割草机有 9GS-4.0 型牵引式双刀割草机、9GQS-4.6 型牵引式双刀割草机、9GSQ-4.2/4.8/5.4 型双联动往复式割草机。为了减少作业环节，大大提高作业效率，在牵引式往复割草机上装配相同幅宽的横向搂草机的搂草器，产生了一次性完成割草和搂草作业的割搂一体机，如 9GL-2.4/2.8 型牵引式割搂草机、9GL-2.1(2.0) 型往复式割搂草机[35]。国内往复式割草机以单动刀居多，一般采用曲柄连杆机构作为切割器的驱动机构。国内的旋转式割草机主要以下传动旋转割草机为主，多采用后悬挂方式。目前有双圆盘、四圆盘和六圆盘式旋转割草机。代表性的机型有 FC283 型旋转式割草机、9GZX 型圆盘全齿式旋转割草机、9GXD 系列圆盘割草机、9GZX 系列圆盘式割草机等。9GXD 系列盘式旋转割草机包括 9GXD-1.3 型双圆盘式旋转割草机、9GXD-1.7 四圆盘式旋转割草机和 9GXD-2.4 型六圆盘式旋转割草机，割幅分别为 1.25 米、1.62 米和 2.36 米，升降系统装有螺旋手柄，容易升降；采用双弹簧悬挂，能适应地面的凹凸情况，不损伤草地；配有安全装置，作业中碰上障碍物或遇异常力时，割草机往后摆动，使机器免受损坏，适用于紫花苜蓿、黑麦草、燕麦草等各类牧草以及芦苇等高大秸秆作物收割作业[35]。

(3) 搂草机

横向搂草机在畜牧业发达国家已被淘汰，但目前在我国仍是天然草地饲草收获作业中的主要搂草机械，国内市场仍然以 20 世纪 60 年代定型的 9L-2.1、9L-6、9L-9 等横向搂草机为主。国产滚筒式侧向搂草机只有 1981 年内蒙古乌兰浩特市生产的定型产品 9LG-2.8 斜角滚筒式侧向搂草机，但至今未能批量生产，大部分仍以国外品牌为主，如美国 ROLABAR256/260 搂草摊晒机[36]。在指盘式搂草机方面，主要应用 2000 年以后生产的指盘式搂草机，如内蒙古研发的 9LZ-6.0 型指盘式搂草机、9LP-5.4 指盘式搂草机，山东生产的 9YZ-3 指盘式搂草机，新疆生产的 92LZ 系列指盘式搂草机等，能够实现苜蓿、稻麦、秸秆等的搂集和翻晒作业。2000 年以后，国内开始研究生产水平旋转式搂草机，使用较为广泛的包括 9LZ-4.0 型、9LS-6.0 型和 9LSQ-5.3 型等。

(4) 压捆机

我国现有打捆机按照原理主要分为内缠绕式打捆机和外缠绕式打捆机；按照外型有圆形打捆机和方形打捆机；比较具代表性的打捆机有内蒙古宝昌牧业机械厂负责生产的 9KJ-1.4A 型方捆捡拾打捆机和新疆联合机械集团牧业机械厂负责生产的 92YG-1.5 型圆捆打捆机[37]。目前，国内大多数捡拾打捆机为进口或根据国外的机械采用测绘或类比的方法设计[38]，在捡拾打捆效果、配套动力、主要零部件参数等方面仍存在很大的发展空间，相对较为成熟并且应用较多的国内捡拾压捆机主要有内蒙古华德牧草机械有限责任公司和上海世达尔现代农机有限公司所生产的 9YFQ-1.4、9YFQ-1.9、9JYD/Q 系列和 9YG-1.4 型等牧草捡拾压捆机。

"十三五"期间，科技部在国家重点研发计划中设立"智能农机装备"重点专项，其中包括饲草料作物收获技术与装备研发、草原机械相关项目。项目实施以来，突破了饲草料全面机械化收获的技术瓶颈，提升了现代草原智能化精细生产水平。

3.2.3.3 发展趋势

(1) 理顺林草机械装备管理体制

由国家林业和草原局科学技术司牵头负责林草装备工作，相关司局参与，切实加强组织领导和顶层设计，推动林草装备适用于《中华人民共和国农业机械促进法》，研究制订加快推进林草装备科技创新的指导意见，推动各级林业和草原主管部门将林草装备工作纳入议事日程。加强与财政部、农业农村部、工业和信息化部沟通，争取将林草装备纳入购置补贴范围。重新研究林草装备分类目录。

(2) 加大科技投入

将林草装备研发作为重点纳入"十四五"农业科技创新布局中，部署丘陵山地高效智能作业机具等林草机械装备技术创新项目。依托中国林业科学研究院基本科研业务费用，加大研发投入，设立相关项目。同时，进一步加强林草装备科技创新人才培养和团队建设，在人才和团队评选过程中给予重点支持。

(3) 完善草业机械装备创新体系

瞄准草业机械化需求，加快推进机械装备创新，增强原始创新能力，完善以企业为主体、市场为导向的草业装备创新体系，协同开展关键共性技术研究，促进种养加、粮经饲全程全面机械化创新发展。提升草业机械装备零部件和整机的安全性、环境适应性、设备可靠性以及可维修性等。

3.2.4 发展环境分析

3.2.4.1 存在的问题

(1) 播种(补播)技术有待改进

与国外相关机械相比，国产牧草播种机械所用零部件大部分是沿用或通过改进农田作业机具的零部件研制而成的，加工设备简陋，加工精度低，技术含量低，使用过程中可靠性差，还不能适应退耕还草后大量种植优质牧草的需要，牧草播种机的开沟器、排种器等关键技术还有待改进[36]。

(2) 育种技术落后

依靠相关科研院所的数个专家及其小团队，进行"作坊式"育种，单位和育种团队之间缺乏合作与交流，能够测试的品种极其有限，获取优良品种的概率很低。转基因等先进的生物育种技术应用水平低，转基因育成草品种还是空白。在育种素材上，大多采用国外品种进行杂交选育，而对我国丰富的原生草品种基因资源的开发利用显得不够。从我国育成的新品种来看，性状不稳定、品种间差异小、同质化以及抗逆性差等问题比较突出；缺乏首屈一指、响当当、有显著竞争优势的大牌品种，更缺乏类似杂交水稻那样影响大、被广泛推广应用、具有世界级水平的优良草种和育种技术。

(3)种质资源保护与利用面临严峻形势

当前我国草原种质资源保护与利用水平总体上比较落后，一些种质资源面临减少或消失的危险。家畜超载过牧普遍存在，草原退化仍很突出，草原种质资源生存环境恶化的趋势尚未根本扭转；工业开发建设大量征占草原，一些重要的种质资源的原生地被破坏甚至消失；滥采乱挖草原野生植物资源现象屡禁不止，不仅造成草原破坏，也直接危及草原种质资源的生存；盲目引进国外草种现象突出，外来生物入侵风险加大；草原种质资源的普查、鉴定评价工作不够系统深入，资源收集、保存数量还较少；过分依赖进口草种，对本土种质资源进行选育、扩繁、播前处理、推广工作还很不够；重视草原资源的生产性能，但对其在医药、化工、能源、食品等功能方面的研究和开发利用不够。

(4)牧草资源匮乏，畜牧业生产规模小，机械化需求动力不足[39]

我国草地退化、沙化和碱化致使生态环境恶化的现象没有得到根本遏止，草原生产力下降严重，牧草资源相对匮乏，制约着草业机械技术水平的进步。牧民由于分散居住，对电力、通信、交通等设施的投入较大，减少了其对草地的必要投入。各方的政策资金扶持不足，牧区基础建设缺乏，严重阻碍了草业机械化的施行。牧区是我国最落后的地区之一，畜牧业个体经营者生产规模小，手工劳作常见，装备购置需求小。自 2004 年以来我国加大了对草业装备的购置补贴，但无法从根本上刺激牧民的购置需求，草业机械化的推行仍困难重重。

(5)机械装备制造技术水平不高，原创核心技术落后

我国是一个发展中国家，草业机械装备产品多年来大多是低层次、重复性生产，可靠性、安全性和适应性难以满足较高需求。大部分企业新产品的研制与开发投入少，无心或无力加强高精尖设备的生产，致使我国的草业机械整体水平无法得到本质提升。由于资金投入有限，原创产品少，较多为国外产品的仿制，在外观质量和机械性能上与先进装备差距很大。我国草业装备普遍不具备较高水平的系列化、通用化和标准化，低水平与低质量的产品应用较多。

(6)产品市场竞争力差，技术创新原动力不足

部分大型装备的核心技术和重要零部件严重依赖国外进口，草业机械技术原创能力不足，装备机理研究不透，自动化、智能化高新技术与工程技术融合较难。新产品开发、研制速度慢，产业集中度低、持续创新投入不足等多方面因素导致我国草业装

备产业始终难以进入高端领域。

①产品品种单一。目前普遍使用的割草机具仍然以 20 世纪 60 年代定型的往复式割草机为主，而国外广泛使用的旋转式割草机虽然在国内已有定型生产，但市场保有量较低。与发达国家同类机具相比，我国的割草机仍存在自动化程度低、技术性能不稳定和可靠性差等问题。往复式割草机切割器的驱动系统大部分仍以曲柄连杆机构为主，割刀的耐磨度低、换刀次数频繁[40]。动、定刀片达不到标准规定的硬度指标，造成零配件机械性能差、使用寿命低[41]。尤其在高速往复运动时遇到石块或比较硬的草根易发生断裂，使留在土层表面上的根茬不能割倒，直接影响割草质量，耽误农时，甚至有时断刀飞出容易伤人。

②产品技术水平低。目前，国内尚未完全掌握搂草机的关键技术，齿轮箱、弹齿等关键工作部件的选材、加工等都存在问题，而且机型简单，产品结构以中小型为主，自动化、智能化程度低，产品质量低，使用故障多、可靠性差。国外搂草机的弹齿工作 400 公顷，断齿率为 4%～5%，而我国的产品在同样的作业量下，断齿率为20%～30%。产品品种不全，保有量低。目前普遍使用的搂草机具，仍然以 20 世纪60 年代定型的横向搂草机为主，而在发达国家早已被淘汰。虽然在国内已有定型生产水平旋转搂草机、指轮式搂草机等新产品，但市场保有量较低，仅为美国的 1%，尚未得到普及[42]。

③自主创新薄弱。国内企业和研究单位大多采用引进吸收再创新的方式研制打捆机，但并没有真正掌握很多机型的核心技术，同时缺乏打捆机理论方面的研究，仿制出的打捆机在实际作业时出现了不同的问题。缺乏针对特定作物的专用打捆机。国内的打捆机机型大多以玉米秸秆和稻秆作为收获对象，对其他茎秆类作物的研究较少，如麦秸等，同时由于不同作物的物理性状不同，其捡拾打捆工艺也不尽相同。市场上的打捆机以牵引式为主，自走式较少，相比于牵引式打捆机，自走式打捆机具有结构紧凑、效率高、转弯半径小等优点，更适宜小地块作业，目前国内缺乏关于自走式打捆机方面的研究。同时，目前国内打捆机智能化程度普遍较低，无法实时监控捆室内物料的成型状态。

(7) 草业机械及配套设施保有量不足，缺乏规模化经营，影响机械化进程

由于我国"粮改饲"政策的施行与草牧业的快速发展，牧草种植面积扩张较快，但适宜不同区域牧草生产特点的机械装备缺失，严重影响了牧草产业的健康发展[43]。农村和牧区所有制形式的变化，也使得大功率机械的保有量锐减。有关专家研究了家庭联产承包责任制与农业机械化的关系，得出两者存在一定的矛盾，即家庭联产承包责任制会阻碍农业规模化经营，从而在一定程度上制约了机械化的推广[44]。由此可知，大型草业机械的应用在联产承包责任制的背景下，也会在一定时期缩减，影响到

草业机械化的推进。

(8) 装备推广普及困难，社会化服务体系缺失

畜牧业的小规模个体经营对草业装备的需求不旺盛，原本的机械装备技术推广体系难以为继，致使不少新技术、新产品的推广应用输出难度显著增大。社会化服务体系不健全，装备售后服务差，缺少用户信息反馈的收集能力，供给与需求不匹配，供需关系难以平衡；技术推广能力不强、推广机制不灵活、推广程序不规范等问题较为突出；推广体系不完善，社会化服务机制很难满足现代草业装备的发展需求。

3.2.4.2　发展新形势

牧草机械还应该注重和其他新技术、新方法的结合。可以应用高速数字成像仪对种子风选机械、排种器里的种子进行成像追踪，找出不同牧草种子在风选机械、排种器不同"场"里的分布规律，研究风选机理和排种机理，通过改变控制参数来调节对不同牧草种子的应用，设计出使用范围广、适用性强的机械[34]。

提高草原种质资源管理利用信息化水平，构建种质资源基本信息、特性信息和分子信息数据库，建立互联互通、分工合作、信息共享的服务平台。要加快草原种质资源的开发利用技术研究，深入挖掘对草原生态修复及草业发展性状突出的育种材料，探索建立优异种质筛选、创制、有效利用"无缝对接"的新机制，促进创新种质、新技术的高效利用，提高草种国产化水平。

提升机械装备的自动控制与智能化水平。国外单片机、可编程控制器和工业控制机等自动控制手段都在牧草收获机械上得到了应用，已经全部实现自动化[45]。采用智能化、自动化的作业方式是发展高效节本农业的有效途径。随着我国改革开放政策的不断深入，我国科学技术水平不断提高，液压传动技术以及电气化自动控制技术在农业机械中得到了广泛应用，而且人们对自动化和智能化机械装备认可度非常高[46]。因此，数字化和机电液一体化等自动化和智能化程度比较高的牧草收获机械的研发和应用是主要的发展趋势。

符合中国特色发展的机械装备需求扩大。首先，研究符合中国国情的，满足多元化生产需要的，多种型号、特征的草业机械装备需求增加，如生产多种系列的打捆机等[47]。其次，提升草业机械装备的产品性能、经济效率、可靠性和使用寿命的需求增加。

3.2.5　政策依据 (政策框架)

《中华人民共和国种子法》《中华人民共和国草原法》、2005 年 3 月 1 日施行《草畜平衡管理办法》，2006 年 3 月 1 日施行《草种管理办法》。

《国家粮食安全中长期规划纲要 (2008—2020 年)》指出：大力发展节粮型畜牧业；

调整种养结构，大力发展节粮型草食畜禽；大力开发和利用饲草资源，缓解饲料对粮食需求的压力。

2015 年 3 月 25 日，国务院常务会议正式审议通过了《中国制造 2025》，这是我国实施制造强国战略第一个十年行动纲领，其中农机装备为该纲领十大重点领域之一，还被列为重点项目，提出到 2025 年，智能收获机械要投入使用，而且平均无故障时间要达到 100 小时，这就对牧草收获机械提出了更高的要求。

2015 年中央一号文件明确提出，"加快发展草牧业，支持青贮玉米和苜蓿等饲草料种植，开展粮改饲和种养结合模式试点，促进粮食、经济作物、饲草料三元种植结构协调发展"。同年，发展改革委会同农业部、财政部、环境保护部印发《关于进一步加快推进农作物秸秆综合利用和禁烧工作的通知》。2016 年中央一号文件进一步提出，"优化畜禽养殖结构，发展草食畜牧业"。同年，农业部发布了《全国种植业结构调整规划(2016—2020 年)》《全国草食畜牧业发展规划(2016—2020 年)》，实施新形势下国家粮食安全战略和藏粮于地、藏粮于技的战略，构建粮经饲兼顾、农牧业结合和生态循环发展的种养业体系，推进农业供给侧结构性改革[48]。

2016 年，《中共中央关于制定国民经济和社会发展第十三个五年规划的建议》提出"扩大退耕还林还草"，牧草机械化开始向草原保护与改良和人工草场建设并重的方向发展，牧草收割也从传统的散草分段收获法向现代压缩收获和青饲料收获方法转变。

2008 年，国务院印发《关于加快推进农业机械化和农机装备产业转型升级的指导意见》，要求以科技创新、机制创新、政策创新为动力，补短板、强弱项、促协调，推动农机装备产业向高质量发展转型，推动农业机械化向全程全面高质高效升级，为实现农业农村现代化提供有力支撑。国家政策和经济形式为牧草生产机械带来新的发展机遇，农业产业结构的调整为牧草生产机械化发展提供了广阔的空间。

3.2.6 发展方向和重点领域

3.2.6.1 主要发展方向

(1) 草业装备与草业产业联动发展

草业产业化将草业生产过程的产前、产中、产后各环节结合为一个完整的系统，延长了产业链，增加了产品附加值。草产业的发展，必将使草业机械走上腾飞之路，机械化与生产化联动发展是必然趋势。近年来，我国不少地方的草业快速发展证明了草业产业化有较好的经济和生态效益，草业产业化发展为草业装备发展提供了新的动力，拓展了对装备的更多需求。

(2) 草业装备向集成化、智能化与绿色化设计制造发展

草业现代化发展离不开草业装备的现代化，现代化的装备要求产品具备集成化、

自动化、智能化、人性化和绿色化等特征，以便提高机械在设备可靠性、操作舒适性等方面的性能，为生产效率的提升提供保证。现代液压、微电子、人工智能、生物信息、自动控制等技术逐渐被应用到草业装备之中，从而不断提高机械的综合性能水平[49-50]。

（3）加速丘陵山区草业机械的研发和推广

我国的丘陵山区分布着较大面积的草地，然而草业机械化程度却很低。丘陵山区地形较为破碎，种植制度复杂，草业机械与牧草融合难度大，难于施行大规模机械化生产。丘陵山区草业机械投资少、规模小，投资效益差，市场份额低，售后服务成本大，大型企业不愿涉足，小型企业无力完成各个环节的机械设计和生产。小规模家庭经营限制了大型草业装备的应用[51-52]，因此需要加快研制适应不同地域特征的小型草业装备，提升草业机械化率，推动丘陵山区草业产业化与生态建设和谐发展。

（4）重点地区、重点环节牧草全程机械化经营

在地形条件好、技术支撑强且草种种植比较单一的地区，完全可以进行牧草种植、收获、加工等的全程机械化操作，进一步推动草业及畜牧业的发展。草业生产全程机械化经营可以大大提高劳动生产率，提升草产品品质，取得较好的收益。加大草业机械的深度融合，使牧草全程机械化经营顺利进行。加强牧草生产一、二、三产业融合，强化与其他作物机械的通用性和适用性，加大牧草生长的全面全程机械化基地建设力度，进而推动整个草业装备的发展。

3.2.6.2　重点发展领域

（1）草场机械化作业基础条件建设

因地制宜、分区施策，加强高标准草场建设，实现人工草场"宜机化"，推动草场小并大、短并长、陡变平、弯变直和互联互通，切实改善机械通行和作业条件，提高草场生产机械适应性。

（2）草场生产全程机械化与新技术示范推广

推进草场生产全程全面机械化，加强草场生产薄弱环节机械化技术创新研究和机械装备的研发、制造、推广与应用，攻克制约草场利用机械全程全面高质高效发展的技术难题，发展绿色高效草场利用机械装备和技术的示范推广。

（3）推动智慧草场示范应用

促进物联网、大数据、移动互联网、智能控制、卫星定位等信息技术在相对成熟的草场利用机械装备上的应用，实现智能化、绿色化、服务化转型。建设数字草场示范基地，推进"互联网+机械作业"，加快推广应用草场利用机械作业监测、维修诊断、远程调度等信息化服务平台，实现数据信息互联共享，提高作业质量与效率。

参考文献 〰〰〰〰〰〰〰〰〰〰〰〰〰〰〰〰〰〰〰〰〰〰〰〰〰

[1]杨世昆，苏正范．饲草生产机械与设备[M]．北京：中国农业出版社，2009.

[2]任继周，侯扶江，张自和．发展草地农业推进我国西部可持续发展[J]．地球科学进展，2000(1)：19-24.

[3]李新一，程晨，尹晓飞，等．中外草牧业发展历程、重点与中国草牧业发展措施[J]．草原与草业，2020，32(4)：6-13.

[4]任继周．话说我国草业改革开放40周年——在"国家林业和草原局"座谈会上的发言提纲[J]．草原与草业，2018，30(4)：1-4.

[5]王铁梅，张静妮，卢欣石．我国牧草种质资源发展策略[J]．中国草地学报，2007，29(3)：104-108.

[6]翁森红，徐柱，聂素梅．半干旱地区牧草种子包衣技术的研究设计[J]．内蒙古科技与经济，2002(5)：98-100.

[7]闫志坚，孙红．不同改良措施对典型草原退化草地植物群落影响的研究[J]．四川草原，2005(5)：1-5.

[8]徐万宝，联华，张春友．我国草地改良机械的研究与发展[J]．中国草地，2002(4)：1-16.

[9]徐斌，杨秀春，侯向阳．草原植被遥感监测方法研究进展[J]．科技导报，2007，25(9)：5-8.

[10]苏和，刘桂香．浅析我国草原火灾信息管理技术进展[J]．中国草地，2004(3)：70-72.

[11]张文文，王秋华，闫想想，等．森林草原防火灭火装备研究进展[J]．林业机械与木工设备，2020，48(5)：9-14.

[12]翟向燕．草原鼠虫害几种防治方法[J]．中国畜禽种业，2020，16(10)：51.

[13]王涛．草原鼠虫害的几种防治方法[J]．现代畜牧科技，2020(1)：40-42.

[14]肖向华．新疆草原生态修复治理现状分析[J]．草食家畜，2021(2)：50-54.

[15]郑怀兵．森林消防二级学科的构建研究[J]．森林公安，2012(2)：13-15.

[16]Joseph L. Scheffey, Robert L. Darwin, Joseph T. Leonard. Evaluating firefighting foams for aviation fire protection[J]. Fire Technology, 1995, 31(3): 224-243.

[17]俞东诗．国外应急救援模式的启示[J]．科学与财富，2015(2)：67-67.

[18]侯向阳．中国草原保护建设技术进展及推广应用效果[J]．中国草地学报，2009，31(1)：4-12.

[19]宋爱军．渭源县草原有害生物防治措施[J]．农家参谋，2021(3)：155-156.

[20]张少华．定西市巉口林业试验场有害生物综合防治措施探究[J]．南方农业，2020，14(11)：77-79.

[21]汪东，贾志成，夏宇航，张弛，苏婷．森林草原火灾监测技术研究现状和展望[J]．世界林业研究，2021，34(2)：26-32.

[22]周俗，张绪校，李开章，等．四川省草原鼠荒地生态调控治理研究[J]．草业与畜牧，2014(2)：35-37.

[23]陈铁英，周晓桐．国内外牧草播种机械的发展与现状[J]．农村牧区机械化，2018(3)：12-14.

[24]张丽，石文斌，敖恩查．自走式牧草调制收割机研究现状及发展趋势[J]．农业工程，2015，5(1)：6-8+11.

[25]Kakahy A , D Ahmad, Hamid M A , et al. Effects of knife angles and cutting speeds on pul-

verization of sweet potato vines[C]//USM-AUT international Conference(UAIC) 2012, 17-18 Nov. 2012, Bayview Beach Resort, Penang, Malaysia, 2012：45-50.

[26]Docherty'O M J. A study of the physical and mechanical properties of wheat straw[J]. Agri Engng Res. 1995, 62(2)：133-142.

[27]马晓春. 割草机的设计与动态特性研究[D]. 哈尔滨：东北林业大学, 2005.

[28]杨宏伟, 张艳红. 国内外割草机械发展概况[J]. 农业工程, 2016, 6(4)：19-20+32.

[29]杨明韶. 中国牧草收获机械发展简史[J]. 农业机械学报, 1991(3)：1-4.

[30]王光辉. 我国牧草生产机械化发展研究[D]. 北京：中国农业大学, 2005.

[31]杨明韶, 杨红风. 草业机械发展过程及分析[M]. 北京：中国农业科学技术出版社, 2016.

[32]徐玮. 草原保护与改良技术与装备融合的思考[J]. 农村牧区机械化, 2012(5)：18-20.

[33]杨卫军, 沈卫强, 兰秀英, 等. 9SB-2.4 型草原松土补播机的研制与试验[J]. 农业工程学报, 2006, 22(7)：3.

[34]张涵, 王德成. 新疆地区草原改良与牧草生产机械化技术分析[J]. 中国奶牛, 2014(8)：37-41.

[35]杨莉. 牧草割草机研究现状与发展趋势[J]. 中国农机化学报, 2019, 40(11)：35-40+72.

[36]杨莉. 搂草机发展现状与趋势[J]. 中国农机化学报, 2020, 41(4)：57-64.

[37]丛宏斌, 李明利, 李汝莘. 4YQK-2 型茎秆青贮打捆玉米收获机的设计[J]. 新疆农机化, 2010(1)：57-58.

[38]李旭英, 杨明韶, 鲁国成, 等. 苜蓿压捆过程中压缩与恢复应力传递规律[J]. 农业工程学报, 2014, 30(16)：61-67.

[39]罗梅, 杨小琴. 我国草业装备的现状与发展方向[J]. 林业机械与木工设备, 2021, 49(4)：4-7+14.

[40]徐秀英. 中国牧草收获机械发展现状及其趋势[J]. 安徽农业科学, 2007(8)：2506-2508.

[41]郝建国, 田友谊. 内蒙古质量检测发现 往复式割草机质量很不规范[J]. 农机质量与监督, 2007(6)：46-47.

[42]张乐佳. 国内外主要牧草收获机械发展概况[J]. 农业工程, 2014, 4(5)：20-22.

[43]崔姹, 王明利, 胡向东. 我国草牧业推进现状、问题及政策建议——基于山西、青海草牧业试点典型区域的调研[J]. 华中农业大学学报：社会科学版, 2018(3)：73-80.

[44]曲凌夫. 论我国农业机械化的发展[J]. 农业经济, 2010(8)：9-11.

[45]李新, 陈旭娟, 赵丽霞, 等. 基于专利情报分析的我国牧草机械技术发展趋势研究[J]. 科学管理研究, 2011, 29(6)：59-63.

[46]梁荣庆, 张翠英, 任冬梅, 等. 玉米青贮收获机械的应用及发展趋势[J]. 农业装备与车辆工程, 2016(2)：17-21.

[47]王春光, 敖恩查, 邢冀辉, 等. 钢辊外卷式圆捆打捆机设计与实验[J]. 农业机械学报, 2013(41).

[48]杨莉. 国外圆捆机发展概况[J]. 农业工程, 2020, 10(1)：1-5.

[49]尼玛卓玛. 牧草生产机械化在促进农业可持续发展中的作用[J]. 中国畜牧兽医文摘, 2015, 31(4)：206-206.

[50]王艳红, 赵叕, 常蕊. 从 2017 汉诺威国际农机展看世界农机发展趋势[J]. 农业工程, 2018(1)：3-5.

[51]周岩. 我国林产工业咨询设计市场现状与前景分析[J]. 林产工业, 2019, 56(9)：51-54.

[52]房骏, 尚力, 王庆莹. 我国牧草收获机械的发展现状及存在问题[J]. 农机质量与监督, 2006(1)：30-31.

第4章 ‖园林绿化技术装备

园林绿化为人们打造了一个优美的生活环境，园林绿化机械设备在其中发挥了重要作用。同时，随着现代城市园林绿化建设模式的发展，对园林绿化技术装备不断提出新的需求，引导和改变着园林绿化技术装备的发展方向。我国园林机械装备的发展必须紧跟时代步伐，全面提高技术水平，为满足园林建设和管理现代化的需要，提高我国园林工程建设生态品质，加快工程建设速度，促进中国传统园林文化在现代化园林绿化中的建设提供有力的装备保障。

4.1 定义与分类

园林机械主要用于人类活动比较频繁的城市、村镇、聚居区和交通道路两侧植物型景观绿地的建植和养护作业。作业时，要求其排放清洁、噪音小，符合城镇使用环境要求。

4.1.1 定 义

园林绿化装备是一个统称，是指那些用于园林绿化及其以后养护所涉及的机械与装备，包括草坪建植与养护机械、城镇乔灌木栽植与养护机械、花卉栽培设施与装备、园林工程及专业运动场绿地建植与养护机械等。实际在此行业中主要用到的是五大机器种类：割草机、割灌机、绿篱机、油锯、打药机。

从用于园林绿地建植和养护发展而言，园林机械传统上主要分为家用和商用两种。家用型园林机械主要是面向非专业操作者使用而设计的，主要用于园林绿地建植后的养护，其作业环境相对较好，使用频率低、强度小，但要求安全性高、操作简便；商用型园林机械主要用于各种运动场、公园和公共园林景观等大面积园林绿地的建植和养护作业，由专业人员操作，连续长时间作业，使用频繁，要求其具有良好的耐用性。

4.1.2 分 类

园林绿化可以看作一种特殊的种植行业，在生产过程的一些环节上所用技术装备具有特殊性，其分类体系与农林机械相似却又不尽相同。园林机械分类体系如表 4-1 所示。

表 4-1 园林机械分类体系[1]

作业阶段分类	作业目标分类	作业功能分类	机械特征分类
营养土制备机械		草炭土制备机械	挖沟排水机械
		旋耕翻晒机械	
		收集分选机械	
		计量打包机械	
		破碎筛分机械	固定式、移动式
		翻堆混合机械	架式、移动式
	有机质垃圾转化机械	分类整理机械	
	园林植物废弃物处理机械	破碎机械	固定式、移动式
		造粒机械	
		堆肥机械	
土地整理机械	旋耕机械		
	耙碎整理机械		
	种植地平整机械		
营养土输送机械	客土运输机械	刮板集装箱运输车	
		粉体运输车	
	客土输送机械（喷播机）	干法输送机械(喷播机)	斗式、带式、气流式
		湿法输送机械(喷播机)	离心式、挤压式
植物种植机械	播种机械	垂落式播种机	帘式、缝隙式、管式
		抛洒式播种机	手摇式、拖带式
		喷射式播种机	背负式、车载式、拖带式

作业阶段分类	作业目标分类	作业功能分类	机械特征分类
植物种植机械	移植机械	草坪移植机	随行式、自行式
		树苗移植机	手持式、随行式、自行式
		大树移植机	铲刀式、环刀式
植物灌溉机械	水处理系统	滤水混配器	
	智能灌溉系统	程序控制器	
	喷灌机械	管网式喷灌系统	缝隙式、摇臂式、暗藏式
		桁架式喷灌机	环转式、平移式
		移动式喷灌机	水轮式、车载式、自行式
植物修剪机械	草坪修剪机械	绳索式修剪机	便携式、推行式
		剪刀修剪机	便携式、推行式
		旋刀修剪机	推行式、随行式、坐骑式、拖挂式
		滚刀式修剪机	推行式、随行式、坐骑式、拖挂式
	灌木修剪机械	往复式剪枝机	手提式、背负长杆式
		回旋式剪枝机	背负长杆式
	乔木修剪机械	链锯	短把锯、高枝锯
		往复式高枝锯	手提式、背负长杆式
		剪切式高枝锯	手提式、背负长杆式
植物养护机械	草坪养护机械	草坪打孔机	针锥式、锥管式、射流式
		草坪梳根机	钢梳式、切割式
		草坪修边机	手提式、随行式
		草坪覆沙机	拖带式、自行式

续表

作业阶段分类	作业目标分类	作业功能分类	机械特征分类
植物养护机械	草坪打药机	水剂打药机	排管式、木行架式
		粉剂打药机	木行架式
	树木打药机械	喷射式	背负式、车载式
		风送式	背负式、车载式
	绿地清洁机械	草坪清扫机	滚刷式、吸风式
		园林清扫机	滚刷式、吸风式

根据植物作业阶段的使用功能，园林机械可以分为营养土制备机械、土地整理机械、营养土输送机械、植物种植机械、植物灌溉机械、植物修剪机械和植物养护机械等。例如营养土制备和土地整理机械必须根据园林生产特定的土壤改良和植物种植目标设计，既需要园艺作业的精细，又需要大农场作业的规模效率，还要符合城市环境的使用条件。

根据机械结构特点，园林机械可以分为单人携带、手持的便携式机械操作的便携式机械、人力推行工作的推行式机械、人力把控自行作业的随行式机械、小型坐骑式机械和拖拉机式机械等。园林植物是乔、灌、花、草间作种植，作业对象往往是单个植株体（乔、灌木树冠）或小组团密植群（灌木树篱或造型）或小片交错绿地，修剪、养护作业需要灵活机动的小型动力机械才能达到既能精准、高效，又能应对千变万化的植物造型和组合。随行式机械和便携式机械更符合园林绿化灵活多变的作业特点，自然成为主流机型。

根据使用者专业水准和作业目标，园林机械可以分为商用机械和民用（家用）机械两种类型。

根据植物作业阶段的使用功能对园林机械进行分类，体现了其实质作业功能，应该作为主要的分类依据。后两种是在同样的作业功能前提下区分运动强度、劳动效率和劳动可持续性的分类方法，应该作为辅助分类依据。同时，园林机械工作原理和结构特征上的差异性可以作为下一级分类依据。

在土地整理、种植和灌溉三个环节，园林绿化生产工艺与农林生产过程有很多相似之处。在土地整理环节，农林机械虽然不能完全达到园林绿化特定的使用要求，但大部分情况下都可以借用。植物种植机械所涉及的苗圃、温室生产设备与农林生产设备基本上相同，现实生产中是完全直接采用的，可以省略而不必单列。植物灌溉机械除地埋式喷灌、微灌、车载移动式喷灌和某些控制系统，大部分与农林生产设备相同，可以单列但需简化或省略泵站等与农林相同部分。植物保护机械主体上是农林机械的常规产品，与园林专用机械组合配装部分应一同列入养护机械部分。草坪机械和苗木修剪机械具有园林植物机械化作业的特殊性，一般是专项设计的机械产品，应作为主要内容。国际市场上有更专业的园林绿化专用机械装备，门类、型号齐全，规格系列完备，作业的针对性更强，精准度更高，值得借鉴。

4.2　国外现状及发展趋势

在国外尤其是西方发达国家，由于地广人稀、经济水平较高，人均占地面积大，因此，园林绿化机械设备的发展起步较早。发达国家的城市绿地建设中草坪占有相当大的比重，欧洲、美洲、澳大利亚的大都市都有着悠久的草坪种植历史，有星罗棋布的草坪景观广场，也有广泛的庭院草坪消费需求。草坪机械是专门为观赏草坪的种植和养护而发明、发展的机械类型，而城市园林绿化使用的油锯打枝机、割灌机则是林业采伐原木、间伐苗木作业机械的衍生产品。现代风景规划设计崇尚自然的风潮把越来越多的野生植物纳入到观赏植物的范畴，源于自然而超于自然的唯美理念成为园林工程师的现实工作目标，园林绿化机械理所当然地成为他们得心应手的雕塑刀。园林机械产品的植物雕塑和养护功能将日渐突出，部分农林机械产品也因而逐步演化成符合城市环境使用要求的园林机械产品。

现代科学技术和机械工业基础是园林绿化机械的发展平台，小型动力机械、农业机械、林业机械和草坪机械制造商共同进入了园林绿化机械市场，这直接推动着园林机械技术的发展。其中，小型动力机械和草坪机械制造商是园林绿化产业市场需求的主要受益者，他们会全力以赴追踪市场未来的需求，而农林机械造商也会密切关注关联市场和边缘产品的需求变化，由专业设计师和工程师负责相关领域的技术发展。细分市场是为了面面俱到，把蛋糕做大，技术分工则是为了逐点深入，争取全面提升。

4.2.1　发展历程

欧洲、美国、日本等经济发达国家城市化进程起步相差数十年至百余年，而工业化程度大有后来居上的趋势，城市化进程加快，城乡差距急剧缩小，园林建设日益增长。园林绿化机械产品紧随城市化进程和工业制造技术水平稳步发展，但由于自然条件、文化理念和消费习惯不同，区域市场有着明显不同的特色。

美国城市化进程比英国晚 80 年，而移民伴随着资金、技术、产业迅速聚集，40 年间城市化水平增加约 23 个百分点，发展速度快且规模大。在基础设施建设之后能够实现快速绿化的草坪业成为美国十大产业之一。高效率的大型草坪绿化机械装备是美国的强项，且其技术先进、配套成龙。美国所建设的高速公路里程世界第一，高尔夫球场数以万计，在水土保持的法律法规的约束下，建设方必须做到建设时期尽可能保留原有植被，建设完成时植被必须完全恢复。在这样的法规约束下，植被恢复速度能够与建设速度几乎保持同步，无不仰仗大型工程绿化机械装备。

美国的约翰迪尔公司在农业机械、高尔夫机械、园林机械领域都有不俗的业绩，始终坚持走高端技术产品的路线。美国托罗公司的高尔夫球场设备占据美国一流球场80%的市场份额，园林机械设备也极具特色。美国的气候条件不如欧洲，相对恶劣气候的压力促进了美国节水技术后来者居上，实现快速发展。"托罗""雨鸟""亨特"等专业灌溉设备公司，都有很强的自主研究开发能力和规模生产制造能力，不仅把法国、英国、以色列的经典技术在美国发扬光大，也创造了许多现代灌溉装备的神话。小到家庭渗灌、微灌、喷灌，大到高尔夫球场、牧草场的灌溉，他们都能实现程序化或智能化控制精准节水灌溉。暗藏式喷头的精巧和桁架式喷灌机的气派，都使美国现代科学技术在特种种植产业领域得到充分体现。土地高度私有化和土地占用者必须维护土地完好性的法律制度，使得草坪机械的使用普及率很高，像铁锹、扫把一样已经成为美国家庭日常用品的一部分。在美国，园林绿化机械的4S服务店非常普及，稍有规模的超级市场都设有园林工具、园林机械产品销售专区。

澳大利亚、新西兰的城市化进程和市场状况与美国有很多相似之处，然而制造业发育不如美国，产业规模有限，近年来园林机械生产制造每况愈下。十几年前，位于悉尼的"维克托"曾经是澳大利亚草坪修剪机自主品牌的骄傲，而如今，"维克托"发动机已被同化，几乎完全消失在美国产品之中。

欧洲发达国家的自然环境较好，城市化进程起步早。其居住密度高于美洲，影响至深的宫廷文化，使得人们崇尚休闲安逸的生活，城市园林建设使之成为园林机械的发源地。这里的市场对技术和品质要求高，稳定的容量使其成为国际制造商的必争之地，许多高技术园林机械产品都是针对欧洲苛刻的市场准入条件而开发出来的。老牌的欧洲林业机械制造商"斯尔""哈斯瓦纳"，不仅顺应世界经济发展潮流，将主流产品从采伐机械拓展到园林绿化机械，还走出欧洲，融入国际市场，在美洲、非洲、亚洲找到了更广阔的生存空间。欧洲采伐油锯市场的萎缩迫使这两个油锯生产巨头一方面在国际市场上争抢份额；另一方面调整整机性能指标，积极拓展园林等潜在市场容量。油锯被制作成操作更加简单、使用更加轻便、排放更加符合环保要求的大众产品，成为园林、居家、休闲、抢险都可应用的安全、高效常备工具。太阳能全自动草坪修剪机实现了无废气排放、无噪音污染的环保概念，可以按设定的程序逐行巡视、修剪庭院草坪，不需要花匠操作，不会伤害旁观者。曾经只是概念的组合式修剪机，如今产销量与日俱增，并已经进入家庭，成为园林工具升级换代的产品，也成为庭院休闲体验项目的新宠。而另一些固守欧洲市场的老品牌，尽管产品制造精良、款式时尚，但由于欧洲有限的市场空间已经被美国、日本产品挤压得所剩无几，所以他们不得不面对其产品高价格、低产量所带来的竞争压力。

日本城市化起步晚于英国 160 年，而发展十分迅速，40 年城市化程度增加 40 个百分点。这个山多地少的岛国，人口高度集中在东京等大都市圈内，建筑物紧凑，庭院窄小，因此园林绿化机械本土消费能力十分有限，但这并没有妨碍其成为园林机械的生产大国。日本的许多园林机械产品是从高度发达的农林机械衍生而成，具有小巧、轻便的特点。"小松"油锯、"本田"草坪修剪机、"回声"割灌机等产品都进入了世界主流市场，出口量占生产量的 90% 以上。同时，电子点火器、化油器等关键零部件因其质优价廉而成为国际专业制造商配套的首选产品。高尔夫球场是高度城市化国家的一种休闲景观公园形式，集美化环境、度假、健身、休闲于一体，既有利于疏导良性消费，又有利于疏解都市快节奏生活焦虑。2000 多个高尔夫球场草坪养护设备的需求市场支撑着日本"巴洛奈斯"等几家高尔夫设备生产制造商。其生产规模虽不足以在世界范围大行其道，但其高水准的专业技术却能使他们在中国市场占据一席之地。

4.2.2 总体现状

2021 年，园林机械出口额为 40.77 亿美元，同比增长 46.86%，主要以欧洲、北美洲和亚洲等地区为主。众所周知，在欧美等发达国家和地区，家庭拥有花园和草坪普及率高，修剪草坪、打理花园和种植花卉是定期要做的"家务"，一些常用的园林机械及工具在超市就可以买到。即使受疫情影响"宅"在家里，园林机械及工具仍是家用级消费，刚需较难改变。

事实上，一些运动场和城镇绿化还是需要进行养护和管理的，使用大型设备的种植业也不可能长期停顿。因此，初步判断园林机械及工具海外订单持续下降或大幅下降空间有限，局部有增长的可能。当然，如果疫情持续蔓延并且长时间得不到控制，影响到全球配套供应或引发更严峻的情况，出现较大困难的可能性还是存在的。

随着园林机械所体现的休闲色彩日渐浓厚，其功能价值将会逐渐降低，而消费价值却会日益提高。庭院灌溉设施隐蔽化、精准化、智能化的发展趋势和坐骑式草坪修剪机的日益热销，说明这种变化将会更多地体现在灌溉和修剪这种可以"工作并快乐"的机械上面，而种植机械、植保机械由于作业过于单调，专业技术含量较高，不会吸引休闲体验类消费，因而缺少家庭化的趋向。欧洲的园林机械产品休闲功能较突出，更加人性化，具有时尚外观和艳丽色彩的工程塑料壳体的园林机械率先在欧洲流行开来。美国的园林机械产品是专属工具，更为实用。一直是美国草坪修剪机主要形式的钢质底盘，性价比适中的"百利通"汽油机挤走了英国王牌，压垮了澳大利亚"地主"，抑制住本土的"泰康"，控制着日本的"本田"，且始终保持着行业霸主地位。日本的园林机械产品是输出商品，保持着日本产品特有的风格，更加时尚、轻便和精巧。

在一些工程机械、环保机械、高尔夫等国际展览会上也可以看到涉及草坪、林木等植物作业的机械，这大多数是为工程承包商服务的，可以将其划为专用商业机械的范畴。美国的户外动力机械展览会和一些国际花园产品展览会则是家庭消费产品的角斗场。

高尔夫球场设备是一组特殊的园林专用机械，它以草坪的种植、灌溉、修剪、养护为主要作业内容，也涉及周边以及球道分割区的乔、灌木养护管理。高尔夫球场完全由植物覆盖，是人与植物良性互动的一种大尺度景观园林，是足球等运动草坪商业化后公共园林景观从公益性质全面转向商业性质的重大变革。高尔夫球场装备的阵容体现球场的实力，在运营的间歇需迅速完成维护作业，以免打扰度假的宾客；此外，要求必须保持适度的修剪量，可以实现毫米以内修剪精度，以获得良好的视觉效果和回弹性。因此，高尔夫球场草坪养护设备是最完备的草坪机械设备、最完全的商用机械装备，是现代工业技术在园林绿化产业上应用的典范，是液压伺服、数字控制、电子感应等前卫技术集成的高端园林绿化装备。

4.2.3 区域发展现状

在小型非道路动力机械市场上，美国户外动力机械协会起到了非常好的行业协调作用。20 世纪 50 年代初，因草坪机械引发的伤害事故日益增多，生产企业受到国家的约束。为了寻找共同的解决办法，多个草坪机械制造商集资成立了非营利性质的草坪机械贸易协会，专门研究草坪机械技术发展中遇到的问题，将其定名为草坪机械研究所。从研究制定防止伤害的行业标准、协调企业行为与国家法规的合理性入手，全面开展与草坪机械相关的各项工作。由于业务范围很快超出草坪机械的界限，该研究所更名为户外动力机械研究所，成员单位扩充至链锯、割灌机、剪枝机等各类户外动力机械生产企业，但其仍把专用机械的安全使用作为中心工作内容，因而得到了公众的认可和国家的支持。1984 年，户外动力机械研究所创办了"国际草坪、花园及动力设备博览会"，并连续举办 20 余年。随着规模和影响力不断扩大，该博览会已经成为具有较高凝聚力，参与成员单位众多，展示产品品种丰富的泛绿色产业行业博览会。该博览会以草坪机械为主题开办，由室内静态展示和户外动态演示两部分组成，逐步加入绿色植物生产过程相关的产品，现在已将人工植被环境条件下的休闲机械产品纳入展览范围。

户外动力有别于大五金类电动工具产品和交通工具，以三缸以下的小型内燃机为动力，单缸机占绝大多数，强调可无电缆限制而在屋外自由操控。草坪机械成为其主体，随行式旋刀草坪修剪机产量约占户外动力机械总量的 30%。由于大型联合采伐机和自行式割灌机的出现，以及全球性限伐趋势，油锯、割灌机的商用机产量比重持续走低。国际市场上小型户外动力机械市场的主力客户是自用的民众。

国外对便携式割灌机（手持或背负）的开发研究较早，起点水平较高，广泛采用现代科学技术，如工程塑料、CDI无触点电子点火等，其整机质量轻、功率大、工作稳定可靠、使用操作灵巧，动力排量从22毫升到56.5毫升，功率从0.6千瓦到2.8千瓦。便携式割灌机还可以分为以修剪人工种植观赏草坪为主要工作目标的家用轻型机，以修剪大面积景观林地混播草坪为主要工作目标或可以收割农作物的通用型机和以林业清理灌木为主要工作目标的职业人员使用的专业型割灌机3种。国际大品牌的割机一般都有环式手把、羊角手把等多种形式的轻型、通用型、专业型全系列产品。其中，通用型和专业型的工作头部分都可以更换使用尼龙丝盒割草器，尼龙活络刀盘，钢制3齿、4齿、8齿和圆锯片等多种切割具，分别用于人工草坪、撂荒草地、草灌丛、灌木丛和小径木间伐等不同目标的工作。家用轻型机一般都是弯杆环式辅助手把机型，只有尼龙丝盒割草器配置。德国、瑞典等欧洲国家制造的专用割灌机上都配有减振装置或采取其他人机工效技术措施。

自行式割灌机形式多、数量少、市场小。日本研制割灌带宽为90厘米，并能自动调平驾驶座椅的坡地用自行式割灌机，为本土林业服务。苏联制造的大型除灌机装在白俄罗斯型拖拉机上，前进时，压灌部分先将灌木压弯压挤在一起，再由割灌装置自根茎处切断，由切碎装置将灌木切碎并撒抛在地上。加拿大的一种除灌机在割灌装置后面加装了除草剂喷洒装置，能同时进行机械和化学抚育，可节省化学药剂的喷洒量。德国制造的除灌机悬挂在四轮驱动拖拉机的前方，行进时旋切刀便将前面的灌木切成碎块。英国制造的除灌机的锯片装在向前伸出的悬臂上，为了保持机器的平衡后部装有配重，可锯断直径10~50厘米的树木。这些农林用大型割灌机，可能在今后工程绿化地被植物灌木化的园林设计趋势下发挥作用，用于护坡植物平茬复壮。

国际上树枝修剪机械有便携式（手持或背负）、车载式和自动式等多种形式。日本小松、德国的斯蒂尔（STER）和瑞典的胡斯华纳（HUSQVARNA）等公司都生产小型汽油机直接传动的高位树枝修剪锯。除此之外，还有以汽油机作为动力带动液压泵、靠液压驱动液压剪工作的高位树枝修剪锯，其优点是振动小、切口平滑、修剪效果好；也有靠液压驱动小型液压马达带动装在锯头部的链条工作的高位树枝修剪锯，其锯径可达20厘米，修剪高度可达5米，修剪效率非常高，但其造价较高，维修、保养工作量较大，对操作人员的素质要求也比较高。日本生产的一种自动立木整枝机，采用密码潜入数字式抗干扰无线遥控技术，具有反力装置的锯链和低压轮胎爬树机构等，可通过遥控器控制其爬上树干进行修剪工作。上述机械设计的初衷基本上都是为了降低林业行业作业的危险性，而实际上它们更适于园林观赏树木作业和城市林业管理。

意大利生产的一种升降台是在四轮车架上安装四个升降台，每个升降台有独立的液压系统单独控制其工作位置,其最大水平方向伸出长度可达 7.5 米,最大起升高度是 6 米。而瑞典生产的一种升降台则是装在三轮车上,工作台的升降也是由液压系统控制的。这些针对林木而研究的机械产品,或许会首先应用在生长过程会产生较高附加值、管理空间和时间相对有限的园林树木上面。机械技术的发展使劳动变得更加轻松,园林绿化机械的未来发展趋势就是要让使用者在与生态环境的互动中获取更多的休闲惬意,环保、节能、高效和休闲是园林机械技术发展的必然方向。

一些大型机械虽然也参与绿化产业博览会的展览,但并不在户外小型动力机械的统计范畴之内,如营养土制备、土地整理、植物种植、植物病虫害防治等类型的机械,其制造商的主力市场往往集中在农林或工程建设、环境保护等行业,园林机械产品只是其产品系列中的一个特殊规格,是专门为满足专业公司职业操作者大范围、大面积的施工需求而生产的。

种苗、营养土是园林绿化建设工程的基本材料,也是从源头上控制绿化工程质量的监控点。以植被生态恢复为主要内容的工程绿化是与大规模基础设施建设工程相伴的绿化产业,其种苗、营养土的生产方式,绿化的施工方法、施工工艺,产业发展的规模与速度等都与技术装备息息相关。

在欧洲、美国、日本等发达国家,营养土的生产已形成了与农业、园艺、绿化、生态恢复等行业技术水准和生产规模相适应的产业体系。营养土生产的机械化程度较高,可以根据使用者的技术要求和供货数量随时调整配方组分和生产数量,用专用集装车运送到指定地点,用专用机械输送到作业面。营养土的制备通常有两种模式:一种是以原生的自然积存材料为主体,如天然草炭、泥炭,一般用于花卉、果蔬、高尔夫球场等高附加值行业。另一种以剩余物、废弃物堆制肥料为主体,如农林生产剩余物(间伐材、枝丫材等)、养殖排泄物、工业生产废弃物和城市生活废弃物(天然材料下脚料、有机质纤维材料、有机质垃圾等),一般用于农林基础生产、公共绿化和生态植被恢复等社会公益建设项目。营养土是复合材料产品,对于景观园林、工程绿化和大规模园林建设通常是提供散装或吊装袋产品,对于园艺和小规模绿化则提供密封袋装产品。在国外专业市场和超市很容易找到 1~15 千克的袋装营养土。

高档花卉生产使用的进口草炭土价格是国产草炭的数倍,因为物有所值,其销售量仍然持续增长。使用进口草炭培育的花卉无味、无虫,广受高档公寓、写字楼客户的喜爱,出口通关容易,是外向型花卉生产企业首选培育基质。加拿大草炭生产的技术装备由开沟排水机、翻晒干燥机、风选采集机构成,成套设备不仅有很高的生产效率,最终产品的含水率和纯净度也可精确控制。日本长期从中国整船进口廉价草炭土用于园林绿化建设和生态恢复土壤改良,在大连、天津、厦门等口岸城市设立深加工基地,筛选配装后将精细产品运回日本,而把精加工的垃圾留在中国,既降低了成本又提升了产品性价比。

在发达国家，农林生产有机剩余物被粉碎加工成固体颗粒，用于改良土壤；木材工业加工剩余物和城市植物废弃物等用相应的专业破碎机械粉碎到适当的颗粒尺寸，再与养殖排泄物或城市有机物垃圾混合堆沤成有机堆肥或营养土。小型堆肥场采用配备破碎筛分斗（芬兰技术）的装载机完成翻堆作业。大型堆肥场则采用龙门式双螺旋翻堆机完成翻堆作业。现代堆肥技术已形成隧道式计算机控制等模式的成套装备（如北京南宫堆肥场引进的德国成套设备），可以极大程度加快熟化速度，缩短堆制生产周期，同时通过干燥、筛分、混配、计量等工艺环节调节控制最终产品的含水率、颗粒度、矿物质和有机质含量等各项技术指标，保证产品的质量、数量、包装符合商品流通和最终用户的要求。

日本工程绿化作业面积相对较小，更多采用25千克标准袋装或整吨吊装袋包装的营养土。而美洲、大洋洲、欧洲国家更多采用活底散装货柜车运送营养土，有些在到达施工地点可直接向作业面输送，如美国的"风喉"系列干式喷射输送机车；有些则另有专用输送机配合输送，如德国的悬臂带式输送机。相关机械完全是根据园林绿化工程施工需要和营养土性能特点设计制造的，适用于这个特殊的种植行业。

工程绿化中采用的客土喷播技术以生态恢复学为理论依据，以喷播机械装备为载体，借助流体动力实现植物生长体和生长基质的逆向输送，以达到在目标地貌恢复植被生态基础的目的。但其技术更为复杂，无论是客土配制还是输送，都必须依靠高效的机械装备。在施工难度大、作业期要求严、工程环境复杂的大型基础设施建设中或以土方开挖为主的领域，喷播技术更能显示出独具一格的技术优势。美国是喷播技术的发源地，产品种类繁多，规格系列齐全，技术性能领先，应用十分普遍。纸业公司向绿化工程公司提供优质的木纤维，不仅用于促进植被的恢复，也用于水土保持。这种纤维覆盖物及各种喷播设备很快得到普及，尤其在发达国家，由喷播机完成的人工绿化工程占有相当大的比例。

随着世界性水资源的日趋紧张，采用节水、节能的灌溉方法已成为全世界灌溉技术发展的总趋势，推广节水灌溉也已成为世界各国为缓解水资源危机和实现农业现代化的必然选择。发达国家节水灌溉技术的基本特点是高技术、高投入和管理现代化，高效益则是维系节水灌溉能否持续发展的基础。从美国30年灌溉发展过程我们可看到一个突出的特点，即全美的灌溉面积占耕地面积的比例持续稳定在11%~12%，而喷灌面积占灌溉面积的比例却由25%增加到49.9%，虽然世界上农业喷灌设备机型基本趋向稳定，但是近些年随着塑料工业突飞猛进的发展，自动化多工位机械加工中心的普及应用，提高了塑料模具加工精度并降低了成本。这不仅加快了灌溉管材、微喷设备的发展，也加快了园林喷灌设备更新换代的速度，其中以园林喷灌使用的喷头最为明显。从美国园林喷灌产品体系上看，主要有地埋旋转和非旋转式喷头、电磁阀、控制器、中央控制系统、传感器、连接附件等。其特点是型号多、系列短、档次密、适用广。通过改变喷头仰角、喷嘴尺寸和形状、主副喷嘴位置搭配、流道长短来改变其喷洒性能，再利用各种传感器、电磁阀和控制器组成各式各样的园林灌溉系统，满足不同用户的需要，获取更大的商业利润，也是他们推陈出新的目的之一。总而言之，国际上先进的园林绿化机械，以自然资源充分利用、社会资源综合利用为设计理念，以创造高度城市化和谐生态环境为目标，以高效、精准作业、人性化操作为目的，已经实现了在园林绿化各个生产环节中的设备成龙配套。

4.3　国内发展历程及现状

中国城市化进程比英国、美国晚 100 年左右，比日本晚 30 年，不仅起点低，工业支撑度也低，发展也较缓慢，而且 1960—1978 年近 20 年间几乎处于停滞、衰退阶段。

改革开放释放了国民生产力，农业生产剩余物增多为工业化发展奠定了基础，工业化发展又促进了城市化进程，带动了园林建设和园林机械市场需求。现代城市公园规划建设和大面积种植草坪始于 20 世纪 80 年代，并在 90 年代得到快速发展。一批以公众活动为目的而建设，完全脱离皇家、私家园林改造模式，真正意义上的城市公园开始出现。与以中国古典园林为代表的几大苏派园林相比，这些早期的现代城市公园不同程度地压缩了建筑物、山石景观和园路广场的占地面积，增加了水体面积，扩大了绿地面积。绿地面积中草坪的种植面积增长幅度最大。这种变化使得原来以手工工具为主的养护管理工作变得不堪重负。园林管理部门大多是事业单位编制，很难扩充基层劳动队伍，因而只能靠增加机械装备来提高园林行业生产率。在这种情况下，园林机械市场有了启动的机会。20 世纪 90 年代中期，中国的城市化进程明显加快，城市数量增长和规模扩大同步发展，城市生活质量需求不断提高，城市建设的绿地比重也逐步加大。

随着城市化进程的快速发展，现代园林建设与管理理念的转变，使人们清醒地认识到城市现代化、工业现代化与生活现代化、观念现代化具有相互促进的作用，追求优质的生活品质，必须有现代园林绿化建设的支撑，也必然会促进园林绿化技术装备的发展。

4.3.1　发展历程

苏联在 1917 年开始城市化进程，30 年后以并不丰富的经验帮助中国进行城市规划建设，公共活动区域硬化地面比重较大，园林树木只有点缀作用。第一个五年计划完成后，中国的城市化进程稳步发展，一些皇家园林和私家园林被改造成人民公园，沿用传统的园林植物维护方法，使用着简单的园艺工具。

归属于建设部门的园林机械厂组建于城市化进程缓慢的 20 世纪 70 年代前后，以城市园林系统机械的维修和改装为主业，也曾试制生产过一些专用单机，但并未形成完整的产品体系。如北京园林机械厂分工生产园林打药车、草坪修剪机等；上海园林机械厂分工生产草坪剪草机、园林工具等；济南园林机械厂分工生产园林洒水车等；杭州园林机械厂分工生产园林高空作业车等。园林手工具全部来自农业系统的园艺工具厂，担架式园林打药机以及打药车配套的药泵泵组都是采购自农业药械厂，迷雾喷粉机、割灌打草机、油锯等便携式动力机械都产自林业机械厂。园林从业者大多不懂机械，少数机械专业相关技术人员掌握的相关技术较滞后，对现代园林建设理念和养护方法的认识也很肤浅。

20 世纪 70 年代中后期，随着大中城市景观草坪种植面积扩大，园林工人养护管理的工作量大幅度增加，也曾有不少企事业单位开发研制过草坪机、绿篱修剪机、割灌机等园林专用机械。相关的农林生产企业根据园林管理部门提出的特殊订货要求，在信息相对封闭条件下试制生产的一些专用机械构成了中国园林绿化机械的雏形，如以苏州农业药械厂担架式打药机改装的园林打药机；泰州林业机械厂生产的采伐油锯、间伐割灌机；西北林业机械厂以采伐油锯发动机为动力生产的草坪割草机等。这些机械是农林机械行业的技术人员在原有产品基础上改装成的，仅能满足基本的使用功能要求，与城市环境的使用条件要求还有很大差距。西北林业机械厂以采伐油锯发动机为动力生产的"天鹅牌"草坪割草机，虽曾是国内行业内主力产品，但其缺陷是未解决高转速带来的强噪声和尘土飞扬的问题。这一阶段为园林绿化机械闭门造车的发展阶段。

20 世纪 80 年代中后期，逐步开放的中国市场吸引了敏感的国际制造商们。德国索罗、日本小松等企业曾试图以散件组装等方式与国内农林机械厂合作开辟中国的农林机械市场，但因当时的市场购买力过低未获得成功。北京亚运建设项目进口的一批成系列的园林绿化机械吸引了许多农林机械厂的技术人员和大专院校教师到现场观摩、拍照和测绘。从此以后，一些由进口动力配装的新品牌园林机械迅速成为市场宠儿，如江苏淮阴市驾驶室厂生产的"立特"牌草坪修剪机、福建建新农业机械厂生产的"建新"牌割灌机等。应运而生的园林机械协会在引入世界各国户外动力机械的同时，积极推进国内外技术交流，扶持国内新兴企业发展园林机械产品，这让使用者大开眼界，也使许多国内机械产品制造者发现了"新大陆"。一些落伍的产品被挤出了市场，一些落伍企业的转产或消亡，换来的是更多的新兴企业创业、发展、走向辉煌。很多迅速成长的园林机械生产企业都是在市场上发现这些具有市场潜力的陌生机械产品，买回来进行研究和仿制。曾经对园林机械知之甚少的开发设计或生产管理工程师在不知不觉中变成了专家。这是一个在"狼来了"的惊呼中"照猫画虎"的对抗发展阶段。

20 世纪 90 年代末期，一些大专院校、科研院所的技术人员开始重视园林绿化机械的功能效用和工作原理，并帮助相关企业改进机械设计和生产工艺技术，试制和检测设备，制定相关生产技术标准，使国内园林机械生产水平得到快速提升，且开始尝试将其推入国际市场，如江苏南通机床厂在华东理工大学教授帮助下生产的系列草坪剪草机、山东临沂华盛农业机械制造厂生产的系列喷雾机和割灌机、江苏扬州维邦园林机械公司等企业的产品，在确立了国内市场地位后迅速借船出海进军国际市场。国际制造商们也很快感受到了中国低价格产品给他们带来的市场阻力，于是通过和中国雇员合作迅速调整策略，根据国际发展战略需要成立 4S 服务店形式的装配生产公司来适应市场环境。如美国"百利通"在上海设立办事处、德国斯蒂尔在江苏太仓建立基地、日本小松在江苏常州建立基地，这些措施立即扭转了品牌产品在价格、供货和服务及时性方面的劣势地位，同时也为他们在中国市场的长期发展奠定了基础，使得产品销量稳步增长。这是一个按图索骥、互动调整的发展阶段。

进入 21 世纪，园林工具消费不再局限于园林企业，在花卉市场和日用品超市也有。海关统计数据表明，在中国园林工具出口保持持续增长的同时，园林工具的进口也出现了更强劲的增长势头；在进口园林机械保持持续增长的同时，园林机械的出口也表现出更强劲的增长势头。比如在 2003 年，园林手工工具类产品出口额较上一年度增加 9.9%，而同期园林手工工具类产品进口额增加 51.26%；园林草坪机械类产品进口额增加 21.65%，而同期园林草坪机械类产品出口额增加 143.54%。总出口量中，欧洲、美国市场约占 59%，在出口产品中发电机组和园林机械最多，其中园林机械主要出口欧洲、美国，发电机组主要出口东南亚、中东地区。这些数据说明，中国家庭园林机械产品消费已经启动，中国园林机械产品生产制造能力正在提高，运营规模正在扩大。

美国"百利通""科勒"，日本"本田""雅马哈""富士"等世界知名小型动力生产制造商都在我国选择了合作伙伴，开始建立生产和配套基地。国内一些动力制造企业也开始把目光转向园林机械，如无锡东南公司研究开发的四冲程草坪修剪机专用发动机。

4.3.2　总体现状

园林机械产品制造涉及工业设计、机械设计与制造、发动机设计与制造、电机工程、锂电池管理系统、智能控制、注塑加工、五金加工等众多技术领域，其技术发展水平主要取决于所在国家和地区的制造业现代化程度。国际知名的园林机械生产商主要集中在欧美等制造业发达的国家和地区，其园林机械设备具有高效节能、安全可靠、自动化程度高等特点，并通过锂电池管理系统、智能控制技术的开发应用，将园林机械行业推向高效率、低排放、智能化发展方向，锂电园林机械、园林机械器人已成为园林机械行业新的需求增长点。

国内园林机械行业经过多年的发展，生产技术日趋成熟，但与欧美等发达国家和地区相比，总体技术水平仍有差距，多数企业设计能力较薄弱。以发行人为代表的部分优势企业凭借较强的自主研发能力和先进的生产工艺，逐步形成具有自主知识产权的特色产品，园林机械产品技术水平正向国际领先企业靠拢。

4.3.3　区域发展现状

小型动力机械生产的核心技术是发动机，生产规模和效率在于零配件的配套水平和服务半径，对相关配套产品的拉动作用也是非常有力的。重庆地区和江浙地区曾经是中国摩托车发动机和整车生产的热点地区，既有发动机生产的龙头企业，也有异常发达的配套件开发、生产企业集群，对于各技术层次和价格档位产品的市场需求都能够迅速做出反应，并提供充足的供给量。日本本田和美国百利通公司在 20 世纪 80 年代末就在重庆设立了生产小型动力机械的合资公司，分别生产摩托车动力和渔船动力，并培育了一大批配套企业。这两家公司在国际市场上是草坪修剪机配套动力的主要竞争对手，虽然他们在国内的合资企业的初期产品表面上与草坪修剪机无关，也未形成竞争。但几年后，当国内草坪修剪机制造业异军突起的时候，两家公司都立刻作出了反应：美国百利通在上海增设办事处，协调配件供应和技术支持，解决销往中国草坪修剪机配套动力售后服务问题，并在中国设立保税仓库，继而选址设厂增产动力草坪机，增强亚太地区生产布局。本田公司则通过在中国增设通用动力事业部，增产动力草坪机修剪机。两家公司在国际市场上的间接交锋变成了在中国市场上的直接较量。20 世纪 90 年代中期，国际园林机械制造商在中国拓展市场的同时，也在这些地区尝试采购、定制国产配套件，使得国内一些的配套件供应商生产的产品品种越做越全，这些企业一旦发现主机生产空档便会倾尽全力进入主机市场。浙江中马机械公司就是一个从专业制造摩托车齿轮、链轮起家，继而生产齿轮箱、变速箱、汽油机气缸、连杆，直至建立生产线大批量生产油锯实现出口的成功企业，该企业完成了从配套制造商向独立园林机械产品国际供货制造商的蜕变。这样的案例在江浙和重庆有很多。

在北京，东方红喷雾机生产曾经得到农业部和北京市的大力支持，成为小型农业动力机械生产的骨干企业和出口创汇大户，但最终因产品质量不敌山东华盛，被迫让出喷雾机老大的地位。北京小型动力机械厂曾经在农业部和浙江农业科学院帮助下，与日本小松合作生产茶树修剪机，但因质量不达标难以通过验收而使产品无法投放市场，导致其退出了园林机械市场。北京这个拥有科研院所最多、农林机械专家最多、国内园林机械市场和集散地最大的城市，也没能帮助他们摆脱生存危机。这有管理体制和经营机制的问题，配套环境相对较差也是致命的软肋。北京绿友园林机械公司和北京大隆园林机械公司都是十分专注园林机械业务、成长迅速、业绩不俗的营销公司，对市场的掌控力也有独到之处，并开展了其自主产品——草坪修剪机的开发设计和制造工厂的建设工作，但与他们市场销售的推进速度相比，生产制造进程仍显缓慢，其原因就是生产配套环境相对较差。在江浙地区，制造草坪修剪机所需的外协配套工作可以在 300 千米范围内解决，批量生产时可以在 100 千米范围内解决质优价廉的全部配套件。而在环北京地区甚至在京津冀地区，因其乡镇企业远不如江浙地区发达，配套企业的生产加工能力、技术研发能力、工作效率都相对较低，存在着生产技术等级断层和产业链断环现象，很难找到完整的技术性价比合理的协作伙伴群。往往是技术条件满足了，价格条件难以满足；价格条件满足了，批量进度难以满足；批量进度满足了，质量保证又出差错。这恐怕就是北京许多园林机械生产制造企业感到困惑的原因所在。

4.4 存在的问题及其原因

比较中国与发达国家的城市化进程和农林产业机械化水平差距可以发现，第一产业机械化装备水平过低是中国农林产业生产率整体水平低下的重要原因，也是制约中国城市化进程重要因素之一。就从业人员拥有机械数量而言，中国园林机械的装备水平已经高于农林产业，这也是居于城市特殊环境的结果。而园林机械发展面临的问题仍然首先是观念上和体制上的，而后才是工业基础和关键技术方面的。

4.4.1 存在的问题

我国园林绿化技术装备在科技投入、人才培养、基础设施、条件平台、体制机制等方面存在的突出问题，具体问题如下：①园林机械的研发基本不列入国家、省、部一级的科研项目，园林机械的研发立项几乎为零。②具有自主知识产权的原始创新产品少。一些园林机械产品生产企业根据对市场需求的了解，对市场前景看好的设备进行投入研发，但大多局限于国外已有同类设备的开发和改进，缺少整体设备的原始创新。③生产和出口的园林机械产品技术水平相对较低，仍以"家用型"产品为主，进入"专业型"范畴的产品较少。

4.4.2 原因分析

在中国草坪修剪机械进入快速发展的初期，制定草坪修剪机械安全使用标准关乎全体使用者和相关人员的切身利益，但并没有得到相关利益人和公众的认可。原因是民众法律意识淡漠、政府监管职责不清、行业发育不良。机械安全使用标准是政府裁定的基本依据。中国的园林工人基本上以农民工为主体，职业培训法律化程度很低，技能培训内容不多，法规培训内容就更少。一旦出现工伤事故或意外伤害，往往是私下商量由施工方业主补偿治疗费用了结，与机械制造企业不会有利害关系。这样，安全法规的社会作用也就会被人逐渐淡忘。

由于职业技术培训发展滞后，许多园林工程建设管理人员素质不高，园林建设、管护工人素质明显偏低，远远不能适应园林规划设计师们的设计理念要求，因而才会出现园林景观项目宏观建设效果不错，微观建设质量不足，园林养护管理难以到位，最终景观效果每况愈下的局面。

营养土的专业化、工厂化生产，拓展了城市有机废弃物和剩余物循环利用渠道，提高了产品质量可靠性，降低了生产运营和绿化成本，优化了绿色植物的立地条件。日本城市道路绿化带的草坪、绿篱、树木等，全都根植于以植物纤维质为主的营养土中，连乡村旅游度假区公路旁景观草坪都是完全根植于营养土中。日本每年从中国东北采购大量的原生草炭土，无疑极大提高了日本绿化种植土的质量。东京年均降水量1600毫米，而北京不足600毫米，城市道路绿化带种植土基本上是改良的建筑渣土或生黄土。种植土营养成分、持水保肥能力及气候条件差距大，即便是种苗质量和管护技术水平相当，植物生长状态存在较大差异也是容易理解的。园林科研部门的试验表明，采取换土措施对提高植树的成活率和良好率有很大帮助，而且随着时间的推移种植效果反差还会逐步加大。

欧美发达国家不仅在绿化种植土技术指标上追求完美，在地面覆盖物上也是精益求精。采用鱼鳞块树皮或木片覆盖表土，或用鹅卵石覆表土，既能保证树木根区的透气，也能抑制水分的蒸发。而北京地区气候干燥，种植土本身的持水、保水能力差，防护措施和灌溉系统又不健全，因此只能依靠洒水车续水灌溉，造成的占道作业在所难免。政府部门分工过细，交叉管理不利于统筹兼顾，不利于协调社会资源的综合利用。不重视自然资源的综合利用效果和行业协调发展的社会综合效益，是制约技术进步的最大羁绊。

如前所述，将地埋伸缩喷头当摇臂喷头使用的现象，就是农民工没有经过专业技术培训，简单地将农业节水灌溉摇臂喷头的安装使用方法移植到园林工程上的结果。这样，全套进口的节水灌溉设施经过我们的园林工人安装使用后，造成其技术功能被埋没，景观效果也被破坏，投资效益大幅降低。

普通商用草坪修剪机更像一台手扶拖拉机，其动力及相关机械结构部件的耐用程度与小型工程机械相当。如果在机后增加一个拖带踏板，就可以免去操作者的长时间步行，而且这种装置比坐骑式更加简洁、经济。尽管普通商用草坪修剪机非常实用，国内也少有人从投资效益的角度购置这样的装备产品。有趣的是，国内园林工人不自觉形成的"草坪修剪空排草屑，晾晒枯萎后再收集"的草坪修剪方式与国外商业草坪修剪模式不谋而合。有所不同的是：国内在草坪修剪后搂扒形成的草屑堆经常堆放到发酵才会被收集清理，而国外一般是机械化程序作业，草屑散失一定水分后及时收集清理草屑，以保持绿地整洁，并将草屑运到堆肥厂与其他园林植物修剪剩余物一并处理，转化为营养土的生产原料。

通用小型汽油机进入国际市场参与国际竞争，所面对的第一道障碍就是各种各样的非关税技术壁垒。当前对小汽油机来说，排放、噪声、无线电干扰等是比较集中的热点问题。国外非道路点燃式发动机技术标准已经在主流市场所在国家和地区出台，其中包括美国、欧盟、加拿大和印度等。对比这些标准我们发现，在发动机分类方法、测试循环设定、限值等关键环节上这些国家是协调一致的。协调的排放法规可以使企业有效地集中投入技术开发力量，尽快达到限值要求，也有利于降低开发成本。由于非道路小型汽油机排放标准在国外也刚起步，目前中国产品面临的排放法规限制有限，技术上追赶国外同类产品的排放水平是完全有可能的。问题在于：中国的内燃机研究机构把更多的注意力集中在道路小型汽油机上，无暇关注农林机械这个总量不大、附加值相对较低、购买能力相对不足的领域，而农林机械制造行业边缘化的地位和不高的人员待遇，难以吸引内燃机专业技术研究人员从事园林机械用内燃机的开发。行业技术人才流失过多、技术人才储备不足、技术人才功底不深也是导致我国园林机械发展不快、发展无后劲的原因之一。在市场经济发展的过程中，在相当长的时期内忽视了对专业研究机构的科研投入，没能使其发挥应有的作用，也是园林机械行业技术发展迟缓、发展不平衡的重要原因之一。

4.5 发展面临的新形势

园林绿化机械装备机械市场发展主要分为两个层次的细分领域：整机市场和零部件市场。零部件市场与整机市场处于行业上下游关系，相互依存，共同发展。

4.5.1 国际市场格局

整机市场上，欧美等发达国家和地区的企业凭借生产技术、品牌以及销售渠道等优势，在国际竞争中占据有利地位，具有代表性的厂商包括德国 STIHL、意大利 GGP、美国 MTD、美国 TORO、瑞典 HUSQVARNA 等。零部件市场上，欧美、日本等发达国家和地区的生产企业在高端市场具有较强的竞争优势，国内企业主要占据中低端市场。但部分国内企业借助多年的技术、口碑积累，在国际中高端市场中也逐渐占据一席之地。行业内具有代表性的厂商包括美国 Walbro、美国 Fenix、日本 Ikeda 等。

随着我国城市化进程加快和城市绿化水平提高，未来我国城市绿化面积仍将不断增长，用于购置园林机械的资金将不断上升，由此将拉动国内园林机械行业产品的需求空间不断增加。

4.5.2 居民收入提高、居住条件改善，推动园林机械产品消费上升

近年来我国居民收入水平快速增长，生活水平持续提升。城镇居民家庭人均年度可支配收入 2015 年达到 31195 元，相较于 2006 年提高了 165.27%；城镇居民人均年度消费型支出 2015 年达到 21392 元，相较于 2006 年提高了 145.98%。随着经济持续发展、中产阶级及花园式公寓的兴起，人们拥有了追求精神需求的物质基础和空间，园林机械消费群体将不断扩大。不断壮大的消费群体将成为推动园林机械产品消费稳定增加的重要动力。

4.5.3 园林机械产业技术向中国转移

出于降低成本及拓展市场的需要，欧美等发达国家和地区的园林机械生产厂商纷纷将产能向中国转移，在中国建立产业基地、采购由国内企业生产的零部件产品或通过定点生产（OEM）及原始设计制造商（ODM）等方式与国内企业进行合作。新型环保材料、材料成型技术、自动控制技术等先进工艺和技术伴随着产能的转移带入中国，提高了国内园林机械行业整体技术水平及管理水平。

4.6 主要发展方向及重点领域

4.6.1 主要发展方向

通过以上的分析发现，国外的园林绿化技术装备发展是家用和商用机械同时发展，而且国外园林绿化机械设备普及率高，反观国内园林绿化机械，在农业生产上尚未完全普及，家庭绿化机械呈现空白的状态。为此，针对我国的基本国情，今后园林绿化机械发展是以多功能、安全化、智能化发展为主要方向[2-3]。

4.6.1.1 园林机械的多功能化

类似于多功能工具刀，在园林机械的未来发展趋势上，必将有一个方向是多功能化，该园林机械是多种功能组合而成的多动力体系，同一台设备能够完成多种园林绿化工作。例如，美国 TORO 公司生产的"Dingo"多功能机，既可作为动力牵引机具，又可以在机械上增加或更换部件完成挖坑、钻孔、挖沟、耕地、播种、吊重、牵引车辆等十多项作业，这将会是国内农林机械生产的发展方向之一。

4.6.1.2 园林机械的安全化

当前我国的安全生产形势严峻，因此在提高园林机械的功能和适用性的同时，对园林机械的安全性也提出了新的要求。大多数的园林机械具备旋转系统，并且通过电力或者柴油驱动，如果操作不当轻者损坏园林物料，重者伤及人的生命及财产安全。

例如，BOLENS 等公司在草坪拖拉机上设置了各部件之间的电子互锁系统，使拖拉机各部件之间的工作更趋协调。

4.6.1.3 园林机械的智能化

科技解放生产力，同时也能够解放人的双手，园林机械的智能化虽然在国际上属于前沿的研究领域，但是人们对园林绿化的精准度要求越来越高的情况下，智能化的园林机械，或者称之为园林机器人的研发也成为热门之一。

4.6.2 重点发展领域

割草机器人方兴未艾，未来智能化园林机械或为一大爆点。以割草机器人为核心的智能化园林机械产品具有自动化、信息化的特点，在提高工作效率的同时，可以减少人力成本和时间成本。传统割草机器人存在诸多痛点，例如需预埋线、割草效率低、工作面积小、雨天工作困难等。为解决上述行业痛点，目前智能割草机器人领域已大致分成两类：一类为以富世华、宝时得、MTD 为代表的割草机公司推出新式割草机器人，并不断更新换代以适应市场需求；另一类为九号公司、科沃斯等新能源机器人公司，通过在机器人产品基础上添加创新割草算法功能以实现割草机器的智能化。

从割草机器人渗透率视角出发，欧洲市场最高，北美存在人均割草面积大等难点制约。从欧洲市场看，其平均家庭草坪面积为 300~400 平方米，割草机器人由于可降低劳动力与人工成本，契合欧洲市场适中的割草面积和消费需求，且欧洲消费者认知较早，叠加环保政策的先行实施，因此欧洲渗透率最高。其中，英国渗透率较低的原因是其大型公共公园数量多，草坪分布于公园中，平均家庭草坪面积更小，居民自己动手即可轻松完成割草作业，对割草机器人的便捷属性需求不高；从北美市场看，其相对欧洲割草面积更大（为 600~1000 平方米/家庭），且旺季涨草快，割草频率高（2~3 次/月），居民更倾向于大功率、长续航、作业面积大的割草机产品。目前，割草机器人受制于功率不高、割草面积较小、续航时间短等技术痛点，还无法全面进入北美市场。

未来割草机器人市场规模有望实现快速增长，产品力提升或可逐步解决渗透难题。根据摩多情报局（Mordor Intelligence）数据，2020 年全球割草机器人市场规模为 13 亿美元，至 2026 年割草机器人市场规模预计将达到 35 亿美元，2020—2026 年年均复合增长率（CAGR）约为 17.95%，欧洲、北美洲、亚洲将是未来规模增长的主要驱动力；放眼北美市场，目前赛道内富世华、宝时得、MTD 等陆续推出大面积割草机器人或将持续助推北美市场产品渗透率提升。

原生草炭开采生产的开沟排水机和翻晒机可以选用现有的挖掘机和旋耕机，与生产效率相关而对草炭产品质量影响不大。风选采集机是根据气浮重量筛分原理设计的专用机械装备，对草炭的含水率、颗粒度、杂物含量等有很好的控制作用，直接影响草炭的品质和附加值。芬兰的"破碎辊筛料斗"是一种全液压的功能拓展型的辅助装备，可以和装载机、挖掘机等工程机械配套使用。这些园林绿化技术装备国产化后一定会在环境保护和园林绿化这些公益事业领域发挥作用。另外，一种价值上百万的大型翻堆机，适合以养殖场剩余物和有机质垃圾为主要转化处理原料来源的营养土生产企业。

中国仍然存在着用垃圾做池灌装养殖排泄物自然堆制营养土的传统工艺。该工艺不仅生产周期长，生产过程还对周边环境造成严重污染。现有的营养土堆制生产技术落后，主要体现在菌种筛选制备技术和翻堆技术装备上。没有好的菌种，环境条件稍有变化就会影响发酵的时间和质量；没有好的装备，很难保障在有效的时间内把菌种均衡扩散到物料堆的每一部位，也很难保障物料堆内发酵温度的均衡性。好的菌种和机械装备的选用可显著提高堆制营养土的生产效率和生产质量，生产周期也将从几十天缩短到十几天。好品质的堆制营养土基本上可以消除臭味。有关装备的使用对场地要求不高，且具有一定的生产规模，相比隧道式堆制营养土生产厂投资也小得多。

花卉和种苗生产对土壤质量的要求更加严格，需要熏蒸消毒控制堆肥菌、虫含量，所用技术装备直接影响到园林植物的健康。营养土混合配制机可以按目标植物建植的设计需求配置营养成分和添加剂，从而调整土壤持水、持肥能力和孔隙度，是类似于混凝土搅拌楼的商品营养土生产供应基地装备。营养土散装运输车和营养土输送机是连接营养土生产供应基地和绿化建设点的现代物流装备，也是营养土商品化、产业化能否发展的关键一环，对提高绿化建设效率、降低运营成本、优化绿化建设环境至关重要。

参考文献

[1]赵平. 园林绿化装备的定义及分类[J]. 林业机械与木工设备，2011，39(2)：4-8.
[2]顾正平，沈瑞珍. 国内外园林绿化机械现状与发展趋势[J]. 林业机械与木工设备，2004(2)：4-7.
[3]周鑫. 园林绿化机械设备的现状与发展趋势[J]. 科技创业家，2012(10)：190

第 5 章 ║ 森林保护技术装备

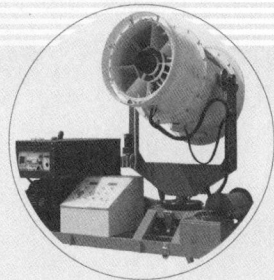

5.1 森林防火技术装备

5.1.1 定义及分类

5.1.1.1 定 义

森林防火技术装备是指用于森林火灾预警、预防、监测、扑救、通信等各种作业中专门使用的机械、机具或设备的总称。

5.1.1.2 分 类

森林防火装备根据其使用用途可分为：

①森林火灾预警装备。主要包括遥感、卫星定位、机载探火设备、气象预报设施森林火险报警器、J-1 型森林火险报警器、袖珍多功能防火电脑、火行为预报计算器等。

②森林火灾预防装备。主要包括耕翻防火线专用犁、防火圆盘耙、防火开沟机、点火器等。

③森林火灾监测装备。主要包括视频林火监测设备、红外探火仪、激光探火仪、余火探测设备、林火定位仪、电视林火监测设备、小型无人飞机火场图像实时传输定位设施等。

④森林火灾扑救装备。常规装备包括风力灭火机、风水灭火剂、2 号工具、3 号工具、点火器、防火油锯、割灌机、切割器、喷土机、砍刀、斧子、铁锹等；水灭火装备为便携式灭火水泵、背负式水枪、脉冲式水枪、车载消防泵组等；化学灭火装备包括化学灭火器、阻火剂喷洒设备、灭火手雷、干粉灭火弹、液体灭火弹、灭火炮等；大型森林消防设备包括森林消防作战车、森林消防运兵车、森林消防指挥车、森

林消防工程机械设备、各种类型的航空灭火设备等；个人防火装备包括阻燃防火服、防火鞋、森林消防头盔、森林消防手套、森林消防眼镜、阻燃皮革指挥服、战斗服、森林消防人员呼吸器、逃生器、避火罩、防烟面罩等。

⑤火场通信装备。火场通信的主要装备是超短波电台、对讲机、背负式短波电台、卫星电话、中继链路机、空地通信设备、VSAT 卫星地面站，GPS 跟踪系统、森林消防综合通信车。

5.1.2 国外现状

5.1.2.1 现　状

世界森林防火科技的迅猛发展，发达国家对林火管理已经实现了科学化、规范化、标准化、专业化管理[1]。国际上先进森林防火技术装备制造的国家有美国、加拿大、澳大利亚、德国、俄罗斯等，美国和加拿大在航空灭火方面具有优势，德国等欧洲国家在大型森林消防车制造业方面具有优势，瑞典、芬兰、俄罗斯等国在大型森林消防专用设备方面有其独到的研究，它们具有完备的航空和地面立体扑救系统，能够用先进的仪器设备进行森林火险等级预警，特别是在火行为预测、预报装备方面研究经费的投入和力度较大，遥感、林火探测、火场监控、信息管理、通信手段等先进设备应用非常广泛，在扑火机具和个人防护装备等方面标准规范。

5.1.2.2 趋　势

美国、加拿大、澳大利亚等国家已从森林防火阶段进入了林火管理阶段，在林火管理与技术方面进行了深入研究，并取得了新进展[2]。随着遥感、信息、模型和计算机等技术在森林防火中的应用，可以预计森林防火研究将在以下几方面取得进展。

（1）林火发生机理

火源、火环境和可燃物组成了燃烧环境。森林防火首先要控制火源。主要对游憩地采用生物防治技术，建防火林带、适当计划火烧、营建混交林，监测天然火源情况，采用引雷防雷技术。同时，对林火行为进行深入研究，针对不同可燃物建立火烧模型，采用营林措施或计划火烧来控制可燃物的量，把森林火险降到最低程度[3]。

（2）林火预测

在美国和加拿大等一些国家已普遍建立了全国统一的火险预报系统，并建立了计算机网络信息系统，可发布长、中、短期火险预报，对雷击火已研制成自动定位测报雷击的装置，使林火的预测预报向更准确的方向发展[4]。

（3）林火监测

1980 年后，随着地理信息系统的发展，美国、加拿大等国家都先后开始利用卫星探测来研究森林火灾。波兰将遥感和地理信息系统技术相结合来监测森林火灾。并同比利时 Cent 大学合作建立森林档案图、土地利用图、地形图等，把这些信息和由航空、卫星图像及地形数字高程(DTM)模型所得到的各层信息添加到林火数据库(FFD)中，从而得到林分管理、附加信息、特性校正和环境变化监测的结果[5]。基于空间信息(包括森林植被图和遥感数据)和其他数据库信息，森林防火系统将得到进一步的发展。

(4)灭火技术

国外发达国家的灭火机具将向越野性强、多用途、综合性方向发展。从单器械向森林防灭火多种装备联合作战体系发展，更加注重人的安全和快速救助功能的发挥。如各种防护面具、救生避火罩、防火通信器材。飞机被广泛用于巡护、探测、空降、机降灭火和空中喷洒灭火剂等工作中。同时，计算机技术在这方面也得到了广泛应用。建立完备的火灾管理系统和扑火系统；实现林火管理模型化，实施扑救科学化。化学灭火剂向高效、环保、低成本的方向发展。

(5)灾后研究

森林火灾在一定程度上会损毁森林资源，影响活立木、植被、生物多样性、野生动物、土壤和微生物的生长，靠近居民区的森林火灾还会直接影响当地居民的生命财产安全[3]。灾后损失主要包括人员的伤亡、木材损失、扑火费用、过火后生态环境的破坏、植物群落的退化、水土流失、林地的沼泽化或沙漠化、空气污染等一系列环境的损坏，需要科学研究和分析评估。

5.1.3　中国发展历程及现状

5.1.3.1　发展历程

在新中国成立初期至 20 世纪 70 年代，我国主要采用人工巡护和手持工具进行森林火灾扑救，只有东北林区开展了航空护林和空降灭火，扑火作业方式非常落后，效率低下。从 20 世纪 80 年代西北林业机械厂生产出第一台风力灭火机开始，我国逐步研制了针对不同森林火灾类型的扑救设备和装备，广泛开展了机降灭火、空中喷洒灭火，中国森林消防制造业至今已经走过了 31 年的历程。30 余年来，在几代从业人员的努力下，经历了从无到有，从小到大，从单一品种到众多品种，从小型到大中型，从测绘仿制到自主创新，成功地开发了包括 2 号工具、风力风水灭火机等常规森林消防机具在内的森林火灾预警设备、预防设备、监测设备、扑救设备、通信设备等，已经发展成为一个新兴产业，形成了一个初步的产品结构体系。与此同时，科技人员经过引进消化，大型森林消防设备、火场通信装备、航空灭火等先进的森林消防设备与装备的研制工作也随之起步，而且发展较快，配套成线、形成规模。

进入 21 世纪，随着我国森林资源保护工作力度加大，近几年森林火灾损失有急剧上升趋势，给森林防火技术装备提供了广阔的发展空间。特别是近几年来，国家逐步建立森林火灾预警、监测、指挥、扑救体系的要求，也促使了森林防火技术装备有长足的进步。经过国外和跨行业引进消化技术，森林火灾预警、监测、预防、扑救及通信设备的研制工作也随之起步，森林防火技术装备由传统手工作坊逐步转向机械化、工业化生产转变。国内大型设备制造厂家、科研机构、高等院校先后研发了装甲运兵车、森林火灾多管发射器、脉冲式灭火水炮、航空灭火等多种高新设备，在大型化、自动化、自动监测和控制系统方面有了初步的进展，加速了森林防火技术装备研发制造能力。

5.1.3.2 总体现状

近年来我国森林防火技术装备产业技术发展水平有了长足的进展，先进的科学技术被不断应用在森林防火的各个环节，为森林防火事业的发展作出了重大贡献，经过数十年的努力，我国森林防火科技工作取得了显著成绩。但由于历史欠账较多，基础设施依然薄弱。森林防火通信和信息指挥系统不健全，语音通信网络覆盖率低[6]，信息不畅严重影响了扑救指挥的科学调度和决策。扑救装备能力水平不高，扑火机具简陋，技术含量低，缺乏大型扑救装备，预防扑救仍靠"死看死守"和"人海战术"，面对大的森林火灾只能望火兴叹。森林航空消防体系发展落后，巡护扑救覆盖面窄小。

另外，在森林防火技术装备研究开发方面，许多森林防火技术装备产品开发创新投入少，创新能力薄弱，一些产品生产能力过剩、无序竞争，使行业销售收入低[7]，企业无力加大科技创新的投入，无法从事基础性研究，一般开发多采用仿、改的方式进行。许多企业观念落后，管理粗放，对于将来的发展，特别是长远发展缺乏规划和明确定位[8]。对产品的市场调查、组织人力研究开发直至培育和开拓市场，缺乏统一的策划和部署[9-10]。这些因素严重制约了中国森林消防设备和装备的发展，在森林火灾预警、预防、监测、扑救、通信上还需进一步完善。

5.1.4 存在的问题及其原因

5.1.4.1 存在的问题

我国森林防火技术装备基础研究不足、研究深度不够、实用性差、重大关键问题突破困难、研究经费严重不足、研究力量薄弱以及成果转化率低。在产品结构、制造质量、技术进步等方面与国际先进机械制造业差距较大。

5.1.4.2 原因分析

①专门研究机构少，自主研发能力差，技术创新不够。关键工艺技术缺乏创新，长期处于跟踪和模仿状态，产品质量鉴定不规范，没有统一的技术鉴定标准、自动化程度与国际先进产品相比差距较大，严重影响了国内产品参与国际竞争。

②产品结构不合理，新产品开发滞后，技术含量低，高技术产品缺乏。

③企业技术装备落后，存在规模小、设备陈旧、制造工艺水平低，难以保证产品的质量，可靠性差。

④企业研发力量薄弱，新产品开发难度大，管理粗放。

⑤实验手段落后，缺乏野外试验基地和协作机制。

⑥国家扶持不足，国家有关部门对森林防火技术装备制造行业的扶持和管理工作薄弱，支持帮助不多，协调服务不足，没有指定的权威鉴定机构，给引进发达国家先进设备和技术带来一定程度的影响。

⑦国际竞争力不强，由于我国森林防火技术装备制造企业的技术、标准和管理比较混乱落后，同时还存在原材料和能源浪费严重，从产品设计、制造、战略开发到报废、回收、再利用缺乏统一规划。

5.1.4.3　产业化的瓶颈

森林防火技术装备市场规模有限，由于产量不多，造成生产制造成本无法与农机相比；此外，用户规模有限、分布偏远零散，造成产品销售、技术服务等诸多方面的困难[11]。对于专用森林火灾特种消防装备就需要有特别授权的生产厂商来完成。而在这方面，无论是研究机构设置，还是生产厂家和试验检测设备等还是空白，因此必须加强森林防火技术装备领域的完善和提高。

森林防火技术装备的生产属于社会公益性事业，应有国家大力支持和相应的政策扶持。发展森林防火技术装备，政府必须加大资金投入，并且尽快出台比农业机械更加优惠的扶持政策。

5.1.5　发展面临的新形势

随着我国经济的快速发展和国家实力的大幅提升，林业也呈现了前所未有的良好发展形势。党中央、国务院高度重视林业的发展，将其提升到关系国家生态安全的战略地位。因此，林业科学研究应围绕生态建设和林业生产的需求开展相关技术的研究。森林火灾是危害森林安全的重要因素，是发生面广、对森林资源危害极大的自然灾害之一。我国森林防火面临着十分严峻的形势，体现在以下几个方面：

5.1.5.1　林内可燃物增多，发生森林大火的危险性越来越大

绝大多数林区多年来没有发生大的森林火灾，林内可燃物越积越多，虽然局部地区开展了一些计划烧除工作，但由于人力、财力不足和技术上的原因，一直没能有效清除这些过量的可燃物。随着天然林资源保护、退耕还林等六大生态工程全面启动，造林绿化步伐不断加快，森林面积特别是易着火的中幼林面积大幅度增加，森林防火任务更加繁重[12-13]。近年来南方地区连续发生的低温冻害天气，大量草木冻死干枯，可燃物载量逐年增大，发生森林大火的危险性也越来越大，一旦遇有高火险天气并起

火、极易酿成大灾。

5.1.5.2 林区社情林情复杂，火源管理难度越来越大

随着天然林资源保护、退耕还林工程的实施和国家法定节假日的增加，入山搞副业、旅游度假的人员增多、一些退耕还林的农民也滞留山上，这些入山人员活动分散，防火意识差，野外火源点多、面广，难于管理。随着各项改革制度的深入和打击毁林开荒力度的加大以及山林管护承包、林业政策调整，使一些人的利益受到影响，林农矛盾相对激化，某些具有报复性质的人为纵火案件呈上升势头。

5.1.5.3 全球气候异常，发生森林火灾几率越来越高

从 20 世纪 80 年代以来、厄尔尼诺、拉尼娜现象的影响日益频繁剧烈，干旱、高温、大风或极端低温冻害等异常天气明显增多，全球森林火灾频繁发生。我国的许多地区也相继出现气温偏高、降水偏少、大风天增多的高火险时段。这些高火险天气的出现，对森林防火极为不利。

5.1.5.4 防扑火设施装备落后，缺乏控制特大森林火灾的手段

森林防火基础设施、装备效能低，难以满足防扑火需要，尤其是缺乏有效控制、扑救森林大火的手段和技术装备。所以，应针对这一严峻形势，整合优势资源，重点加强森林防火领域的科学技术研究，着重研发新型防灭火装备和机具等。

5.1.6 主要发展方向及重点领域

5.1.6.1 主要发展方向

我国森林防火技术装备的发展必须坚持"救防实效优先、集中财力重点攻关、政府主导与多方参与结合、重视提高整体创新能力"的发展原则，在吸收国外先进技术经验的基础上，结合我国的具体情况，开发具有中国独立知识产权的新产品，优化生产工艺，提高产品质量和生产效率，提高在国际市场的竞争能力，全面提升森林火灾的预测、监测和扑救能力。

5.1.6.2 重点发展领域

（1）森林火灾扑救工具和装备的研究

①便携式扑火工具和灭火机具的研究。目前的一些扑火工具，如 2 号工具、3 号工具和风力风水灭火机等，在一些陡峭地形下因重量等原因在使用上还存在一定的问题，因此，要研制轻便、高效的灭火工具和灭火机具，如林地切割器、可燃物清理器，特别是风力风水灭火机风压及效率提高方面的研究，加强灭火手榴弹的改进和发射装置的研究，提高其灭火效能和安全性。

②灭火水泵的研究。在现有水泵技术的基础上，要进一步研制轻便、高扬程、大流量和高效率的水泵系列，提高水泵质量，增加其适用性。

③扑火队员个人安全保障装备的研究。加强包括头盔、降噪头盔、口罩、防火服、手套、鞋、防火罩等装备性能改进的研究。

④大中型灭火机具、工程机械灭火装备的研究。

(2) 空中地面高效阻火剂的开发(引进)和相应喷洒设备的研究

通过自主开发或引进国外的产品，形成利用高效阻火剂开设阻火带的配套技术设施并推广。

(3) 林火监测技术研究

林火监测技术包括两个方面：一是林火探测技术，是及时发现林火的保证，也是实现"打早、打小、打了"的重要保障；另一个是火场林火信息的监测。目前我国林火探测技术相对落后，在林火发现方面和火场信息探测方面都还不能满足实际工作的需要。因此，要开展下列研究工作：

①地面林火探测设备的研究。开展地面林火探测，主要是瞭望台探测林火设备的研究，重点加强红外林火探测技术和 GPS 技术结合的研究，力争解决林火定位的问题。

②雷击火探测技术的研究。积极开展雷电监测网络建设及其数据信息决策支持系统的开发应用工作，建立与现有雷电探测网络的信息交换共享体系。

③地下火探测技术研究和推广。随着气候变化，地下火日益增多，由于地下火的火行为难以肉眼观测，给扑火工作带来极大的困难。因此，研制开发具有探测精度高、轻便易用、一次充电使用时间长等特点的地下火探测设备十分必要。

④机载探火技术的研究。利用飞机监测林火具有准确性高、报警及时等特点，但在烟雾较大时，飞机对火场的形状、火强度等的观察和估测的效果不好。因此，要加强机载林火探测技术的研究，包括红外探火的设备、红外探火的图像处理技术和图像传输技术等。

具体要求：研究机载红外探火技术，包括机载红外探火的设备及其稳定云台、图像存储设备、目标图像定位技术、图像压缩技术、图像冻结处理技术、GIS 支撑技术和图像传输技术等。

(4) 卫星林火监测技术的研究

卫星林火监测的优点是监测范围广，特别是在较大的区域，具有较强的实用性。但目前我国使用的卫星探火技术中存在着卫星的空间分辨率低、实效性差等不足。因此，在卫星林火监测技术研究中应开展以下几方面的工作：

①火势信息检测识别方法研究。研究从不同卫星、不同红外波段和通道资料的含高温目标混合像元中估算高温目标面积和温度的方法。研究从卫星遥感图像提取高温目标亚像元面积和温度信息并结合地理信息数据(包括林木覆盖率、种类等)和火行

为信息(不同火势程度的辐射强度等),估算明火区面积与形状,温度等火势信息的方法。

②高空间分辨率卫星探火技术的研究。根据将来我国卫星发展的形势,适时开展利用高空间分辨率的遥感图像进行林火监测的技术研究。

（5）雷达技术在林火探测中的应用

采用雷达监测,可以不受天气条件的影响,具有监视区域大的特点,同时雷达波具有穿透能力,还能够用来测距。因此,利用雷达技术进行林火监测有着红外探火等林火监测技术无法替代的优势。虽然目前设备成本较高,但因其技术性能上的优势,仍有必要进行开发研究。

研究雷达技术,尤其是研究孔径雷达技术在我国林火探测中的关键技术方法,特别是林火目标判定及其定位测距的技术方法。研究不同平台上进行林火监测的雷达设备。

（6）林火通信技术的研究

通畅的火场通信是做好森林火灾扑救工作的基础。为实现天地一体通信和保障复杂地形下的火场通信的畅通,开展下列研究工作。

①多元化接入综合通信系统的研究。在利用现代语音、数据和图像通信技术、设备进一步优化和配置现有日常通信网络结构和布局的基础上,研究日常通信系统的森林防火外站点、巡护队、瞭望台、林场、巡护飞机等语音、数据和图像信息无线传输到县级森林防火部门的综合通信平台,使这些森林火灾预防监测最前线的信息通过综合通信平台进行及时的存储、处理,并通过有线(光纤网络)实时和准实时的转换发送到上一级指挥决策部门,同时可将上一级的语音、数据和图像发送到前沿。研究建立地面、空中模拟和数字通信互联链路。研究实现不同通信体制下的终端设备——即公共通信网(手机)、专业防火通信网(超短波对讲机与短波电台等)与卫星通信网(卫星电话)之间互通互联的接口及中继转接技术;在重点保护区建立数字微波通信链路示范区。

具体分解为以下两个研究任务:各监测点语音、数据和图像通信设备集成的适用性、稳定性、可靠性以及合理配置的研究;综合通信平台多手段接入集成设备的研究,要求上与有线网络的有机结合,下与各个站点的不同信息的接收、发射的衔接,同时保证信息处理、存储和转发部分的稳定性、可靠性。

②小型便携式火场语音、数据和图像传输设备及无线接入设备的研制。要求该系统具有多种通信子系统,以满足火场随时变化所导致的通信位置和环境的不断变化。

具体分解为以下四个研究任务:

a. 火场超短波多中继级联组网设备和应用方式的研究。研究开发150兆赫兹、

350 兆赫兹和 400 兆赫兹频段便携跨频段中继级联的集成设备。要求该设备既能单独组成中继通信系统，又能与各频段独立的中继设备衔接配套使用，并研究随火场的变化在不同通信时间、地点、环境下规范化、标准化的组网方式，以便合理有效地把火场扑火队持不同频段的通信设备组成互通互联的通信网络，既可延长通信距离，又便于统一指挥森林火灾的扑救。

b. 远距离图像实时传输系统的改进研究。图像传输包括地面固定点林火监测图像传输和利用航空护林飞机进行火场图像实时传输两个方面。目前，固定地点林火监测图像传输系统从技术和应用上都比较成熟，其研究改进的主要内容是与 GPS 定位技术的结合，在通过远距离监测到林火的同时，应同时准确定位火场的位置。利用飞机进行火场图像传输系统，目前还存在许多问题。研究的主要内容应包括微波传输制式的选择，特别是适合高速移动飞机和随时变化地形影响的制式的选择。同时研制开发适合非固定使用一架或一种飞机，而临时应用的设备和天线在飞机上的固定安装方式。在此基础上研究拍摄的火场图像与此相对应的 GPS 定位信息的配准技术，为指挥员指挥决策提供及时准确的信息。解决图像压缩、定位信息叠加、存储以及传输接口技术。研究开发单兵头盔式低功率图像获取及其传输技术设备、火场移动通信车图像转接传输技术设备、便携式瞭望台站图像中继传输设备以及机载远距离传输静态或实时图像技术设备。

c. 扑火队伍 GPS 定位跟踪系统的应用研究。一是研发扑火队伍 GPS 定位跟踪技术中适合不同通信方式如地面短波、超短波，尤其是要解决多级中继或不同频段设备转换后定位信息的传输丢失问题。二是研发参加灭火飞机定位跟踪信息的传输方式，使所有传输方式的定位信息都能在县一级防火部门同时接收处理，并向市、省一级防火办实时传送，以便利用森林防火 GIS 实现扑火力量分布的可视化，从而为进一步决策提供参考。

d. 便携式火场网络无线接入设备的应用研究。为解决火场位置不确定性所造成的基于公网（如有线、联通、移动）的数据和图像传输困难和利用海事卫星和 VSAT 卫星通信技术的高昂费用所带来的无法大面积推广的问题，研究利用公网的有线（光纤网或电话网）通信网络，将火场实时数据和图像进行传输的设备和方法，即研究相应的便携式接入设备，使其在需要时可在火场最近的公网地点安装接入收发设备与公网接口，在火场前线架设收发设备，使火场与接入地点形成无线数据通信链路，将需要传递的数据和图像发射到接入点的设备，并进入有线网络，传输到任何一级防火指挥部门，同时能够完成反向传输。

③重特大森林火灾应急通信系统的研究。应急通信系统是在日常通信系统和火场通信系统都无法完成语音、数据通信保障情况下的补充，主要是完成火场到前指的通信联络或在地面通信系统发生混乱、阻塞等无法正常运行时的通信联络。具体分解成以下几

个研究任务：

a. 机载综合通信系统研究。在火场通信系统研究的基础上，研究利用航空护林的固定翼飞机或直升机作为通信平台的综合通信设备，将地面短波、超短波(包括 150 兆赫兹、350 兆赫兹、400 兆赫兹)语音、数据进行接收、处理，并中继转发到前线或县级防火指挥部。

b. 地面应急保障通信设备研究。在参考引进国外和军方经验的基础上，研究制定国家级林火响应应急通信体制，组建应急移动通信系统。重点对应急通信频点、信道进行筛选，研究完善车载移动通信系统，研究开发便携式多波段应急移动中继转接通信系统技术设备。一是引进、开发便携式宽带卫星通信设备，及语音、数据和图像接收发射接口配套设备的研制。二是研制适合小型越野车的集成化综合通信平台，与火场各种通信子系统配合，组成有效的通信网络，起到通信中转站的作用，完成语音、数据和图像的上传下达。

④通信配套设备研究。通信配套设备对于保证通信系统的正常运行是必不可少的，研制适合野外充电的标准化设备，便于运输、防震、防潮的包装，临时架设需要的便携式天线支架、拉绳、供电系统等。

⑤复杂地形下的通信保障技术研究。研究高山峡谷等复杂地形条件下的通信体制及其组网方案，研制开发出适于这类地区的中继转接通信保障技术设备。

(7) 多功能森林消防车

研制适合复杂道路条件的多功能森林消防车，主要侧重于风、水、土、化学灭火方面的应用研究。

5.2　森林病虫害防控技术装备

近些年，全国每年森林病虫害发生面积 1.78 亿亩，相当于同期森林火灾的 214 倍[14]。国家林业和草原局发布的有关数据显示，国内每年因病虫危害致死树木数量达 4000 多万株[15]，年均减少林木生长材积 1700 万立方米，年均林业损失超过 1100 亿元。以上数据表明，森林病虫害严重制约了中国造林绿化和生态环境建设，是林业发展的大敌，它不仅具有水灾、火灾那样严重的危害性和毁灭性，而且还具有生物灾害的特殊性和治理上的长期性、艰巨性。因此，人们把森林病虫害称为"不冒烟的森林火灾"。

资料显示，全国主要林业生物灾害呈高发态势。2021 年林业生物灾害发生面积 1.88 亿亩，其中虫害 1.16 亿亩、病害 0.43 亿亩、鼠兔害 0.26 亿亩、有害植物 0.03 亿亩。松材线虫病、美国白蛾等重大外来林业有害生物持续扩散，损失严重。

第三次《全国林业有害生物普查情况公告》显示，目前共发现可对林木、种苗等林业植物及其产品造成危害的有害生物 6179 种，其中面积超过 100 万亩的 58 种。近五年我国林业生物灾害发生面积均在 1200 万公顷以上，森林有害生物防治面积五年内均值为 954 万公顷，其中森林病虫害防治面积占 85% 以上。近 20 年来，几乎每年都有 3~5 种过去多为零星发生的病虫害转为大面积暴发成灾[16]。

人类面临着森林病虫害的挑战，与病虫害进行斗争是人类的一项持久任务，至今仍然是我们的一个严峻课题。世界各国的有关专家半个世纪以来每隔几年都要举行一次国际植物保护大会（International Congress of Plant Protection，ICPP）来共商对策。

同病虫害斗争所采取的办法和手段，从最原始的手工防治，到后来的喷洒化学农药，其间经历了漫长的历史阶段和各种方式的探索，包括生物方法、物理机械方法、化学方法和综合防治方法。

5.2.1　森林病虫害防控装备的定义及分类

5.2.1.1　森林病虫害防控装备的定义

病虫害防治装备主要指用于防范和治理林木有害生物如松毛虫、白蚁等植物害虫和植物病害的技术设施、机械或工具，通常泛称为"森保机械"。

5.2.1.2　森林病虫害防控装备的分类

病虫害防治装备的种类很多，由于农药的剂型和作物种类多种多样，以及喷洒方式方法不同，决定了防治机具也是多种多样的[17]。从手持式小型喷雾器到高射程喷雾机，从地面喷洒机具到装在飞机上的航空喷洒装置，型式繁多[14]。通常分类方法是按喷施农药的剂型种类、用途、动力配套、操作、携带和运载方式等进行分类。

①按动力配备分为人力森保机械、小型动力森保机械、大型机引或自走式病虫害防治机械、航空喷洒装置等。

②按机器配置形式分为便携式（包括手持式、背负式、担架式、肩挂式等）、机载式（牵引式和悬挂式）和自走式森保设备等。

③按施药方法分为液力喷雾机、气力喷雾机、离心喷雾机、烟雾机、静电喷雾机、喷粉机等。

④按施液量可分为常量喷雾、低量喷雾、微量（超低量）喷雾。但施液量的划分尚无统一标准。

5.2.2　国外森林病虫害防控装备现状

国外森林病虫害防治装备已经进入了信息化智能化时代。随着人们环境意识的加强和对农药残留问题认识的提高，各国对农药的使用都做了不同程度的限制，发达国家对农药的使用量和使用方法做了明确的要求。农药使用技术将不断向小用量、高效率的方向发展，使农药在限制的用量范围内发挥出最大的效用[18]。这就要求森保机械向低容量、智能化、高效率、系列化、多样化的方向发展。如意大利生产的直立式风送喷雾机，日本生产的遥控式喷雾机，美国生产的立体针对式风送喷雾机(风筒可以根据作物的形状任意弯曲、组装)和英国生产的车载式风送喷雾机。GT500 型固定翼轻型机和美国 Robinson 公司生产的 R22 轻型直升机等也都应用于森保领域。随着无人机技术发展，无人机植保机械在森林植保作业中发挥重要作用，如日本 YAMA-HARMAX 系列植保无人机以及美国 GT-MAX 型植保无人机等。

美国与欧洲是目前国际上最主要的生产森保机械的国家和地区，其产品覆盖了全球的主要市场，其技术与设备都代表着当今世界的最高水平[19]。最著名的公司有丹麦 Hardi 公司、美国斯普瑞公司、英国 Micron 公司等。其产品大都采用了光机电一体化技术、计算机控制技术、"3S"技术遥感技术(Remote Sensing，RS)、地理信息系统(Geographical Information System，GIS)、全球定位系统(Global Positioning System，GPS)[20]。此外，在喷头种类，喷头材料，加工精准度，药、水分离式喷雾，现场成型机技术等方面都有了新的突破。严格遵循"生物最佳粒径原理"和"靶标适应性原则"。

5.2.3 国内森林病虫害防控装备现状

我国药械研制最早起步于 20 世纪 30 年代，主要是农业植保药械，从手动喷雾器、背负式机动喷雾器、担架式机动喷雾器、喷杆式喷雾机等。而应用于森林病虫害防控的装备一直没有。主要借用农用背负式机动喷雾器、担架式机动喷雾器进行病虫害防治。

20 世纪 80 年代，我国西北林机厂研制开发了 3MF-4 背负式林用机动喷雾器，用于林业病虫害及橡胶树病害防治。浙江林科所、南京农业机械化研究所研制开发了便携侧挂式脉冲热烟雾机、背负式脉冲热烟雾机，用于马尾松毛虫和橡胶树病害防治。

1991 年后，南京林业大学联合浙江林科所、南京农业机械化研究所进行了森林病虫害防治烟雾载药技术与装备的研究，开发了 6HY-25 手提侧背、背负 2 中脉冲式烟雾机，初步解决了启动和工作稳定性等问题，项目通过林业部验收，1996 年获林业部二等奖，1997 年获国家科技进步三等奖。

1998 年，国家林业局森林病虫害防治总站研制成功 BG305D 背负式树干打孔注药机，成果在山东临沂农业药械厂产业化生产和推广应用，用于林业病虫害防治。

2000—2016 年，南京林业大学森林保护机械团队在国家林业局 10 多项科研项目支持下，先后创新开发了低量风送高射程喷雾机、大型稳态燃烧烟雾机、生物农药喷雾机、航空静电喷雾系统、基于图形和激光扫描的林木精准对靶喷雾机、矮化密植果园风送精准施药喷雾机、高射程喷烟喷雾一体机等 4 个系列 16 个型号的新技术产品。

形成了地面到空中、低量到变量、信息化精准对靶施药、生物农药喷雾机等一系列林用高效森保装备，7 个产品获批国家高新技术产品，先后主持荣获教育部科技进步二等奖 2 项，2018 年国家科技进步奖 1 项，这是林业机械行业的第一个国家奖。项目团队获国家林业和草原局科技创新团队、江苏省高校优秀科技创新团队等。团队带头人周宏平先后获国家林业局优秀青年科技奖、全国林业优秀科技工作者、国务院特殊津贴专家、江苏省先进工作者等。

2000 年后，航空施药在林业病虫害防治中逐步得到重视，主要以农用航空站、护林防火航空站等已有的航空施药装置进行防治作业。部分民营航空公司进行林业病虫害防治飞防服务。2008 年后，我国开始研究小型航空喷雾装备，以单旋翼和多旋翼无人机为主，主要用于农业病虫害防治。2012 年后，开始向林业病虫害防治领域推广应用。主要有大疆、极目等公司的自主飞行无人喷雾机，可实现仿地形轨迹规划和自动避障。

2004 年，国家林业局森林病虫害防治总站在山东临沂农业药械厂背负式农用机动喷雾机上进行了改进，增加了"均衡供药系统"（即在供药系统中增加了供药泵），这项技术解决了该喷雾机在林业上使用需向上喷雾时药箱内残留大量药液和供药始末极不均衡的问题。

我国森保机械制造业近几年的发展十分迅速，但是不够平衡，江苏、浙江、山东等地区发展较好，形成了一定的产业集群，而西部地区森保机械制造企业几乎没有。我国的森保机械在产品种类、质量和自主创新方面还存在着很多不足，还需要进一步扶持，满足现代林业发展的需求。

5.2.4　存在的问题及其原因

5.2.4.1　存在的问题

（1）技术开发基础薄弱

目前，一方面，森保方面的研究大多集中在农药本身，针对林木生态环境特点所开展的施药器械和施药方法研究相对较少，施药器械的研究与技术改进也相对滞后。另一方面，林业的公益性、生态性特性，需政府全面支持，药械的研究和市场与政策关系较大。

（2）森保器械开发难度大，"卡脖子"问题较多

由于林木生长环境复杂、树木高大，有阔叶、针叶等，树干结构也变化多样。因此，施药的高度、穿透能力、高效施药等关键问题非常突出，重点、难点较多。

（3）自动化、智能化技术亟待加强

森保机械目前解决了复杂地形和高大林木的部分施药技术要求，在资源信息化技

术、精准施药技术等方面还需进一步提升。

5.2.4.2 原因分析

(1)科研经费投入不足

由于人们对喷药技术仅限于对农药本身的研究，对施药技术装备的研究投入不够，影响新技术装备的产出和应用。

(2)森保设备少

森保作业中还有不少借用农业药械，不能满足林木施药需求，农药浪费大，成本高，污染重。

(3)研发人员少

森保学科面窄，药械更是不够受重视，相关人才少。

5.2.5 发展面临的新形势

5.2.5.1 政策环境的改变

①林权制度改革极大地激发了林农的积极性。随着林农的不断富裕和发展，资本积累会不断提高，对森林防护装备的投入也会不断增加。

②建立林业机械产品购销补贴机制，对于购买林业机械设备的林农给予一定的政府补贴。

③为了提高森林病虫害防治装备的利用率，建立森林机械化防护互助组或林业机械化服务队，设备集中保管，统一使用。

5.2.5.2 产业化的瓶颈

①森保机械制造厂家分散，没有形成集约化、专业化生产规模。

②森保机械产品没有达到标准化、系列化生产，零配件的通用性不好。

5.2.6 主要发展方向及重点领域

5.2.6.1 主要发展方向

根据国际上植保机械的发展趋势，中国森保机械的研制与开发应在先进性与多样性上下功夫，先进性应体现在自动监测和自动控制及使用的可靠性、方便性上；多样性就是要加快开发研制集新技术、新材料、新工艺于一体的系列化森保机械产品，以适应森林病虫害防治和生态环境保护的客观需求。加大科技投入，加快新产品研发速度，提高整机和配件质量，提升标准化和通用化程度，不断提高森保装备技术水平，满足市场产品配套、通用等要求。

5.2.6.2 重点发展领域

围绕现代林业发展方式转变，针对提质、减施、增效对病虫害防控技术及重大产品的紧迫需求，突破森林病虫害预测预报的信息化技术；研究经济林、人工林大尺度、微尺度特征参数获取方法，探索高效、精准防治技术，研制并示范应用多种形式和方法的精准施药防治装备；研制并示范应用复杂山地特殊施药技术和装备及其智能化技术，为智慧林业的发展提供科技支撑。主要表现以下几方面：①智能化自动对靶技术的应用。②高可靠性、低污染新型农药和施药装备技术的研发。③飞机实施喷药技术装置的创新研制。④森保机械国家标准的制定和实施。

参考文献

[1] 刘萌. 论加强我国森林防火科技工作的必要性[J]. 森林防火, 2005(4): 6-8.
[2] 舒立福, 田晓瑞. 国外森林防火工作现状及展望[J]. 世界林业研究, 1997(2): 29-37.
[3] 孙少辉. 世界典型地区森林火灾状况与防火技术展望[J]. 林业机械与木工设备, 2008(3): 10-12.
[4] 加拿大林火行为预报系统进展[J]. 森林防火, 1994(1): 44-46.
[5] 肖化顺, 杨志高, 曹武, 等. 论城市森林防火信息化建设[J]. 西北林学院学报, 2008(3): 151-155.
[6] 汪万森. 优化"软环境" 促进"硬环境" 全面提升森林防火事业发展水平[C]//第二届中国林业学术大会——S7 新形势下的森林防火问题探讨论文集, 2009: 425-428.
[7] 刘兰孝, 戴向波. 加快振兴农业装备工业 促进"三农"良性发展[J]. 中国机电工业, 2005(1): 49-52.
[8] 王琦, 赵奇, 刘淑清. 对我国林业装备技术发展中存在问题的思考[J]. 林业机械与木工设备, 2005(7): 10-11.
[9] 赵奇, 王琦. 林业装备技术展望[J]. 林业机械与木工设备, 2005(6): 8-10.
[10] 费本华, 王晓军, 李剑泉. 面向循环经济的林业装备绿色制造模式[J]. 木材加工机械, 2008(2): 28-35.
[11] 周大元, 王琦, 白帆, 等. 我国营林机械的发展(一)——总体概述[J]. 林业机械与木工设备, 2009, 37(9): 11-14.
[12] 周生贤. 大力弘扬火场精神 坚决打好秋冬防一仗 以优异成绩迎接党的十六大胜利召开——在2002 年全国秋冬季森林防火工作会议上的讲话[J]. 森林防火, 2002(3): 1-5.
[13] 赵洁. 浙江地区生物防火林带评价及营建技术研究[D]. 临安: 浙江林学院, 2009.
[14] 才丽华, 王振东, 李凯捷. 森林病虫害施药防治技术与装备概述[J]. 林业机械与木工设备, 2011, 39(12): 13-15.
[15] 马秀芳. 林业种植中的病虫害防治策略研究[J]. 种子科技, 2021, 39(5): 84-85.
[16] 王永宏. 警惕"不冒烟的森林火灾"[J]. 中国林业, 2005(9): 42-43.
[17] 路蒙, 曲金平, 郭雪莲. 植保机械的使用与维护[J]. 黑龙江农业科学, 2011(7): 164-165.
[18] 孙文峰, 王立君, 陈宝昌, 等. 农药喷施技术国内外研究现状及发展[J]. 农机化研究, 2009, 31(9): 225-228.
[19] 王新春, 尚振国. 植保机械设计制造技术研究现状及发展趋势[J]. 现代农业科技, 2011(2): 282+288.
[20] 李云祥, 韦志扬, 甘立, 等. 广西公共传媒农村信息服务现状及发展策略[J]. 南方农业学报, 2011, 42(2): 229-232.

第6章 ‖ 木材生产装备

6.1 定义与分类

6.1.1 定 义

木材生产是人类社会开发利用森林资源的一种主要生产性活动。具体地讲，就是人们在一定森林经营思想指导下，投入一定的人力、财力和物力，形成适宜的作业系统，完成将拟采伐的立木从伐区伐倒并以一定产品形式运输到贮木场，加工入库或交付用户的全部收获生产过程[1]。而在整个木材生产过程中应用的工具、机器设备资源或器材以及相关设施、信息系统、辅助设备或器材等称为木材生产装备。

6.1.2 分 类

木材生产装备多种多样，通常根据在木材生产过程中的环节或工序并按其功能进行分类，如林木采伐(工序)、集材、装载、转运(或短途运输)、运输等生产环节，以及从这些环节分离出的一些工序，如剥皮工序等，这些木材生产环节相应的技术装备可分为采伐技术装备、集材技术装备、装载和夹具技术装备、木材剥皮技术装备、转运技术装备、运输装备、后勤辅助装备等。

6.1.2.1 采伐技术装备

采伐装备是整个木材生产环节的重要组成部分，也是技术含量最高的环节，包含伐断、打枝、造材、剥皮等功能以及测量材长、直径、材积等信息化的功能。不同采伐装备具有不同功能特点，应用的作业条件和场景也不同。常用采伐技术装备如图6-1所示。

（1）油　锯

油锯由发动机、传动机和锯木机构三大部分组成。锯木机构由驱动链轮、锯链、导板、锯链张紧装置和插木齿等组成。考虑安全因素，排量最大不超过 60 毫升，导板长度最长不超过约 40.64 厘米，捕链爪要完好无损。油锯具有质量轻、体积小、技术成熟等特点，广泛应用于伐木、造材和打枝，目前仍是重要伐木工具之一。

（2）断木夹

断木夹由夹具与锯木机构组成，安装在挖掘机等液压机器上，液压驱动。断木夹技术简单，主要用于伐断，目前无成熟配套，没有广泛应用。

（3）圆盘锯

圆盘锯由定长架构和圆盘锯组成，主要用于较为宽敞平坦的楞场或者作业平台，可由电机驱动或液压驱动，作业时与抓木机配合使用。技术简单实用、成本较低，目前国内配套不成熟，且由于对场地条件要求较高，应用受限。

（4）伐木归堆机

伐木归堆机由夹具与锯木机构安装在挖掘机或拖拉机等机器上，一般由液压驱动。伐木归堆机具备伐断及集束集材功能，技术简单成熟，是国外早期应用较为广泛的铲式机械系统中的重要组成部分，将多棵林木伐倒后由夹具集束转移至路边或其他作业平台，即集材过程，然后由采伐机或者造材设备进行造材。目前国内由于无相关配套，应用非常少，但可以预见，随着铲式机械采伐模式在国内得到较大发展，这种装备今后具有较大的应用场景和市场需求。

（5）铲式采伐机

由采伐头安装在挖掘机（铲式机器）上，除了主机功能（如爬坡能力不如原装山地采伐机）外，采伐功能与原装采伐机基本一致。由于底盘对接本地平台（普通挖掘机），整机价格远低于欧洲原装采伐机，降低使用门槛。它应用于铲式机械采伐系统中造材环节，或者用于平地、缓坡的采伐。

（6）采伐机

原装进口采伐机，北欧、北美、德国等有成熟的采伐机装备。山地采伐机后面配有绞盘机（winch），作业时挂在树桩等锚点上，实现更大坡度的作业（坡度可大于35°），但由于价格高昂，目前国内仍只有广西某林企及其承包商使用。相应的技术人才配套不足限制其在国内发展。

| 油锯 | 断木夹 | 圆盘锯 |

| 伐木归堆机 | 铲式采伐机 | 采伐机 |

图 6-1　采伐技术装备

6.1.2.2　采伐机底盘系统

（1）早期的履带式底盘

在挖掘机履带底盘技术的基础上发展而来，主要有单板（两轨）履带式采伐机和无源转向架四轨履带采伐机，如图 6-2、图 6-3 所示。

图 6-2　单板（两轨）履带式采伐机　　　图 6-3　无源转向架四轨履带采伐机

（2）专业轮式底盘采伐机

欧美地区当前的主流全盘采伐机专业底盘，轮组越多，采伐机作业时稳定性越好，当然造价及维护成本也越高。六轮式平地采伐机，适合坡度小的地形条件作业，如图 6-4 所示。八轮式山地采伐机，具有更好的稳定性和抓地性能，有利于在陡坡上作业；更低的接地压力，有利于在松软地况作业，如图 6-5 所示。

图 6-4　六轮式平地采伐机

图 6-5　八轮式山地采伐机

（3）其他多样化底盘

适应不同应用场景。简单化 KESLA 四轮底盘采伐机，四轮式底盘造价低，适用于平地或缓坡等作业条件较好的森林，如图 6-6 所示。复杂化 MENZI MUCK 全地形底盘采伐机，适用于地形条件复杂的森林，如陡坡或浅水域条件的森林，如图 6-7所示。

图 6-6　简单化 KESLA 四轮底盘采伐机

图 6-7　复杂化 MENZI 全地形底盘采伐机

6.1.2.3　集材技术装备

集材环节是采伐体系里最为困难的环节，是制约整个采伐体系的瓶颈。通常来说，集材方式和方法与森林地形地貌紧密关联，因此许多采伐体系是根据集材方式得名的，如铲式机械采伐系统因采取铲式集材机将林木集材至路边的方法得名。

（1）普通抓木机

普通抓木机（图 6-8）由夹具和挖掘机组成，是目前中国南方林区应用最为广泛的装备，最开始是作为装载机基本取代人工装载。在铲式机械采伐发展时，装载机作为就地取材的装备直接应用到该系统作为集材的主力装备。它可以随作业的需要切换集材和装载作业，可以一机多用，提高机械设备利用率。

（2）伸缩臂抓木机

伸缩臂抓木机（图 6-9）由伸缩臂取代挖掘机的小臂，配以小型号抓木夹改装而成。该伸缩臂主要为了解决集材的"最后一公里"的瓶颈问题，通过伸缩臂增加集材半径(25米)，提高整个铲式机械采伐的运作流畅度，从而提高效率。

图 6-8　普通抓木机

图 6-9　伸缩臂抓木机

(3)铲式集材机

铲式集材机(图 6-10)由专用夹具与履带式挖掘机组成，是国外应用较为广泛的铲式机械采伐系统。铲式机械采伐系统得名于这个铲式集材机的集材方式，夹子有灵活后跟，集材时顶住木材根部，适用于整条原木和放倒木集材[2]。

图 6-10　铲式集材机

(4)索道绞盘集材机

索道绞盘集材机以索道(缆)绞盘机为主要装备的集材方式，如欧洲应用比较成熟的 Koller 及其他品牌的索道绞盘集材机，由钢索、支架、鞍座、跑车、绞盘机以及其他附属设备等组成，如图 6-11 所示。基本形式有半自动和全自动集材索道、增力式集材索道、松紧式集材索道。优点是很少破坏地表，有利于水土保持和森林更新；对山形地势的适应性强；不但可以顺坡集材，还可以大坡度逆坡集材，根据林型的不同，索道可设计成不同的类型。缺点是安装、拆转费时；定向集材、机动性差等。欧洲应用较早、技术成熟。配跑车挂扣连接已伐倒的木材，将它随集材索道集材到作业平台。适用于大径材，大坡度且不便于修建道路复杂地形的森林。

图 6-11　索道绞盘集材机

（5）索道集材机

在南方林区，某机械销售商供应的索道集材机应用较为成熟，该机械制造商引进的索道系统采用的是日本林业绞盘技术，依靠挖掘机或大型机车带动卷扬设备，把伐倒木集材至作业平台；如果是抓木机带动卷扬机，木材被拖至作业平台时，用抓木机进行归堆整理，供下一环节采伐机造材。

（6）其他集材机

以拖拉机为底盘的各类集材机，由夹具或者绞盘机与拖拉机组成，是早期国外主要的集材装备，技术简单、价格较低。在天然林资源保护工程之前，东北林区的J50 集材机车就是属于这个类型的集材机，由于当时南方林业机械发展相对落后，没有配套的其他机械设备（如采伐机），相对应的装备在南方没有得到发展。近年来依托南方林区林业产业化迅速发展，所采用的机械采伐模式已经跳过此类型集材机，机械化发展之路另辟蹊径，但这类集材机仍会有市场前景。

全盘式集材机，如图 6-12 所示，定材长全机械采伐系统中的集材机，如带有绞盘系统，则为山地集材机，提升爬坡能力。基于轮式底盘与木料框式大型集材机，具备中转、短途运输功能。主要配套全盘采伐机进行联合采伐与集材作业。该装备技术先进，代表着前沿采伐技术的发展，机器的安全性和舒适性好，但价格较高。

辅助集材装备，主要是辅助集材工具或设施装备。便携式绞盘机，如图 6-13 所示，基于小型发动机（类似油锯）带动的小型集材设备，体积小、重量轻，便于携带，操作灵活，一个人就可以操作设备。操作员拉特制尼龙绳时，便携式绞盘机能输出2 吨左右的拉力，适用于少量困难木材的集材。集材滑道，利用木材自重，使其在具

图 6-12　全盘集材机

有适当坡度的槽道中，由山上向下滑运的集材方式，主要应用于人工采伐中的集材环节，在某些陡坡或者合适地形位置，尽量能够控制较大范围的木材(油锯打枝造材)，利用滑道转移到方便后续集材或者装载运输的位置。由于人工采伐逐步机械化，集材滑道未有发展就已消退。

图 6-13　便携式绞盘机

6.1.2.4　各类夹具及其应用

　　木材夹具就像一只手安装在机器上。不同类型的夹具，相当于不同的手形，适用于不同的作业条件，不同的夹具适用抓取不同的木材(如原条、原木)。根据夹具形态可分为抱夹、立夹、软夹、铲式集材专用夹等，如图6-14至图6-17所示。虽然木材夹具比较简单，价格不贵，兼容性较好(装载、集材可以切换)的优点，但还缺乏专业细分用途的夹具(如整条集材的夹具)，市场上较少。

図 6-14　立夹及其应用　　　　　图 6-15　软夹及其应用

　　(1)立　夹

　　与挖掘机臂连接处硬连接，可以受力，平常还可以用来简易修路越障通行。可兼用于装载和拉木集材，但装载效率不如抱夹。

　　(2)软　夹

　　与机臂连接处为悬挂状态，能够时刻保持水平垂直状态，适用于集材和装载，大楞堆装载效率高。

　　(3)抱　夹

　　操作较为灵活，可用于木材整理归堆和装载。

图 6-16　抱夹及其应用　　　　　图 6-17　铲式集材夹及其应用

（4）铲式集材专用夹

用于放倒木的集材归堆到路边或作业平台，夹子有灵活后跟，集材时顶住木材根部，适用于整条原木和放倒木集材。

6.1.2.5　木材剥皮技术装备

目前，木材剥皮技术装备主要有采伐机林地剥皮和到剥皮厂用剥皮机剥皮两种方式。

（1）采伐机剥皮

采伐机头带有剥皮刀具，具备剥皮功能，通常带有剥皮功能的采伐头给料滚轮齿牙排列是斜线排列的，给料时旋转木材利于充分剥皮（图6-18）。林地采伐机就地剥皮优势在于还枝丫、树皮于林地，减少生物质流失，节省转运费和装卸费。

（2）剥皮机

在剥皮厂安装的木材剥皮机，结构简单，通常与一台抓木机配套送料，通过电机带动设备的剥皮轴旋转进行剥皮（图6-19），需要宽敞的场地。根据客户需求配套剥皮机器的数量，增加剥皮产能。剥皮后木材会有一些损耗。

图6-18　采伐机剥皮作业　　　　图6-19　剥皮机作业

6.1.2.6　林区转运技术装备

在林区采伐作业中，由于林区道路条件多为非硬化道路，受雨水天气影响较大，木材运输不畅会导致木材腐烂品质变差。为解决这个问题，通常需要将林地木材转移到外面道路状态较好、具有临时中转站功能的楞场或平台。因此，需要底盘通行能力好的装备将木材转移出来。

6.1.2.7　木材装载与运输技术装备

（1）林地伐区内的木材运输

林地木材运输的特点是道路条件不佳，林地道路宽度较小，装载和运输空间狭窄；林地伐区主要为非硬化道路，受地形坡度、雨水天气影响较大，需要适用车型较小的农用车或者林地木材运输车来运输；装载多为挖掘机为底盘的履带式装载机，装载机夹具可为立夹、抱夹、软夹，在坡度条件较好的地方也有使用轮式装载机(南方一般装卸甘蔗用到)，这类机型吨位较小(6~8 吨)，在采伐作业平缓及道路坡度小的伐区也有采用，但装载能力较弱。

①履带式装载机加林地运输车。是南方林区最常用的运输装载模式，包括人工采伐的伐区。特点是楞堆相对较小和零散，沿路分布。

②卡车式抓木机加林地运输车。木材装卸设备安装在卡车上，集装卸和运输于一体，可同时帮助运输车队其他车辆装载，节省设备资源，但装载能力受限，较大的伐区一般不采用。

③软夹抓木机加林地运输车。在坡度较缓的山地，CTL 全机械采伐模式中集材机把木材集材至山顶大楞堆。道路通行条件较好的地方，一般采用装载能力较强的装卸专用软夹的装载机，运输装备可以是较大的林地木材运输车或者木材运输专用半挂车运输。

(2)林地伐区之外的装载运输

林地伐区之外的装载运输，包括木材临时中转站(小车换大车)。场地宽敞、道路通行条件好，使用的车辆是木材专用车型；能够上高速的长途运输，使用装载能力强的软夹木材装载机。木材中转站与贮木场，通常采用软夹抓木机与木材运输专用车；纸浆厂原料场通常采用德国森尼伯根装卸机与木材运输专用车，如图 6-20 至图 6-23 所示。

图 6-20　木材中转站

图 6-21　贮木场

图 6-22　纸浆厂原料场

图 6-23　伐区木材运输

6.1.2.8 后勤保障装备

后勤保障装备包括机械工具箱、油桶、采伐机专用拖车等，如图 6-24 所示。工具箱及油桶需要放置在机器容易到达的位置。

图 6-24 后勤保障装备

6.2 国外现状及发展趋势

6.2.1 国外木材生产装备现状

国外森林采伐机械装备起步早，尤其是北欧的芬兰、瑞典等国家，地广人稀，森林资源丰富，在森林机械装备上研发创新、生产和应用均处于国际领先地位，有多家知名森林采伐装备品牌，包括全球知名机械制造商如北美的 John Deere、日本的小松等，技术研发团队甚至生产制造厂都设在芬兰瑞典。20 世纪 60 年代联合采伐机研制成功，标志着森林机械采伐进入全新阶段。当然此时采伐机功能相对简单，这是工程机械必经的、在实践中不断更新迭代的过程。20 世纪 70 年代采伐机技术逐步趋于稳定。直到 21 世纪，技术不断成熟，与信息化、人工智能的融合应用，使采伐机械装备得到进一步完善。

国外木材生产装备经过不断发展，逐步形成了几个类型的森林采伐系统。

6.2.1.1 北欧全盘联合机械采伐

北欧全盘联合机械采伐(图 6-25)，属于原木作业采伐方式，在国外叫做定材长机械采伐方式，简称 CTL 采伐系统，国外也有称为 Harwarder 采伐模式，得名于采伐机(harvester)与集材机(forwarder)的结合造词。该采伐方式(系统)的特点是采伐机械按照客户的需求长度在林地完成采伐、打枝、造材、剥皮等工序环节，之后由集材机到林地进行集材到楞场，也可以完成短途运输至方便卡车运输的木材堆放点。采伐系统由采伐机和集材机组成，各自能独立进行作业，相互影响较小。

图 6-25　联合机械采伐

6.2.1.2　以伐倒木(或原条)为集材对象的采伐方式

该体系木材伐倒由油锯手完成，或者由其他伐木装备如伐木归堆机或者液压剪进行伐倒归束集材至路边或者作业平台，后续供采伐机或者其他造材设备进行打枝、剥皮、造材等工序作业。该体系的特点是因地制宜，选择较为灵活并适合山区地形、林型的特点，系统内的装备总价相对较低，一机多用，如集材机可配有绞盘装置，索道集材机可以作为抓木机(归堆、集材、装载功能)，提高机械装备利用率。该系统几个环节的装备作业环环相扣、相互影响，每个关节运作不畅都会影响下一环节作业运行。

6.2.1.3　巴西木材生产技术装备应用实例(VERACEL 公司)

巴西以优厚的光热水条件，拥有世界最大的桉树人工林生产基地。桉树的特点是生长快、轮伐期短，加上巴西特有的光水热条件，每公顷生长量可达 40 立方米/年，巴西地势平缓，加上桉树种植面积广袤连片，非常利于机械化采伐。北欧知名林企在巴西投资建厂，引进北欧先进采伐设备及技术，结合当地地形条件，形成一个典型的机械化程度非常高的实践案例。采伐成本极低，加上巴西属发展中国家(价格因素)，巴西的桉树木材价格极低，下探至每立方米 200 多元(离岸价)。巴西木材生产技术装备如图 6-26 所示。

因地势平缓，采伐装备不需要爬坡能力强的原装底盘，主要以价格低的挖掘机作为底盘，采用北欧成熟的采伐机头，森林广袤连片，能够持续生产作业，为避免机械故障停机，28 台采伐机配备 40 个采伐头，发生大故障时更换维修。装载夹具连接处安装有称重传感器，便于计量(按吨)；伐区地形平缓，三节挂车的木材运输车直达林地；集约化生产极大地降低生产运营成本。这些都是造就巴西林业机械化运用程度高和规模大的原因。

图 6-26　巴西木材生产技术装备

6.2.2　国外木材生产装备发展趋势

国外采运装备基本成熟定型，各项指标经过实践应用逐步更新优化，向成熟化、功能化和挑战化方向发展。成熟化，实践应用过程中更新迭代，增减配置，以适应实际需求，如增绞盘适应更陡地形，减延伸臂功能减少故障发生率，保障作业稳定性，减少运营成本。功能化，采伐机本身已经具有采伐信息采集与自动传输功能，另外还可加装其他信息化附属装置，如激光雷达等捕捉森林信息，喷除草剂装置，木材喷码装置实现木材识别、溯源等。挑战化，主要是挑战更陡峭更复杂的地形，从底盘上下功夫，克服地形限制。

6.3　国内发展历程及现状

我国是从事木材生产较早的国家，从《越绝书》叙述春秋末期越王勾践"初徒琅琊，使船卒二千八百人，伐松柏以为桴，故曰木客"，到《水经注》说"勾践使工人伐荣楯，欲以献吴，久不得归，工人忧思，作《木客吟》，后人因以名地"。由此可见，我国木材生产历史悠久。

6.3.1　东北林区木材生产及技术装备

远古时代的采伐装备无非都是人工所用的刀斧锯，这里不再赘述。新中国成立后，天然林资源保护工程之前，东北林区是整个国家木材生产的重要来源，那个时期东北林区的木材生产方式和装备，具有时代的烙印。从以前的大肚子锯到用上柳州生产的 51 油锯、85 高把油锯，到德国 STIHL 油锯，经历了油锯时代的更新迭代；在集材方式和装备上，J-50 集材机车可谓是立下汗马功劳，在山路狭窄的地方使用"马套子"拉木集材，装载方式是肩扛人抬，木材运输装备使用解放牌、东风牌木材运输卡车，窄轨火车运输木材到全国各地的繁忙景象，映射出当时的辉煌。如今，当年的功臣 J-50 集材机车，以及木材运输火车，已成为当地森林旅游景点及森林文化遗产。

J-50 集材机车和窄轨火车的应用，代表着当时我国森林工业发展的水平，而国外 20 世纪六七十年代就开始了全盘机械的研发生产和应用，开始真正意义的机械化采伐。当时东北林区未引进这些设备，主要原因是当时国内的经济发展水平还不能支撑这些价格高昂、维护费用高的机械装备；并且东北林区数十万林业工人要就业，靠伐区生产维持生计。随着 1998 年天然林资源保护工程启动，到 2015 年全面"停斧挂锯"，东北林区的森林工业发展戛然而止，林业采伐现代化的接力棒转移到了南方林区。

6.3.2　南方林区木材生产及技术装备

在天然资源保护工程之后，以广西为首的南方林区成为国内木材主要产区。20 世纪末，广西凭借雨热条件良好的区位优势，着力发展以桉树、松树、杉木为主的速生丰产用材林。广西以约占全国 5% 的林地，生产出占全国 40% 的木材，形成了"林浆纸"与旋切板、人造板于一体完善的林业产业化体系。凭借丰富的森林资源，21 世纪初吸引了北欧跨国林企在广西投资建厂，引进了北欧最先进的采伐设备采伐原料林。这两点是广西机械化采伐抢得先机的重要因素。

先进的采伐机械设备无论是在东北林区还是岭南林区，都遭遇了水土不服，具体原因有多种，诸如设备太昂贵、使用成本太高、当地地形太陡峭等。总的来说，可以概括为生产力水平与生产关系的矛盾。随后，国内铲式机械采伐系统应运而生。

铲式机械采伐系统最初是由 2 个油锯手、2 台抓木机、1 台采伐机组成，形成一套作业系统。采伐机是由普通的挖掘机配上北欧的采伐头改装而成，大幅度降低设备价格，作业过程采伐机不需要爬坡作业，由油锯手放倒树木顺坡滑下，抓木机集材归堆供给采伐机造材，突破陡峭地形的限制。这个模式因这两个优点得到市场广泛认可，在广西林业行业得到推广应用。从这个意义来说，铲式机械采伐系统大概就是国内机械化采伐的雏形，开启了南方工业原料林采伐现代化探索之路。

铲式机械采伐系统（SL）在国内的创新，对接了当地平台，即以挖掘机作为底盘，降低整机投资和设备维护成本，降低应用门槛；克服坡度限制，由于该系统不需要采伐机爬坡，利用木材重力势能下滑抓木机集材的特性，该系统在南方林区迅速发展，并促使本地知名机械制造商决心立项研究采伐机头。北京林业大学采伐机头国家项目研究也取得了阶段性的成果，如图 6-27 所示。

铲式机械采伐系统在广西的发展应用还带动了其他民间集材装备的应用。集材环节是林木采伐中困难最大的环节，智慧源于实践，勤劳的工人在实践当中摸索尝试，形成民间的集材绞盘机系列。

图 6-27　北京林业大学研制的采伐机头

铲式机械采伐模式(SL)带动当地林业采伐现代化发展。广西玉柴重工研制的采伐机头，如图 6-28 所示。广西人工林种植行业协会组织玉柴重工的采伐机械装备到七坡林场项目实践，期间开展机械采伐技术、安全和管理培训会，采伐效率和效果得到广泛认可。

图 6-28　广西玉柴重工研制的采伐机头

6.4 存在的问题及其原因

我国的林业机械装备发展十分落后，既有历史的原因，也有经济发展的原因，还有林业体制、政策等原因。

进入 21 世纪初，南方林区速生丰产商品林（特别是桉树）迅速发展。随着经济的发展，从事重体力的劳动力日益短缺，人工采伐成本上涨快，开始制约林业发展；人工采伐属于风险较高的作业，林业安全事故多发生在人工采伐的环节。对木材生产所需的机械装备需求显现，广西引进的北欧林企应用的机械化采伐也起到引导示范效应，配套的装备设施及操作技术人才、管理人才也有溢出效应。但这也仅是在该林企范围内发展，外溢一些机械采伐服务商到外界。作为国有体制的林业单位如林场，坐拥优质国有林地资源，把辛苦、危险的木材生产（采伐）转移到木材买家，没有内生动力突破壁垒、长远降低成本。因"卖青山"将林地化整为零，林地破碎化不利于机械采伐应用和发展，而木材经营商也不会因小块青山购买价格昂贵的机械装备。

木材生产是林业科学经营的一个重要环节。"绿水青山就是金山银山"，砍树并不是破坏生态（采伐指标已经解决乱砍滥伐），科学合理利用森林土地资源同样能促进生态文明建设，有利于增加林地对"双碳"目标的贡献率。德国就是一个例子，森林工业机械化程度高，森林资源越砍越多，森林单位面积蓄积量全球第一。支撑林业机械装备发展的政策不足，而农机如甘蔗机的财政补贴力度可达 50%~70%。

以上经济、历史、政策体制的原因，导致了林业机械装备的研发、生产、制造都落后，相关人才配套更是空白。近年来，南方机械厂商捕捉到商机，开始布局一些采伐机头等装备，但只是木材生产体系中的装备的一环，缺乏系统性的研发布局。没有好的国产装备，林农购买国外装备使用维护成本就高，应用少，反馈到市场是需求低。木材生产机械装备，有需求有应用才能有更好的发展。

6.5 发展面临的新形势

随着社会经济的发展，林业木材生产装备的机会逐步显现。

①刘易斯拐点出现，从事木材生产的重体力工人进一步短缺。

②国家储备林项目在全国各地持续开展，将会出现林地化零为整，集中化管理有利于林业机械化运作。

③南方林区产业化进一步加强，各大林业巨头纷纷进驻广西，木材生产将会进一步集中规模，集约化生产。

④东南亚许多国家所处的地理位置同属于光水热条件好的地带，近年来桉树等速

生丰产林发展迅猛，地形坡度比广西更加平缓，非常利于机械化作业。未来几年，东盟国家对我国的林业机械装备需求稳定增长，因为北欧的装备无论是价格或者服务，是这些国家负担不起的，还得看中国制造。

6.6 主要发展方向及重点领域

6.6.1 主要发展方向

6.6.1.1 系统化研发布局

木材生产是系统化工程，所需要的技术装备也需要系统化研究、开发、布局。

6.6.1.2 整合资源

目前，一些科研机构、机械制造厂商各自研发生产相同的产品，例如采伐头目前国内研发、制造或者模仿的就有 6 家，质量良莠不齐，资源得不到有效利用。

6.6.1.3 重视应用人才

产品研发的过程需要深入作业林区，离不开有运作经验和管理经验的人才，后续成果转换同样急需这类人才。

6.6.2 重点领域

林业机械化涉及营造林、采伐、运输等各个方面，但其发展首先会在最为费力、人工不愿从事的工序上取得突破，例如木材生产中的采伐、集材等体力重活，采用小型分布式作业、运输装备之后才会多点开花，在更广泛领域逐步替代人工。同时随着技术装备如新的刀具、传感器技术的进步，采伐、造材、打枝等技术过程中的装备面貌将会发生较大变化。集群装备和分布式处理将会再次出现在现代化林业采伐过程中。随着林业信息化技术的不断成熟，主作业装备可以实现人和遥控技术的结合，配合作业管理和林分经营技术等实现智能化林业装备的跨越式发展。木材生产的采伐机械化是有望率先实现突破的领域。

6.6.2.1 采伐机

目前，国内仅是在采伐机头上有所行动，采用挖掘机作为底盘，但这毕竟不是真正意义上的采伐机，急需研发专用底盘。

6.6.2.2 解决拉山集材瓶颈的装备

目前，市场采用伸缩臂抓木机集材是一个解决方案，但需要依托密集的林道配合，使用受限，急需其他集材设备及林地集材转运车的研发、制造。

6.6.2.3 信息化装备

外国的采伐机信息化程度高，可实现原木材长、体积测量，特别是木材方数的实时测量，作为木材资产的重要数据，在管理上意义很大。

参考文献

[1]王立海．木材生产技术与管理[M]．北京：中国财政经济出版社，2001.
[2]陈俊汕，余东威．南方工业原料林采伐现代化探索[J]．中国林业，2020(8)：118-124.

第7章 ▎木材加工装备

木材加工装备是衡量木材工业发展水平的重要标志。随着经济的发展和科学技术的进步，新技术、新材料、新工艺不断涌现，木材加工装备及技术的创新与应用，使世界各国木工机械行业形成了研发、生产与应用有机结合的可持续发展模式。在全世界碳中和的背景下，森林资源尤为紧张，高品质原材料的短缺已成为制约木材工业发展的主要因素，因而提高木材加工装备加工精度、木材资源利用率，发展可再生清洁能源节能减排加工系统，实现木材加工装备制造全过程的柔性化、智能化、信息化和集成化，已成为木材加工机械制造业的发展趋势，并且在未来 10 ~ 15 年将是木材加工装备及技术的主要发展方向[1]。

7.1 定义与分类

7.1.1 定 义

木材加工装备是指从原木锯解到加工成木构件、木制品、木质复合材料的过程中所使用的各种机械、设备的总称，俗称木工机械。通常采用锯切、切削、磨削、钻孔、喷涂、热压成型、高温处理等加工方法，使被加工材料达到所需的几何形状、规格、含水率及表面质量等要求[2]。随着近年来木材加工装备的发展，人造板机械和家具机械有从木工机械家族分离出去的趋势，但从某种意义上来说同属于木工机械的范畴[3]。

7.1.2 分 类

7.1.2.1 按工作原理分类

木工机械按其产品的工作原理、结构性能特点可分为木工锯机、木工刨床、木工铣床、木工钻床、木工榫槽机、木工车床、木工磨光机、木工联合机、木工接合组装和涂布机、木工辅机、木工手提机、木工多工序机床和其他木工机床等 13 类[2]。

(1) 木工锯机

木工锯机是一种使用带齿的锯片(条)或有齿的链,将木材、人造板及类似材料加工成所要求的几何形状、尺寸精度和表面质量的机械设备[4]。木工锯机是进行木材加工的主要机械设备,可改善劳动条件、提高劳动生产率和产品质量。按锯具类型的不同,主要分为带锯机、框锯机和圆锯机[5]。

①带锯机。木工带锯机由机体、上下锯轮、锯条张紧装置、导向装置等四大部分组成。带有跑车的带锯机,其跑车由车盘、车桩、摇齿机构及行走机构组成。带锯机的机体是由床身、底座两部分组成,机体用来支承上下锯轮、带锯条导向装置及其他组件[6]。在带锯机工作时,上下锯轮高速旋转会产生强烈的振动,直接影响锯割加工质量,所以机体的底座部分体积大、重量重,以降低整个锯机重心,使锯机在锯割过程中减少振动,保持稳定。

②框锯机。木工框锯机是框锯制材的主要设备,主要用于将原木或毛方锯解成方材或板材,主要由床身、传动机构、锯框运动机构、木料进给机构、操纵机械和附属机构六大部分组成。属于周期性运动的锯机,多根锯条安装在锯框内随锯框在导轨上做往复运动,把进给的木材纵向剖开。主要用途是将原木或毛方一次锯割成多块板材或方材。木工框锯机的主要优点:生产效率高,一次进给加工能锯得多条板材或方材;自动化程度较高,锯条刚性要求较高,锯得的板面质量较好;对操作工的要求低于木工带锯机。木工框锯机的主要缺点:所用锯条较厚,锯路损失大,出材率低于木工带锯机;做直线往复运动,有空行程损失,且换向时惯性较大,限制切削速度的提高;由于木工框锯机是群锯法制材,故在控制原木缺陷对锯材质量的影响方面不如木工带锯机灵活。

③圆锯机。木工圆锯机结构简单、效率较高、种类众多、应用广泛,是木材加工装备中最基本的设备之一。按照切削刀具的加工特征,可分为纵锯圆锯机、横截圆锯机和万能圆锯机;按工艺用途,可分为锯解原木圆锯机、再剖板材圆锯机和裁边圆锯机;按照安装锯片数量,可分为单锯片、双锯片和多锯片圆锯机。在实际的生产实践中,手工进给纵锯圆锯机和精密裁板锯使用较为广泛。手工进给纵锯圆锯机主要用于对木材进行纵向锯解,锯机结构简单、制造方便,适用于小型企业或小批量的生产[7]。而精密裁板锯是人造板及实木家具生产线的重要设备,由床身、固定工作台、移动工作台、切削机构、导向装置、防护和吸尘装置等组成,主要用于对胶合板、刨花板、纤维板、贴面板、细木工板、拼接实木板及塑料板等进行纵剖、横截或成角度锯切加工,以获得尺寸成规格的板件。

（2）木工刨床

木工刨床是一种利用旋转或固定刨刀对木料的平面或成形面进行加工的机械设备。按照不同的工艺用途，木工刨床可分为平刨床、单面压刨床、双面刨床、三面刨床、四面刨床和精光刨床等[8]。

①木工平刨床。木工平刨床用来刨削工件（板材）的一个基准面。电动机驱动刨刀轴高速旋转，手工或自动进料机构按压工件沿导板紧贴前工作台向刨刀轴进给。前工作台低于后工作台，高度可调，其高度差即为刨削层厚度。调整导板可改变工件的加工宽度和角度。平刨床主要用于板材的拼合面的加工[9]。

②单面木工压刨床。木工压刨床用于刨削板材和方材，以获得设定的厚度，是一种定厚加工方式。单面木工压刨床的刨刀轴作旋转的切削运动，位于木料上下的四个滚筒使木料作进给运动，沿着工作台通过刀轴。

③双面木工刨床。双面木工刨床由两个刀轴同时加工，按刀轴布置方式的不同，可刨削工件的相对两面或相邻两面。

④三面木工刨床。三面木工刨床利用三个刀轴同时刨光工件的三个面。

⑤四面木工刨床。四面木工刨床利用4~8根刀轴同时刨光工件的四个面，并可完成预铣、开槽等工作，生产率较高，适用于大批量生产。

⑥木工精光刨床。木工精光刨床的固定刨刀片装在工作台中部，板料高速通过刀具，将前道工序留下的波浪形刀痕等表面缺陷刮去，使其光滑平直，精光刨床适用于木料平面的最后精加工。

（3）木工铣床

木工铣床是一种用高速旋转的铣刀（木工刀具）将木料开槽、开榫和加工出成形面等的木工机床，主要用于对零部件进行曲线外部轮廓或平面的加工。安装不同的刀具还可以进行锯切、开榫、打眼和仿形雕刻等[10]。

由于不同类型和形状的零件其加工要求是不同的，所以铣床的类型也很多。按进给方式的不同，可分为手动进给和机械进给两种；按主轴数目的不同，分为单轴和多轴铣床；按主轴布局可分为上轴铣床和下轴铣床，或立式和卧式铣床；按用途可分为通用、仿形、多面、接口铣床；按控制方式可分为手动、自动、数控等类型。其中，立式单轴木工铣床主要是由床身、固定工作台、活动工作台、主轴部件等组成。床身是用铸铁制成的整体箱式结构，床身内部布置了数条筋板，以保证足够的刚度和强度；固定工作台则通过螺栓和可以调节的支承套紧固在床身上，工件固定在工作台上，电动机经V带带动主轴，主轴由两个止推轴承支承的轴套内，调整手柄可使主轴准确地处于垂直位置，可调节主轴在偏斜垂直位置0°~45°内的任意位置，转动手轮可以使轴套带着主轴升降，当其降至规定位置后，铣刀与工件接触进行铣削加工，主轴上端的锥孔内装有刀头，刀头上端可根据需要装入工作台上的悬臂支架内；活动工作台在托架的支承下，可沿圆柱导轨水平移动，以便加工榫头和零件端面。活动工作台上还装有水平液压压紧器、偏心垂直夹紧器、靠板和限位器。为便于装卸刀具，可通过制动手柄使主轴固定[11]。

目前，随着数控设备成本的下降，木工机械数控化已得到普及。中国的木工铣床行业从数控技术的普及入手，逐步向成套化、数控化、高端化和大型化方向发展[12]。

(4) 木工钻床

木工钻床是一种利用钻头在木料上加工通孔或盲孔的机械设备，主要用于木料钻孔、加工圆榫孔和修补节疤等工作，特殊场合下，更换刀具，可进行扩孔、锪孔、铰孔或攻丝等加工。木工钻床的机床主要由床身、立柱、底座、机头、工作台升降机构和主轴操纵机构等零部件组成，加工时将刀具中心对正孔中心，钻头旋转为主运动，钻头轴向移动为进给运动，工件通常固定在工作台上完成加工[13]。

木工钻床的类型较多，按主轴的位置分类，可分为立式钻床、卧式钻床和组合钻床；按主轴的数目分类，可分为单轴钻床和多轴钻床；按控制方式分类，可分为手动钻床、半自动钻床、自动钻床和数控钻床[14]。

(5) 木工榫槽机

木工榫槽机是一类利用凿刀槽链或镂铣刀对工件进行非圆柱形孔加工的木工机床，且全部进给运动都在一个平面上进行，主要用于制作各种榫眼、打孔等。常见的木工榫槽机有摆动式榫槽机、链式榫槽机和普通榫槽机。

①摆动式榫槽机，包括卧式摆动榫槽机及卧式双轴榫槽机。

②链式榫槽机，包括立式单轴链式榫槽机、立式多轴链式榫槽机、卧式多轴链式榫槽机。

③普通榫槽机，包括卧式单轴榫槽机、卧式多轴榫槽机、长槽榫槽机、立式单轴榫槽机、立式多轴榫槽机、台式单轴榫槽机。

目前，国产数控榫槽机主要有双排数控榫槽机床、双排四轴榫槽机床和双排五轴数控榫槽加工机床等，设备操作简单，条状类工件榫槽只需要简单对刀、录入槽参数即可自动生成加工代码，完成加工；同时，可加工的范围也更广泛，适用加工不同类别的榫槽，如腰圆榫、圆榫、圆弧榫、样条榫，最大的优点是可不停机进行工件装夹，不间断生产，生产效率高。

(6) 木工车床

木工车床是一种用于加工木料外圆、内孔、端面、锥面、切槽等粗、精车削加工的机械设备，主要由床身、尾架、刀架、床头箱、主轴、卡盘、电机、变速传动装置等组成，可分为普通木工车床、仿形木工车床和数控木工车床等。

普通木工车床工件装夹在卡盘内，或支承在主轴及尾架两顶尖之间做旋转运动。车刀装在刀架上，由溜板箱带动做纵向或横向进给运动。普通木工车床用于车削外圆、车削端面、切槽和镗孔等。

仿形木工车床靠模与工件平行安装，靠模可固定不动或与工件同向等速旋转。刀具由靠模控制做横向进给，由刀架带动做纵向进给。仿形木工机床有立式和卧式、单轴和多轴之分。仿形木工车床用于加工家具的香炉腿、步枪枪托等复杂外形面。

数控木工车床应用数控系统控制不同车刀（横坯刀和竖坯刀）的运行轨迹，仅须将产品的形状、尺寸等参数输入数控系统中，无须更换车刀，无须频繁调试，即可按照设计要求自动加工木料。与传统木工车床相比，数控车床具有自动送料、采用通用车刀加工、车刀运行轨迹自动控制、工件的加工尺寸可预设等优点，在提高产品加工精度的同时，克服了传统木工车床手动单条装料、不同规格产品须制作仿行刀具、频繁调试等缺陷，能更好地满足市场发展需求。

(7) 木工磨光机

木工磨光机是一种用辊轮带动环形砂带高速回转，对工件进行表面砂光或抛光的机械设备。通过不同的配置，木工磨光机可对实木板材、木质和非木质人造板等进行表面砂光或抛光。木工磨光机通常称为木工砂光机。

按照砂光机的主要用途，可分为纤维板砂光机、刨花板砂光机、胶合板砂光机、实木砂光机、漆面砂光机等；按照砂光机的加工幅面，可分为 4 英尺砂光机（1 英尺 = 30.48 厘米）、5 英尺砂光机、6 英尺砂光机、8 英尺砂光机等；按照砂架的布置形式，可分为单面上砂架砂光机、单面下砂架砂光机、双面砂光机；按照送料方式，可分为输送带式送料砂光机、辊式送料砂光机[15]。

砂光机的主要部件有机体、砂架、送料装置、升降装置、压料装置、动力装置、刷辊装置、气动部分和电气控制部分等。以输送带送料的单面上砂架砂光机为例，各部分主要功能：①机体。机体是砂光机的框架，以足够的刚度和强度保证机器工作精度的稳定性和可靠性。②砂架。砂架分为辊式纵向砂架、压垫式纵向砂架、组合式纵向砂架、横向砂架等，是砂光机的砂削部件。每个砂架上套着一条用于砂削的砂带。③送料装置。送料装置分为输送带式送料和辊式送料两种结构。主要是将工件送入砂光机进行砂削，砂削后送出砂光机。④升降装置。分为送料台升降和砂架升降两种结构，用于砂削不同厚度板材时进行调整。送料台升降是基于砂架到地面的高度固定不变，通过升降送料台的高度来适应不同厚度板材的砂削，适合在生产线上使用。⑤压料装置。通常是由一组压辊组成，用于将工件压紧在工作台上或送料主动辊上，防止工件在砂削时产生滑动。⑥动力装置。通常是由电机或减速机经传动带或联轴器将动力传给砂架，给砂架提供动力。⑦刷辊装置。由电机带动毛刷辊将板面的粉尘扫除，再由吸尘系统将粉尘吸走，从而清除板面的粉尘。⑧气动部分。砂光机中使用压缩空气驱动砂带摆动、砂带张紧、输送带调偏、刹车的装置。⑨电气控制部分。砂光机各个部分的动作都由电气件进行控制。

(8) 木工联合机

木工联合机通常指以通用部件为基础，配以按工件特定形状和加工工艺设计的专用部件和夹具组成的半自动或自动专用机床。主要包括平刨床联合机、平压刨床联合机、锯机联合机。

由于木工联合机是由几种木工机床组合而成的，所以每当改变加工工序时，仍需手工辅助木工机床，机床结构取决于所集中工序的性质。木工联合机床主要特点：单台机床可按工艺要求完成多工序的各种加工；一机多用，结构布局紧凑、相对制造成本较低；适用性强、体积小、消耗功能小，可使用民用电；拆装组合方便，能保证各个工序加工不发生干扰；用途广泛，但生产效率较低。

(9) 木工接合组装和涂布机

木工接合组装和涂布机是一类对已加工的工件进行相互接合、组装和涂布上涂料的木工机床，主要包括胶拼机、装配机、木工压机、覆膜类机、钉钉机及五金类装入机、涂胶机、涂漆机、腻子机等。

(10) 木工辅机

木工辅机指应用于木材加工工业的辅助机床和装置，主要包括磨锯机、刃磨机、圆锯片修整机、锯条修整机、起重、输送、回转装置、进给装置、其他辅机和辅助装置。

(11) 木工手提机

木工手提机泛指内置动力的便携式木工机械设备。由于简化了木工机床的结构，木工手提机更为便携，它适用于个体用户进行单件、小规格木制品的锯、刨、铣、钻及砂光和封边等加工制作，在装修业、模型制造业等行业的应用极其广泛[16]。对于门、窗、家具制作中的平面、斜面、弧面、槽型等加工，只需配以适当的辅助工具即可完成[17]。

木工手提机主要包括手提式锯机，手提刨机，手提式成型铣、镂铣机，手提榫槽、钻孔机，手提式磨光、抛光机，手提式连接机，手提式涂胶机七类。其中，手提式锯机包括手提式往复锯机、手提式圆锯机、手提式带锯机、手提式链锯机四类；手提式磨光、抛光机包括手提振动式磨光机、手提盘式磨光机、手提带式磨光机三类；手提式连接机包括手提式钉钉机、手提式压钉机、手提式射榫机三类；手提式涂胶机包括手提式涂胶枪、手提式喷胶枪两类。

（12）木工多工序机床

木工多工序机床是指在一次进给过程中实现多个工序加工的机床。木工多工序机床主要包括原木加工多工序机床、直榫开榫机、圆榫加工机、五金件位置加工机、封边机、机加工与涂胶接合多工序机、机加工与紧固件接合多工序机等。其中，原木加工多工序机床包括带有附加工序框锯机、带有附加工序带锯机、带有附加工序圆锯机三类；直榫开榫机包括单头直榫开榫机、双头直榫开榫机两类；圆榫加工机包括圆榫开榫机、多工序圆榫钻床、单面多工序圆榫连接机、双面多工序圆榫连接机、圆榫制榫装榫机五类；封边机包括单面直线封边机、双面直线封边机、曲直线封边机、曲面封边机、后成型封边机五类；机加工与涂胶接合多工序机包括指形接合机、梳齿榫接合机、单板纵向接合机三类。木工多工序机床可以在家具及木制品零部件生产中，通过对工件一次装夹实现多个工序（锯、刨、铣等工序）的加工，主要类型包括木工开榫机及木工封边机两类。

①木工开榫机。按照榫头加工类型的不同，木工开榫机可分为木框榫开榫机、箱接榫开榫机、梳齿榫开榫机、圆弧榫开榫机等；按进给方式的不同，分为手工进给开榫机、机械进给开榫机；按同时开榫加工面的不同，分为单面开榫机、双面开榫机。国家标准《木工机床 型号编制方法》（GB/T 12448—2010）根据榫头形状和加工方式不同，把采用多工序加工的开榫机归入铣床类和多工序机类。

②木工封边机。木工封边机是用刨切单板、浸渍纸层压条或塑料薄膜（PVC）等封边材料，将板式家具部件边缘封贴起来的加工设备，有时也可以用薄板条、各种染色薄木（单板）、塑料条、浸渍纸封边条，以及金属封边条等封边。木工封边机能完成直面式异形封边中的输送、涂胶、切断、前后齐头、上下修边、上下精修边、上下刮边、抛光等诸多工序。板件和封边材料进给、封边条预切断、涂胶、压合、前后锯切齐头、上下铣边等具有自动完成封边基本功能，也可在后续位置上配置布轮抛光、精细修边、带式砂光、刮光和多用铣刀等不同选配的其他工序，满足产品类型及其加工工艺的要求。

木工封边机分为周期式封边机和连续通过式封边机。周期式封边机，结构简单、投资少、手工操作多、生产率低，主要适用于中、小型家具生产企业，封边部件的装卸和封边后的修整作业均采用手工操作。连续通过式封边机，采用机械化、自动化、连续化封边技术，采用多工位联合机床排列，并可排入部件加工自动线，是得到广泛应用的封边设备。

（13）其他木工机床

其他木工机床包括剥皮机、削片机、劈木机、旋切机、变形机在内的有其他用途的木工机床。

7.1.2.2　按作业场景分类

实际生产中，木材加工装备按作业场景可分为制材机械、家具机械和木地板机械等[18]。

（1）制材机械

制材工业是木材工业的重要组成部分。制材机械是把原木加工成板材、方材等锯材的机械设备，主要包括带锯机、框锯机、圆锯机、铣锯机组等。为了提高锯材和工艺木片的生产效率和经济效益，简化制材工艺流程、缩减车间面积、提高木材的综合利用率，铣锯机组应运而生。铣锯机组可以同时完成铣削和锯切的工作，铣床部分可以进行木材的平面、曲面、凹凸不平的加工，而锯床部分则可以进行木材的切割。铣锯机组被广泛应用于家具制造、建筑装饰、木门制造等领域。铣锯机组有铣锯联合机、削片制方机等。随着数控技术的发展，铣锯机的自动化程度也在不断提高，可实现数控自动送料、多轴联动、圆角精确加工等，提高了加工精度，减少了工人劳动强度与操作的危险系数[19]。

（2）家具机械

近年来，中国家具行业不断洗牌，行业进入有序发展阶段，规模以上企业不断增长。2021 年中国家具行业产量为 111993.72 万件，同比增长 14.0%。中国家具制造业发展对木工机械的需求形成巨大的市场。20 世纪 70 年代之前，实木家具主要为框式结构，所用机械多为通用木工机床，常用的有细木工带锯机、圆锯机、木工刨床、木工铣床、木工车床、开榫机、榫槽机、圆棒机、木工钻床、砂光机等。框式家具榫眼多，结构工艺繁琐，费工费料，不便组织机械化、自动化生产。而板式家具由各种板材通过连接件相互连接而成，不仅简化了结构和加工工艺，而且容易实现加工、涂饰的机械化和自动化生产。板式家具制造业逐步开始从大批量向大规模定制化生产模式转化，更为智能化、通用化的木工机械便愈发重要[20]。板式家具机械主要有裁板锯、异型封边机、多轴排钻床等[18]。

（3）木地板机械

木地板分为实木地板、实木复合地板、实木集成地板、运动木地板和竹木复合地板等[21]，地板种类不同其所用设备也不同。生产实木地板主要有多片圆锯机、平刨床、四面刨、双端开榫机、砂光机，对于嵌地板还有镶嵌机，镶绳拼接后再对其进行涂饰。其中，最主要的是四面刨和双端开榫机，地板的尺寸公差和铺装质量取决于这两道工序的加工质量，所以对设备和刀具精度要求较高。实木复合地板主要用于家装，它具有天然的色泽纹理，对室内环境有良好的调节性，兼顾了强化地板的稳定性与实木地板的美观性，是绿色环保的装修材料[22]；据中国林产工业协会不完全统计，2021 年中国具有一定规模的地板企业共销售实木复合地板 14770 万立方米，同比增长 7.03%[23]；加工设备主要有面板加工设备、芯条加工设备、底板加工设备、压贴设备、裁板开榫设备和涂饰设备等。

7.2 国外现状及发展趋势

7.2.1 现　状

从全球木材加工装备市场来看，欧盟是最大的木材加工装备进口区域，其次是亚洲。出口木材加工装备的国家主要包括德国、意大利、中国和日本。欧洲木工机械工业水平在世界居领先地位，德国、意大利垄断高端产品市场，木材加工装备行业巨头有德国豪迈（HOMAG）、意大利比雅斯（BIESEE）、意大利 SCM、德国 IMA 集团等。

欧洲是木材加工装备行业所占市场份额最大的地区，近年来随着市场向新兴工业国家转移，欧洲市场份额呈现下降趋势。德国、意大利处于木材加工装备行业领先地位，占据了世界前五大木材加工装备制造企业。而德国木材加工装备的最大特点是销售全球化和数控信息化高档产品。世界五大木材加工装备制造企业有三家在德国（豪迈、威力和 IMA），销售网点遍及全世界。德国木材加工装备的总体特点是大型化、高速化、自动化。意大利木材加工装备制造业重视高新技术的发展与应用，能够较好与国际需求相接轨，其产品质量高，可提供各种技术方案来满足顾客的需求，提供售前咨询和培训，售后服务完善，销售网络覆盖面广。美国国内木材加工装备需求量大、产量较小，国产机械供不应求，所以市场开发以美国国内市场为主，出口量少。美国木材加工装备产品其产量、产值不如德国和意大利，但其加工精度数控普及率、技术性能、噪音指标都比中国的产品高出一定的档次，甚至超过德国。

7.2.2 趋　势

随着科学技术的进步、新材料的开发、木材加工工艺的深化，世界木材加工装备及技术取得了巨大的进步。木材加工机械的设备专业分工变得更加精细；数字化、智能化、自动化、柔性化程度不断提高；机器人技术的应用越来越广泛；行业内环保、节能、高效成为主流；整个产业朝着集群化、规模化发展。

木材加工装备要求加工精度高，切削效果好，且动态稳定性高，易于安装调试，在现代化、自动化、机电仪一体化和连续化生产方面迈入了一个新阶段[24]，在生产和贸易方面均属有活力、有成效的工业领域。据统计，从木材加工机械产值、出口贸易额、产品的技术水平及国际专利数量来看，德国、意大利、美国、日本等国家居世界领先地位。为加强竞争能力，上述国家成立了各种联合公司，有些还组成跨国公司。各国的行业协会，在集团公司之间协调产品品种，配备有规划、设计、生产制造、销售和售后服务、技术开发、技术培训等多个部门，以加强短、中、长期的技术研究和开发工作。在产品开发方面通常采取多品种、多规格、多层次的发展方针，发展趋势如下。

7.2.2.1　数控化和智能化

数控化和智能化是当前木工机械行业的主要发展趋势之一。随着机器人技术、人工智能技术和计算机数控技术的不断发展成熟，机电液一体化的木工机械比重越来越大，计算机控制的二坐标、三坐标单轴镂铣机、多主轴镂铣机在日本(平安、庄田株式会社)已形成系列产品[25]。德国、意大利也有不同型号的数控加工产品。意大利(马比德里公司)生产的计算机数控木材加工中心，可用不同语言、不同方式输入程序，以尽可能快且有效地完成工作；其微处理和数控可编程逻辑控制器能保证很高的运作速度，在程序运行中，可随时修改程序并监督全过程运行情况；控制装置可对三个坐标同时进行直线、圆形和螺旋形运动控制。数控钻床、榫槽机、开榫机、封边机、砂光机、木材干燥设备等在很多国家均已开发成功[26]。同时，许多国外木工机械企业开始将人工智能技术应用于生产流程中。例如，德国豪迈(HOMAG)公司近年就研发出了可以自主识别木材形状、自动调整加工参数的木材智能加工机器人，大大提高了生产效率和加工精度。意大利的比雅斯(BIESSE)公司也推出了一款基于物联网技术的数字化生产管理系统，可以对生产流程进行全面的监控和管理，提高了生产效率和质量。

7.2.2.2　绿色化和低碳化

绿色低碳可持续发展是当前木工机械行业的另一个重要发展趋势。随着环保意识的不断提高以及政府对环境保护和治理的重视，许多国外木工机械企业开始注重绿色环保和可持续发展。例如，瑞典的 HOLTEC 公司研发出了一种基于环保原材料的生物质加工机器，可以实现对木材的高效加工，同时减少对环境的污染。

7.2.2.3　功能化和定制化

多功能化和定制化也是当前木工机械行业的一个发展趋势。随着市场需求的不断变化和个性化需求的不断增加，许多国外木工机械企业开始推出多功能化和定制化的机器，以满足客户的不同需求。例如，意大利的 SCM 公司推出了一款可定制木产品的五轴数控加工中心，可以实现对不同形状和尺寸的木材进行高效加工，同时满足客户个性化的需求。

7.2.2.4　柔性化和实用化

在继续发展适应大批量、少品种木材加工生产的单机或几台设备组成的联动线、自动线上，加强电子计算机控制、管理和监测的同时，国外还重视发展适用于小批量、多品种木材加工生产的电脑控制单机或数控木材加工中心(机组)[27]。后者也称为柔性加工系统，特点是有很好的加工灵活性，可重新组装和快速自动调整。在自动加工中心的基础上，进一步小型化、廉价化，又可发展一种称为柔性加工单元的数控加工设备，它可单独使用，也可用于组成柔性加工系统[28]。

7.2.2.5　创新化和多元化

以科技创新引领制造业发展，大力推进装备制造业与电子信息产业的深度交叉融合，推动产品创新化和多元化。比如木工刀具，随着科学技术的进步和对木材切削理论及刀具的深入研究，新材料、新刀具不断出现，制造精度和标准要求越来越高；鉴于刨花板、中密度纤维板、硬质纤维板及木质复合板材料的加工特性，原有刀具在硬度、韧性、耐磨性等方面已不能满足要求，针对这一方面，国外已相继研制成功超耐热硬质合金刀具、陶瓷刀具、立方氮化硼刀具以及烧结金刚石刀具等。激光加工机已进入工业应用阶段，日本激光加工机已批量生产，无接触切削加工，不产生噪声、粉尘和振动，可加工在普通机床上难以加工的复杂形状，具有广阔的应用前景[29]。

7.3　国内发展历程及现状

中国木工技术装备的发展有着悠久的历史，木工技术装备水平虽然不高，但是并没有制约相关产业的发展。中国的家具产量居世界领先，人造板产量居世界第一。中国要想由木材工业生产的大国变成强国，就必须提高木材加工技术装备的水平和竞争力。

7.3.1　发展历程

普通木材加工装备，最早应用是 1865 年李鸿章在上海创立的江南制造总局，从国外引进了木工锯机，加工造船用的木板。后来，帝国主义列强先后又在中国建立了上海怡和制材厂、哈尔滨中东铁路制材厂、抚顺制材公司等众多利用木工机械的企业。华人创办了上海久记木厂等木材加工企业，但规模都较小。新中国成立前几乎没有自己的木工机械制造业，大部分机床依靠进口。1949 年后，木工机床制造业得到了飞速发展，从仿制、测绘发展到独立设计制造木工机床。

20 世纪 50 年代，木材加工工业有了一定的发展，对木工机械产品的需求不断加大。为满足国民经济建设的需要，建立了一批以生产木工机械产品为主的企业，如沈阳市带锯机床厂、青岛木工机械厂、邵武木工机床厂等。1958 年，经国务院科学规划委员会批准，林业部成立了中国林业科学研究院制材工业研究所、林业部林业机械化研究所、林业部林产工业设计院。当时中国生产的木工机械产品，基本上是仿造苏联和日本的产品。

20 世纪 70 年代末至 80 年代末是中国木工机械制造行业的黄金时代，有相当一部分新建的企业或老企业开始生产木工机械产品，如哈尔滨林业机械厂、平度人造板机械厂、四川东华机械厂、大连红旗机械厂、威海市鲁东机械厂、牡丹江第二轻工机械厂、苏州林业机械厂等。青岛木工机械厂研制出数控齿榫开榫机，开始在木工机械领域应用数控技术。与此同时，国家为了加强木工机械行业标准化与质量管理工作，先后成立了全国人造板机械标准化技术委员会和全国木工机床与刀具标准化技术委员会。林业部、机电部、轻工部也先后在哈尔滨、福州、长春建立了相应的质量监督检验测试机构。为了加强行业内各企业、事业单位的联系，加强行业管理，先后成立了机械部木工机床科技情报网、全国林业机械科技情报网、全国人造板设备和木工机械技术情报中心等。

20 世纪 90 年代，中国木工机械制造业进入了一个新的历史阶段——数控木工机械在中国的快速发展。木工机械制造业已经形成了国有、集体、民营、股份等多种所有制形式。这些历史性的转变，有力地促进了木工机械制造业的发展，顺德市伦教镇在不到十年的时间就发展了四五十家生产木工机械产品的民营企业。全国各地陆续有近百家民营企业诞生，生产的木工机械产品在生产技术、产量和产品结构上都发生了令人瞩目的变化，为中国木工机械制造业的发展和振兴作出了不可磨灭的贡献。中国木工机械制造业已逐渐向集团化、大型化、区域化方向发展。

进入 21 世纪，中国木工机械行业实现了快速的发展。在国家政策和市场需求的推动下，国内木工机械企业加快了技术创新和产品升级，不断推出符合市场需求和国际标准的高品质机器。2011 年，中国木工机械出口额首次突破 10 亿美元，成为全球最大的出口国之一，国内木工机械企业的营业收入也超过了 100 亿元。此后，国内木工机械行业的发展一直保持着快速增长的态势。一方面，随着木工机械行业的快速发展，国内企业的技术水平和创新能力也不断提高。例如，2016 年，广东嘉盛机械股份有限公司开发出了数字控制四轴木雕机，实现了木雕加工自动化。2019 年，深圳市瑞奇数控机械有限公司推出了 5 轴数控立体雕刻机，实现了在不同角度上的精准加工。另一方面，国内木工机械行业的市场需求也在不断增长。随着人们生活水平的提高，家具、装修等需求逐渐增多，木工机械的应用范围也在不断扩大。例如，近年来，国内的激光切割机、计算机数字控制（CNC）加工中心等高精度木工机械广泛应用于家具、建材等领域，提高了木工制品的质量和生产效率。

7.3.2　总体现状

中国木材加工装备行业经过七十多年的快速发展，建立了从研究、开发、生产到销售的完整体系，尤其是抓住了改革开放和加入世界贸易组织的机遇期，已经跃居全球第一大木工装备制造国。2006—2015 年是中国木材加工装备行业快速发展时期，2008 年和 2012 年行业产值分别超过意大利和德国，年总产值达 300 亿元左右。在国内，中低端市场自给自足，高端产品需要进口；国际市场，美国和德国是最大的出口市场，并且在中低端市场占据主导地位。截至 2018 年，中国约有 1200 家木工装备生产企业，形成规模的约有 140 家，重点培养工程科技人员超过 6000 人，中国木工装备产品技术水平与国外同类产品的差距逐渐缩小，靠性价比优势完全可以与国外产品竞争，除了像中国福马机械集团有限公司、苏州苏福马机械有限公司、镇江中福马机械有限公司、山东百圣源集团有限公司等国营企业外，一大批民营企业迅速崛起，成为不可或缺的行业中坚力量，如南通跃通数控设备有限公司、山东旋金机械有限公司、青岛豪中豪木工机械有限责任公司、临沂市新天力机械有限公司、苏州市华翔木业机械有限公司、南兴装备股份有限公司、广州弘亚数控机械股份有限公司、佛山新马木工机械设备有限公司、四川省青城机械有限公司、山东工友集团股份有限公司、广东威德力机械实业股份有限公司等[30]。

当前木工机械行业经过世界各国两百多年的不断改进、完善、提高，已发展成为具有 120 多个系列 4000 多种产品的门类齐全、年产值超 100 亿美元的制造行业。中国也早已成为机械制造大国，但要想成为强国，仍需要一批高新技术标准和符合中国技术要求的国际标准作为支撑。在当前中国这样的经济环境下，木工机械行业必须加强自身的标准建设，以适应和满足经济发展的需求。

现代中国木工机械企业，顺应改革开放社会化大生产的潮流，在分工与合作的市场环境中，专注并细耕具有优势的市场领域，不断打磨和增强自身的核心竞争力。同时，在与国际市场日益紧密的合作中，坚持走出去、引进来，吸收国外先进技术，用信息化改造传统产业，使之优化升级；以科学研究为先导，加强基础理论研究，促进木工机械制造业科技进步，产品不断更新换代，开发具有独立知识产权的新产品。据海关统计数据，2021 年木工机械(含木材、软木、骨、硬质塑料等硬质材料加工设备)进出口总额 29.87 亿美元，同比增长 33.46%；其中，进口额 3.32 亿美元，同比增长 7.87%；出口额 26.55 亿美元，同比增长 37.55%。

7.4 存在的问题及其原因

7.4.1 存在的问题

中国木材加工装备制造业已经得到快速发展，但是在发展过程中也存在若干问题需要解决，其中重点要解决的问题如下。

7.4.1.1 发展不平衡不协调

中国木材加工装备制造企业分布的地域性特点鲜明，木材加工以及木工机械制造企业主要以广东、华东等地为主。2020 年年初，新冠肺炎疫情对木工机械市场产生了较大冲击，多家龙头企业经济出现负增长状况。疫情逐步控制之后，市场迅速反弹，出现供不应求的情况，尤其是木工机械的下游家具企业快速复苏，对高端数控设备需求量加大。另外，中国东北林区拥有国内最大的林区，是重要的木材生产基地，但在航空护林、森林消防和绿色防控等过程机械化领域林业机械应用不足。

7.4.1.2　企业创新能力较弱

木工机械制造业 80% 为中小型企业，由于受到体制、机制和规模等因素的制约和影响，企业创新能力不足，缺少拥有自主知识产权的产品，缺乏核心技术，对国外机械制造企业具有一定的依赖性[31]。一方面，木工机械缺乏新产品，老产品已经被淘汰，这就需要引进国外产品，但是缺乏创新能力，产品生命周期一旦结束，企业会再度陷入困境。另一方面，国内产品种类较少，市场需要的高新技术产品的生产和开发不够，每年都需要大量进口，而且虽然企业引进国外技术，但是对引进技术的开发和使用不足，没有对现有技术进行创新性发展[32]。

7.4.1.3　企业发展环境严峻

从全球木工机械市场来看，欧盟是最大的木工机械进口区域，其次是亚洲；出口木工机械的国家主要包括德国、意大利、中国和日本。欧洲木工机械工业水平领先世界，德国、意大利垄断高端市场。中国台湾地区木工机械产业是全球主要生产地区之一，但其木工机械制造业所需的原材料及关键零部件、标准件依赖进口，其成品绝大部分依赖国际市场。中国在全球木工机械市场的竞争中缺乏竞争力[33]。

7.4.1.4　安全环保问题突出

木工机械制造企业中存在的危险因素主要体现在安全防护、操作控制、安全标识等方面，每年因木工机械的警示、防护装置未安装或功能丧失，造成操作者人身伤害的案例时有发生[34]。对木工机械制造企业来说，部分企业生产存在严重的环境污染问题，在生产过程中忽视环保和安全问题，尤其是小规模的企业，对环境问题认识不足，而且对能源的利用不充分，造成很大的资源浪费。另外，锯末、刨花等粉尘未能排放到指定地点，生产过程中产生的噪声，同样会对环境造成污染，给人们的身心健康带来影响[35]。

7.4.1.5　产品质量难以保障

木工机械制造要求一定的精度标准，国内木工制造企业多为中小型，生产设备陈旧老化且简陋，许多关键设施短缺。一些企业不重视产品质量，标准化建设薄弱，没有对产品进行专人专检，而是利用兼职工作人员来完成检验任务；更有甚者，在应对国家检查时，采取欺骗手段对抗国家监督检查，企图蒙混过关，这样的企业很可能会因为产品质量不过关而被市场淘汰。

7.4.2　原因分析

木工机械制造技术水平与中国所处的发展阶段、科技总体水平和装备制造业总体水平等方面息息相关，现阶段木工机械制造存在的诸多问题的根本原因主要有以下几个方面。

7.4.2.1 产品缺乏竞争力

国内木工机械制造企业多为中小型，国际知名的大型企业较少，而且在世界木工机械市场的竞争力较弱、市场份额占据较少，德国、意大利在木工机械市场形成的垄断很难突破；缺乏核心技术，不能及时对现有产品进行改造和创新；国内木工机械制造企业虽然在产品生产上投入大量人力、物力以及财力，但大都是低水平的开发和仿制，这样的产品很难在国际木工机械市场上占据一定地位[33]。

7.4.2.2 专业技术人才匮乏

木工机械制造领域想要发展，必须紧跟国内外市场的需求变化，全面提高科学技术，加大人才培养力度，向木工机械制造企业输送高端技术人才[36]。企业技术基础差，缺少一线技术人员，部分中小型生产企业反映，受到工作环境差、工作强度高等因素的影响，现在的年轻人不愿从事一线的技术工作，造成技术工人短缺。此外，工作流动性比较大，很难培养高级技术工人，造成人才断层。人才匮乏限制了木工机械制造企业的创新和发展。

7.4.2.3 质量标准意识不强

涉及安全方面的 A 类项目达标率低，在每年的不合格项中重复出现。其中，控制装置的安全性和可靠性，加工区的防护、紧急停止、保护联结电路的连续性、电击防护等极重要的质量项目不合格率高；国家标准执行力度不够，执行不严格，很多中小型企业内部没有标准化室或标准化人员，不了解甚至不知道产品标准规定的项目和性能要求，没有正规完善的技术图纸或技术文件进行生产控制；缺乏有效的检验手段，对检验环节不重视，产品订单增多，增加产量的同时，产品质量却有所降低。

7.4.2.4 资源消耗相对较大

中国的机械制造业与国际先进水平差距很大，不仅生产效率低，产品附加值不高，而且对能源利用和原材料消耗的需求很高，造成严重的资源浪费。过多的浪费将在一定程度上增加自然能源的消耗，随着时间的流逝，这将对我们的环境问题产生巨大的影响[37]。

7.5 发展面临的新形势

7.5.1 政策环境有利于装备制造业发展

当前，中国已经全面建成小康社会，进入新发展阶段，国内外环境的深刻变化带来一系列新挑战的同时也带来一系列新机遇。中国正在推动构建以国内大循环为主体、国内国际双循环相互促进的新发展格局，林草机械作为国民经济中的短板弱项，是供给侧结构性改革的重要抓手，蕴藏着经济内循环的巨大动力，在吸引全球资源要素方面具有巨大潜力。装备作为降低生产成本、降低劳动强度关键因素，在创造消费需求方面具有独特作用。2022 年，国家林业和草原局印发的《林草产业发展规划（2021—2025 年）》明确提出，要强化科技支撑，加强林草机械装备制造等方面的科研攻关，推动林草产业数字化发展。

同时，从全球木工机械市场来看，中国已经成为木工机械生产大国，年总产值达300 亿元左右，中国木工机械产品技术水平与国外同类产品的差距也在逐年缩小，性能价格比完全可以与国外产品竞争，基本上能够满足国内木材加工的需要，并有相当数量的产品出口[33,38-39]。

7.5.2　产业需求推动装备制造业发展

到"十四五"时期，中国林业产业全面升级，主攻薄弱环节，持续推进林草作业机械，对标区域林草产业分布与规模，按照因地制宜、突出重点、经济有效、节约资源、保护环境、保障安全的要求，紧密结合林草产业结构调整[40]。建立林草机械科技创新高地，在全国工业较发达地区率先建设一批林草机械产业示范园区，提高林草机械化产业链整体水平，结合"一带一路"国家战略，促使优质产能向外转移，带动沿线国家林草产业发展。

7.5.3　区域发展不协调不平衡问题突出

中国木材加工装备制造企业主要以广东、山东和江苏等地区为主，其中以广东和山东尤为突出。据初步调查，仅广东佛山顺德区就有木工机械企业近 300 家，青岛市周边有木工机械企业 250 余家，江浙地区约为 80 家，这三个地区的企业总数占全国木工机械企业总数的 63%，而西南地区则寥寥无几，行业的过度集中阻碍了国家整体发展，造成人力、财力和物力的浪费[41]。实现区域产业的协调发展依然是木材加工装备及技术发展中需要重视的问题[42]。

7.6　主要发展方向及重点领域

木材加工装备行业的主要发展方向是推动高新技术的应用，提高生产效率和自动化程度，争取以规模带动效益。同时，提高木材的综合利用率，注重以人为本，实现绿色环保可持续发展。木材加工装备的重点发展领域则主要集中在门窗材加工装备、木材干燥设备、木材切削装备、中央集中控制操控平台、专用层压制造装备等高新技术设备的研发上。

7.6.1 主要发展方向

7.6.1.1 高新技术不断融入

科学技术不断地向前发展，新技术、新材料、新工艺不断涌现。电子技术、数字控制技术、物联网技术、人工智能技术、激光技术、微波技术以及高压射流技术的发展，促进了木工机械向自动化、柔性化、智能化和集成化的方向发展，同时使机床的品种不断增加，技术水平不断提高。

7.6.1.2 规模化产业化发展

从国内发展格局看，木材加工企业与木工机械装备，均有大型化、规模化的趋势，否则将被淘汰。中国木工机械仍有很大的发展空间，很多木材加工企业还在推行劳动密集型的经营模式。未来的木材加工企业必然走产业化、大型化、规模化、无人化的发展道路。

7.6.1.3 提高木材综合利用率

由于森林资源日趋减少，原材料的短缺已成为制约木材工业发展的主要原因。最大限度地提高木材的利用率，是木材工业的主要任务。发展各类人造板产品，提高其品质和应用范围是高效率利用木材资源最有效的途径。另外，发展全树利用、减少加工损失、提高加工精度均可在一定程度上提高木材的利用率。

7.6.1.4 强化绿色环保意识

木材加工行业的发展，要最大限度地减少对环境的污染，木材加工制品对人体有害度必须控制在最低范围内。为了满足新发展阶段发展需要，满足国家生态环保要求，减少噪音和粉尘污染，保障工人安全，保障人们身体健康，木工机械必须在设计、制造和使用上符合相应的国家标准。解决木工机械生产中的危险有害问题仍然是今后需要不断努力的方向。

7.6.1.5 提高生产效率

缩短加工时间和辅助时间是提高生产效率的有效途径。缩短加工时间，除了提高切削的速度，加大进给量外，多刀通过式联合机床和多工序集中的加工中心就成为了主要的发展方向，比如联合锯、铣、钻、砂光等多功能铣床，多工艺联合封边机，多工序数控加工中心等。通过采用附带刀库的加工中心、数控流水线与柔性加工单元自动交换工作台等，可有效降低辅助工作时间。

7.6.2 重点发展领域

7.6.2.1 智能化门窗材加工装备

由于国内木门窗窗型加工设备大多处于半自动化状态，且存在着加工效率不高、精度低、工人劳动强度高等缺陷，更多依赖于国外进口设备。因此，发展智能化门窗材加工已经成为当务之急。重点研究和开发智能型装备技术,实现门窗板材智能化切割,提高工作效率[43];对现有木材进行集成木材加工,采用全自动木材视觉检测、选材分级设备,剔除木材天然缺陷,使得产品性能良好,外表美观。

7.6.2.2　智能木材干燥装备

木材干燥处理直接关系木材资源的使用率。木材的浪费,大多数是由于湿材未经干燥处理,或处理不当,致使木材降等甚至失去了使用价值。木材在加热干燥的过程中由于受到湿气或气压影响,会导致木材变形,而挤压结构的设置,保持了木材的外形,减少了干燥过程中对木材的伤害[44]。重点研发应用智能化木材干燥设备,通过智能控制和结构优化,实现木材均匀加热,脱去水分。

7.6.2.3　微纳米木材切削装备

微纳米木材切削装备是一种用于制备微纳米尺度木材样品的设备。主要包括一个高精度的切削系统,可以在纳米尺度下切削木材样品。微纳米木材切削装备的工作原理是利用高精度的切削系统将木材样品切割成纳米尺度的薄片,利用激光切割头沿木材纹理方向将木材切削成微纳米细丝[45]。这个过程需要非常高的精度和稳定性,因为木材样品的微观结构非常复杂,而且容易受到切削过程的影响。因此,要重点研发高精度切削系统,提高切削系统的稳定性。

7.6.2.4　中央集中控制操控平台

实现对木工机械设备的远程控制和监控,通过木工机械设备、物联网传感器、云端平台、集群中央控制器,可以实时监测设备的运行状态、温度、湿度、电压等参数,通过对木工机械设备的远程控制和监控及对多个木工机械设备的集中控制和管理,实现对木工机械设备的智能化管理,提高生产效率和产品质量,降低生产成本和能源消耗。因此,建立独立的云端平台、提高传感器精度、完善木工机械设备是十分重要的任务。

7.6.2.5　木制品专用层压制造装备

木制品专用分层实体制造(LOM)的 3D 打印装备,使用层压制造技术,将木材层压在一起,形成一个坚固的木制品。设备主要包括木材供应系统、切割系统、层压系统、控制系统和 3D 打印系统。3D 打印主要是采用激光或者喷墨,例如 UV 喷墨 3D 打印[46],在紫外光条件下利用数码喷墨将 UV 墨水打印在承印板材表面,墨水瞬间固化形成木纹肌理。木制品专用 LOM 的 3D 打印装备在家具、门、窗、地板等行业具有广泛应用前景。

参考文献

[1]花军,陈光伟.木材加工机械[M].北京:中国林业出版社,2017.

[2]齐英杰. 中国大百科全书・木工机械. 第三版网络版［DB/OL］. ［2022-1-20］. https：//
www. zgbk. com/ecph/words？SiteID＝1&ID＝58874&Type＝bkzyb&SubID＝43165.

[3]于志明. 木材加工装备［M］. 北京：中国林业出版社，2005.

[4]贝玉，宋文萱，顾芮溪. 我国林业产业高质量发展策略研究［J］. 中国林业经济，2023，
178(1)：88-91.

[5]南京林业大学. 木工机械［M］. 北京：中国林业出版社，1987.

[6]傅万四. 我国木工机械现状及发展趋势［J］. 木材加工机械，2002(5)：2-6.

[7]马岩. 国外实木加工机床的新技术进展综述［J］. 木工机床，2011(3)：1-5.

[8]肖晓晖. 椭圆榫开榫机［J］. 木工机床，2010(4)：15-19.

[9]袁成荣，吴志威. 实木地板四面榫组合数控开榫机的设计［J］. 林产工业，2011，38(5)：
41-42.

[10]石如庚. 国外机械进给木工铣床综述［J］. 木工机床，1999(4)：24-33.

[11]刘丕杰. MXW516 型木工多用铣床的结构特点［J］. 木工机床，1995(2)：13-15.

[12]高世杰，陈强. 数控镂铣机的应用前景分析［J］. 今日科苑，2007(24)：69.

[13]郭明辉等. 木工机械选用与维护［M］. 北京：化学工业出版社，2013.

[14]谭守侠等. 木材工业手册［M］. 北京：中国林业出版社，2006.

[15]齐英杰，马岩，胡万明. 中国木工机械行业发展简史与现状［C］//Chinese Mechanical Engi-
neering Society, Chinese Society of History of Science and Technology, Beijing University
of Aeronautics and Astronautics, Nanjing University of Aeronautics and Astronautics. 机械技
术史(2)——第二届中日机械技术史国际学术会议论文集. 北京：机械工业出版社，
2000：9.

[16]王绍军. 一种得心应手的木工工具［J］. 家具，1987(6)：22.

[17]周仲明. 介绍几种小型电动木工工具［J］. 林业机械，1967(2)：29-31.

[18]陈幸良等. 中国现代林业技术装备发展战略研究［M］. 北京：中国林业出版社，2011.

[19]林善龙，赵光俊. 数控锯铣机：CN210061429U［P］. 山东省，2020-02-14.

[20]李茂洪，陈超辉，李晓旭，等. 定制化板式家具柔性制造生产线设计与开发［J］. 中国人造
板，2022，29(12)：11-15.

[21]吕斌. 中国大百科全书・木地板. 第三版网络版［DB/OL］. ［2022-1-20］. https：//
www. zgbk. com/ecph/words？SiteID＝1&ID＝59705&Type＝bkzyb&SubID＝43202.

[22]綦超，胡世明. 辽宁省实木复合地板监测结果与质量分析［J］. 林业科技情报，2022，54
(2)：127-129.

[23]王瑞. 2021 年我国地板行业销量概况［J］. 中国人造板，2022，29(4)：45.

[24]王争光，刘英，丁奉龙，等. 基于人工智能的木材加工研究进展［J］. 林业机械与木工设备，
2021，49(3)：13-15.

[25]王皓. 数控技术在木材加工装备中的应用［J］. 南方农机，2019，50(8)：196.

[26]黄付. 浅谈木材加工装备中数控技术的应用［J］. 科技与创新，2014(10)：16-17.

[27]张伟. 国外木材和人造板数控加工装备技术研究进展［J］. 林业机械与木工设备，2009，
37(12)：9-13.

[28]顾炼百. 木材加工工艺学［M］. 北京：中国林业出版社，2011.

[29]马岩. 数控技术在木材加工装备上的应用［J］. 木材加工机械，2007(5)：31-36.

[30]李光哲，黄淑芹. 我国木工机械行业发展过程中面临的问题与对策分析［J］. 木材加工机械，
2019，30(6)：1-4.

[31]马岩. 科技创新是提高我国木工机械企业市场竞争力的根本途径［J］. 林业机械与木工设备，
2012(11)：4.

[32]于晓丽．高新技术企业研发投入现状，问题与对策[J]．中文科技期刊数据库(全文版)经济管理，2022(10)：4.

[33]秦光远，程宝栋，王琪．中国木工机械的国际市场需求分析[J]．林业机械与木工设备，2016，44(1)：6.

[34]闫斌．木工机械设备的安全管理及其应用[J]．今日自动化，2022(5)：161-163.

[35]李志仁．浅谈社会主义建设新时期中国木工机械行业的发展[J]．木工机床，2018(2)：1-6.

[36]刘礼．木工机械市场的现状与发展趋势[J]．农家参谋，2020，643(2)：177-177.

[37]陶健，严震，王浩．机械环保绿色制造业可持续发展模式探究[J]．电脑迷，2017(3)：2.

[38]孙志刚，齐英杰，方彦，等．"十二五"期间中国木工机械制造行业一瞥[J]．木工机床，2016(4)：3.

[39]张涛．农业机械化发展对乡村生态文明建设的作用[J]．广西农业机械化，2022(4)：12-14.

[40]马文君．《2021中国林业和草原知识产权年度报告》出版[J]．林业科技通讯，2022(5)：1.

[41]李志仁．浅谈社会主义建设新时期中国木工机械行业的发展[J]．木工机床，2018(2)：1-6.

[42]冯正德，张锴．中国装备制造业在智能化驱动下的发展状况及问题[J]．军民两用技术与产品，2023(1)：3.

[43]陆雪松，罗忠华，毛建英，等．一种智能建筑门窗加工用板材切割装置：CN213701957U[P]．河北省，2021-07-16.

[44]姚仕平．智能木材干燥设备：CN214009762U[P]．广东省，2021-08-20.

[45]杨春梅，路遥，马岩，等．纳秒脉冲激光切削木材的理论与试验[J]．林业科学，2017，53(9)：6.

[46]桑瑞娟．UV喷墨3D打印木材研究现状与发展前景[J]．林业科技开发，2020，5(6)：20-28.

第 8 章 ‖ 竹材加工技术装备

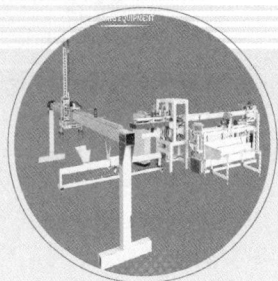

竹产业具有生长快、经济价值高、产业融合度深、带动能力强特点。加快推进竹产业高质量发展，对实现一、二、三产业融合发展、推进生态文明建设意义重大。中国有"竹子王国"之称，无论竹资源的种类、面积、产量和利用均居世界前列。据统计，2018—2019 年我国大径竹 (一般指直径在 5 厘米以上，以根为计量单位的竹材) 产量已连续 2 年突破 30 亿根，2019 年产量为 31.45 亿根[1]，2021 年产量达 32.6 亿根，可替代 5000 多万立方米的木材，弥补 10% 的木材缺口[2]。中国竹产业规模化生产始于 20 世纪 90 年代，主导产品有竹胶合板、竹地板、竹木复合材、竹碎料板、竹集装箱底板、竹凉席、竹筷、竹碳及竹纸等产品。目前，利用竹材加工的产品有 100 多个系列，数千个品种。以我国竹产业发达的浙江省安吉县为例，以全国 1.8% 的立竹量创造了占全国 10% 以上的竹产值[3]。全国现约有 3500 万农民直接从事竹林培育、竹制品加工等生产经营活动[4]。

我国主要的经济用材竹为毛竹。根据第九次全国森林资源清查数据显示，毛竹面积占用材林的 3/4，有 467.8 万公顷。近年来，随着经济建设步伐的加快，木材严重缺乏。而竹类植物因其生长快、产量高、伐期短、管理容易和用途广泛，越来越受到人们的重视，因而竹材加工日益受到重视，如目前制造的各种各样代木效果显著的新型竹材人造板等[5]。竹材产品的研究和生产都已达到较好的质量和批量生产的规模，尤其是竹人造板工业在品种和规模上已位于世界前列，质量和工艺流程、机械化生产水平亦在不断提高。

随着中国竹材工业的蓬勃发展，对竹材加工技术装备提出了新的要求。目前，竹材工业的研究主要集中在材料及工艺方面，竹材加工技术装备方面研究相对较少。《"十四五"林业草原保护发展规划纲要》明确提出，将加快研发全地形行走专用底盘、高效造林种草机械、高性能木竹采运机械、林果采收机械、木竹加工智能机械和森林草原防火机械等关键技术，切实解决林草保护发展存在的"无机可用、有机难用"问题。发展现代竹材加工技术装备对中国竹材加工业乃至林业的发展具有重要意义。

8.1 定义与分类

由于特殊的生长结构，竹材的加工技术与木材具有很大差异。工业用毛竹材一般直径在 8.0~12.0 厘米，竹材中空，可利用部分为圆周竹壁，其壁厚一般为 0.8~1.2 厘米[5]。因此，在加工时切削抗力大于木材，必须有削平竹节和铲去竹隔等的专用设备。由于竹材在形态结构和力学性质上的特点，故须设计专业化的具有针对性的竹材加工技术装备用于竹材加工。

8.1.1 定　义

竹材加工技术装备是指以竹材为基本加工对象的机械或设备的总称。一般指竹材初加工机械、竹工机床、竹材人造板设备、竹制品成套设备、竹纤维及竹化学加工设备、竹纸加工设备、竹材家具加工设备等。

8.1.2 分　类

按照竹材加工技术装备的加工用途可分为竹材初加工设备、竹材人造板设备、竹编凉席设备、竹工艺品设备、竹筷及签棒加工设备、竹材化学和软化加工设备、竹纸加工设备及竹材家具加工设备等。

8.1.2.1 竹锯切设备

竹锯切设备是锯机相对于竹材长度方向进行直线和旋转运动切割的一类竹加工机械。锯切分为横向锯切和纵向锯切两种，竹材锯切主要以横向为主，即将竹材横向锯切制成竹段，以供后序加工使用。典型的竹材锯切设备有断竹机、竹板裁断机、圆竹锯切开片机等。此外，还有竹地板及纯竹家具所用原料的竹条锯切机等。

8.1.2.2 竹劈裂加工设备

竹劈裂加工设备是通过劈裂机械刀具刃口和刀具厚度的作用使竹纤维之间的结合力遭到撕裂性破坏的一类竹加工机械。利用竹材显著的易劈裂性，很多竹材的初加工机械是采用劈裂加工方式的，其中较常见的是竹篾机、竹劈裂开片机等。

8.1.2.3 竹切削加工设备

竹切削加工设备是通过切削机的刀具刃口的作用使竹纤维之间的结合力遭到割断性破坏或切断纤维的一类竹加工机械。主要的竹切削加工有竹刨片机、竹铣机、竹旋切机及竹材削片机等。

8.1.2.4 竹磨削加工设备

竹磨削加工设备主要是通过磨削机械的磨具将制件磨削成一定形状和规模。常见的竹材磨削设备有平面砂光机、异面砂光机、轮磨机、孔磨机和锥孔磨机等，生产竹地板、竹砧板、竹牙签等均需采用磨削加工机械。

8.1.2.5 竹碾压加工设备

竹碾压加工设备是针对圆竹或竹片进行连续碾压，疏解成纤维束的一类竹加工机械。碾压机械可将竹材加工成一定规格的竹丝或碎竹条，主要用于生产重组竹或竹木复合材料。目前，竹材碾压加工机械开发刚起步，但具有较高的关注度，未来发展有很大前景。

8.1.2.6 竹质高温加工设备

竹质高温加工设备是对竹材进行高温处理改变其物理或化学性质的一类加工机械。目前，国内竹材高温加工机械主要用于以下几类：①干燥机：排除竹材中的部分水分，改善竹材加工性能的机械。②软化机：利用竹材的特殊物理性质，高温软化提高其柔性的加工机械。③炭化机：将一定规格的竹片分选后，置入炭化罐，而后向罐内输入高压饱和蒸汽，使竹材在高温高湿状态下炭化的机械。此外，还包括竹材纤维加工设备和竹化学加工设备等。

8.2 国外发展现状

竹子是世界第二大森林资源。全世界竹类植物约有 70 多属 1200 多种，主要分布在热带及亚热带地区，少数竹类分布在温带和寒带。竹材资源的分布影响着竹材加工技术装备的发展，竹材加工技术装备研发制造和普及使用程度也呈现地区性差异。

8.2.1 亚太地区的竹材加工技术装备

①亚太地区是世界上最大的产竹区，有竹子 50 属 900 多种，面积达 1400 万公顷[6]，占世界竹林总面积的 70% 左右。本地区拥有竹工艺品、竹家具、竹建筑、竹浆造纸等门类较为齐全的竹材加工机械设备制造能力。

②印度的竹子种类和竹林面积仅次于中国，共 400 多万公顷。印度竹子利用消耗量很大，广泛用于建筑，其主要是竹材原态利用，因此在加工过程中使用竹材初级加工设备较多，技术含量较低。除此之外，印度利用竹材造纸，竹浆造纸加工设备较多，但一般是引用木浆造纸技术设备。

③缅甸有竹子 90 余种，竹林面积高达 217 万公顷[7]。近年来，相继建造了几个竹材造纸厂。缅甸和印度相似，主要将竹材用于竹浆造纸，竹材加工设备主要是竹浆造纸成套设备。

④泰国的竹子有 12 个属 50 多种，竹林面积超过 6 万公顷。泰国人的生活与竹子息息相关，农村的居民和日常生活用品大量使用竹材。泰国的竹初级加工机械及竹工

艺品加工设备较为丰富。

⑤菲律宾的竹子有 12 属 55 种，竹林面积达 0.13 万公顷左右。菲律宾地处热带，气候炎热潮湿，因此习惯利用竹子建造廉价房屋和制作不同等级家具。菲律宾的竹建筑以及竹材家具加工机械设备品种较为齐全。

⑥日本现有竹子 13 属 230 种，竹林面积 14.1 万公顷，年产竹材 20 万~30 万吨[8]。日本竹材加工利用多数是制作工艺品、日用品、衣架、装饰和篱笆等。全国从事竹制品工人 10 万人。竹子加工厂，多为小型工厂或家庭作坊。依托其发达的工程机械和木材加工机械的制造基础，日本竹材加工设备技术含量较高，但仍远远落后于本国其他机械行业。

⑦其他亚洲国家如柬埔寨、越南、印度尼西亚等工业用竹材加工技术装备几乎为空白。

8.2.2 南美洲的竹材加工技术装备

南美洲的竹面积仅次于亚太产竹区，共有 18 个属 270 多种，面积约 10.7 万公顷。竹子在该地区的主要用途是用于防震建筑、造园、室内外装饰、少量造纸，大规模竹材加工未形成。该地区竹材加工技术装备主要为少量的初级加工、建筑用及造纸设备。

8.2.3 非洲的竹材加工技术装备

非洲的竹子分布范围较小，由非洲西海岸的塞内加尔南部直到东海岸的马达加斯加岛为非洲竹分布的中心，共 14 属 50 种，面积达 150 万公顷。在东非的马达加斯加岛，竹子有 11 属 40 种。非洲的竹材多为当地居民小规模的使用，工业化利用竹材刚刚起步，竹材加工技术装备极度不发达。

由于历史的原因，20 世纪 30 年代以前，世界竹材的工业开发几乎还处于空白状态，多采用手工小作坊方式进行初级加工生产。随着木材资源的减少和世界各国对生态环境的重视，对竹材资源的开发提出了新的要求。竹材资源的手工小作坊的加工方式，已满足不了大规模工业开发的需求。

由于世界上产竹国家的社会经济发展水平和文化背景的不同，形成了竹子利用的不同层次。比如，在巴西、哥伦比亚、马来西亚、斯里兰卡、孟加拉国等国家，竹子主要以原竹形式用于传统的竹结构建筑，其竹材加工技术装备也主要以竹材初加工设备和竹建筑用机械设备为主；在中国、印度等国家，除了以原竹形式用于结构建筑以外，还以竹代木生产纸浆、纸张和竹板材，因此竹材加工技术装备门类较为齐全；在日本，竹子作为原料深层次加工成饲料和活性炭等，其竹材的深精加工，竹化学和深加工机械技术较为领先。

20 世纪 30 年代后，日本首先用电动驱动的机械加工竹制品，并使加工机械成为定型的设备，推动了竹制品转入现代化机械生产。20 世纪 50~60 年代，竹材加工技术设备生产的重心逐步由日本转移到中国台湾省。近年来，中国大陆竹材加工设备行业取得了很大的进步。

就全世界而言，竹材加工技术装备整个行业是落后的，竹工机械制造研发能力还处于初级阶段，远远落后于其他机械制造行业。

8.3 国内发展历程及现状

8.3.1 发展历程

在 20 世纪 70 年代以前，中国只能对竹材进行简单的初级加工，依赖手工，产品单一，所用工具一般为镰刀、竹篾刀或是小型加工机械，生产方式落后，效率低下。80 年代初期，中国大陆开始采用热压机生产竹席胶合板，供包装、建筑行业使用。1984 年大陆首次通过海外转口的方式从台湾省的台湾锦荣机器厂引进了竹卫生筷生产线，分别安装在福建省和湖南省的两个工厂。竹卫生筷生产线建成后，经过科技人员的消化吸收，竹材加工机械的研制工作也随之起步，而且发展迅速，配套成线，形成规模。如湖南省吴旦人先生开发了竹地板系列产品，其相应的竹拼地板加工机械设备也随之系列地被开发出来；随后，南京林业大学研究了竹胶合板生产工艺技术，应用于载货汽车车厢底板及建筑模板，并由苏州林业机械厂(现苏福马机械有限公司)等厂家生产出相应的成套加工机械设备；湖北省也生产了系列竹制品加工设备等。逐步出现了竹地板加工成套机械设备，竹胶合板加工厂成套机械设备，竹凉席、保健竹凉席、竹筷等产品加工成套机械设备。

进入 21 世纪，随着中国对竹材加工业的重视提升和竹产业的扩大，竹产业产值逐年增长，给竹材加工技术装备提供了广阔的舞台。经过国外和跨行业引进消化吸收，竹材加工技术装备的研制工作也随之起步，竹材加工业由传统手工作坊逐步向机械化、工业化生产转变，从初加工向综合利用转变。浙江安吉响铃竹木机械公司研发了超高速竹片四面精刨机，浙江德迈竹木机械公司开发了竹板坯双面修直机等；西南林业大学开发了竹大片刨花板成套加工设备；南京林业大学等开发了新型竹材人造板、竹炭和竹醋液等成套加工设备。国家林业局北京林业机械研究所和镇江中福马机械有限公司联合开发了竹质定向刨花板刨片机。先后成立了南京林业大学竹材工程中心、中国林业科学研究院竹工机械研发中心等竹材加工技术装备科研机构，加速了竹材加工技术装备研发制造能力。

8.3.2　总体现状

8.3.2.1　竹材加工业促进竹材加工机械的发展

为了缓解我国木材资源的矛盾，竹材资源的开发与利用不断得到重视，我国竹材加工业也随之得到了突飞猛进的发展。以浙江省安吉县为例，自 1993 年第一台自行研发的竹材加工机械问世以来，到目前竹材加工机械产品涉及 8 大系列 200 多个品种，年销售竹材加工机械不仅占据了国内 90% 以上的份额，而且远销世界大部分产竹区。安吉县目前有竹材加工机械生产企业几十家，年生产销售产品 3 万余台，产值逾 15 亿元[9]。竹材加工业的兴起推动了竹材加工机械制造业的快速发展。

8.3.2.2　竹材加工机械理论研究处于起步阶段

为适应竹材加工业的发展和竹材加工机械研发的需要，需加大加快竹材加工机械基础理论的研究步伐。虽然我国的竹材加工和竹材加工机械属于新的学科研究领域，竹材加工机械特性的研究刚刚起步，但是现在国内一些林业高等院校研究机构就竹材的切削基本理论(如切削变形、切削参数)已经开始进行初步的研究与探讨。

8.3.2.3　竹材加工机械规模化生产逐步成形

近年来随着竹材加工业的迅速发展，我国竹材加工机械作为相关产业有了很大发展。在 20 世纪 70 年代以前，我国内地的竹材加工机械几乎空白。进入 80 年代，为适应竹材加工需要，逐步引进了一些竹材加工机械，通过消化吸收国内一些工厂开始自行研制竹材加工机械。进入 21 世纪后，国内的竹材加工机械制造业可以为竹材加工业提供品种规格基本齐全的各类机械，包括竹筷子成套加工设备、竹地板成套加工设备、竹胶合板成套加工设备、竹碎料板成套加工设备、竹凉席成套加工设备等。

8.3.2.4　政策支持力度加大

竹材资源的开发与利用将较大程度上缓解我国森林资源不足的矛盾，实现"以竹代木"，甚至是"以竹代塑"。在现有竹材加工机械的基础上，将我国的竹材加工业向专业化、自动化和智能化的纵深方向发展，对我国的经济建设具有十分重要的意义。政府在竹业资源管理体系、竹业产业体系、竹业科技服务体系、竹业政策法规体系、竹业保障体系，逐步形成了规范有序、权责明确、运转高效、保障有力的新型竹业管理体制和运行机制，为广大竹材加工及竹工机械从业人员提供了强有力的政策保障。

8.3.3　区域发展现状

中国竹材资源主要分布在南方省份，因此竹材工业主要集中在长江以南地区。南方各大竹产区的竹材加工业以及竹材机械的加工制造因地制宜，充分发挥了各自的优势与特色。

8.3.3.1 华东地区竹材加工技术装备现状

中国竹材加工机械技术装备产业主要集中在华东地区的浙江省。竹产业作为浙江省林业的主导产业，近年来发展迅猛。随着浙江省竹材工业的蓬勃兴起，竹材加工技术装备发展也随之加快。

浙江省竹材加工技术和设备水平不断提高，引领中国竹材加工机械制造行业的发展。在扩大竹编机、竹地板成套设备、竹胶合板加工机械等传统竹工机械生产和技术改进的同时，近年来新开发了生产竹纤维纺织品、竹叶黄酮系列保健品、竹炭系列产品、竹木复合板、竹材饰面板等现代竹材加工技术装备，拓宽了竹材加工技术装备的门类和技术含量，提高了竹材资源的利用率和附加值，推动了竹材的深精加工装备的研发制造。如 2007 年，浙江省竹木创新服务平台和杭州大庄地板有限公司的刨切微薄竹生产技术装备与应用成果荣获国家技术发明二等奖。目前，仅浙江安吉竹产业园就集聚了竹加工机械企业 40 余家，从业人员 1200 余人，竹加工机械制造年创产值 3 亿元以上，竹工机械在国内市场占有率在 90%以上。竹材加工技术装备制造业逐步成为具有相对竞争优势的区域特色产业。涌现出了如安吉响铃竹木机械、吉泰机械、德迈竹木机械、天工机械有限公司等特色明显的竹材加工技术装备生产企业。浙江省的竹材加工业和竹工机械制造业在中国处于领先地位，门类齐全，但也存在一些问题，如竹工机械产品重叠较多，市场存在无序竞争；竹材加工技术装备制造企业多为民营企业，专业理论基础不够深厚，不利于产品的推广和技术含量的升华；科技创新力量投入不足，不能有效推动竹材加工业全面机械化和自动化的发展。

8.3.3.2 中南地区竹材加工技术装备现状

中南地区竹材加工区主要分布在湖南、江西及广东省。湖南省竹子种类有 9 属 16 种，全省竹林面积约 83.3 万公顷，主要是毛竹，面积约为 80.4 万公顷。湖南省的竹胶板、竹工艺品、竹纸等已成为全国优势产品。全省有竹胶合板成套生产线 140 条，生产能力约 70 万平方米，约占全国总产量的 22%。全省有竹地板成套生产线 50 条，品种 20 多个，占全国总量的 40%。竹工艺品是湖南省的传统优势产品。全省凉席生产能力年产 1300 万床。竹砧板是湖南省特产，年产 2500 万块，产值 4 亿元。目前，湖南省的竹工艺品加工机械基础较好，竹胶合板、竹地板、竹砧板、竹纤维成套生产线较为完善。同时，湖南省拥有一定的竹材加工技术装备研发实力。但是，竹材加工技术关键设备主要依赖江浙地区购置或国外引进等，从整体上制约了竹材加工技术装备的协调发展。随着竹产业的发展，湖南省大力促进竹产业和竹胶合板、竹地板、竹砧板、竹纤维生产设备技术升级。当前，把竹炭、竹醋、竹油、竹气作为竹材精深加工的主打产品，湖南省的竹材加工技术装备行业具有巨大的发展潜力。

江西省有毛竹林 103.7 万公顷，其竹产业主要是竹地板、竹胶合板、竹材造纸及竹工艺品等，竹材加工技术装备也主要集中在这些领域。江西省除了康达竹业集团等少数龙头企业采取外省购置、技术改造来实现竹材加工机械装备升级换代之外，其他很多竹加工企业技术装备落后，生产条件简陋，在一定程度上制约了江西省竹材加工业的潜力释放。

广东全省共有竹类 20 属 150 多种，竹类资源十分丰富。目前，广东省毛竹共17.3 万公顷，竹加工企业 2243 家，年总产值 38 亿元，逐步实现规模化、系列化。广东省竹材加工业主要是竹工艺品、绿色食品、生活用品、建材装饰材料及制浆造纸等。广东省依托较好的木工机械条件，具有较好的竹材加工技术装备制造基础，但远不及省内的木工机械技术水平。未来依托外向型竹业经济，广东省的竹材加工业及竹材加工技术装备主要是提高竹产品的高附加值和竹工机械自动化水平，促使竹材加工技术装备升级换代。

8.3.3.3　东南地区竹材加工技术装备现状

东南地区的福建省现有竹子 19 个属约 200 个竹种，其中毛竹面积已超过107.9 万公顷，福建省竹林面积居全国榜首。竹业已牢固奠定了福建省支柱产业的地位，成为农村经济发展、农民增收奔小康的绿色产业。福建省现有竹加工企业3000 多家，其中年产值千万元以上的企业 60 多家，产值 1 亿元以上近 10 家，基本形成竹材加工和笋制品加工两大体系 50 多个系列产品。福建省竹材加工技术装备研发制造能力较弱，不及相邻的浙江省，虽然有一定竹地板、胶合板等竹材加工技术装备生产能力，总体水平与浙江省相比还有一定差距。

8.3.3.4　西南地区竹材加工技术装备现状

西南地区的四川省和云南省对于竹材加工业的发展极为重视且较具规模。四川省竹资源丰富，全省现有竹林面积 46.7 万公顷，材用竹林 15.07 万公顷，纸浆竹林15.73 万公顷。竹材制浆造纸、竹建材、竹食品等各具特色，竹业经济初具规模。

目前，四川省的竹浆造纸技术和设备较为成熟，工艺水平和设备先进程度引领全国。泸州、眉山等地建立了多个规模较大的竹材纸浆生产基地。西南林业大学联合昆明人造板机器厂等单位开发了竹大片/定向刨花板生产设备等。由于多方面的原因，西南地区其他竹业和竹材加工技术装备业较为落后，有限的竹材加工设备主要依靠从省外购置，没有形成该区域自主知识产权、具有品牌优势的竹材加工及其设备制造企业，竹材加工技术装备基础较为薄弱。因此，西南地区竹产业想要进一步产业提升，需要加快自主研发，形成具有本区域品牌优势的竹浆造纸技术装备。

8.4 存在的问题及其原因

8.4.1 存在的问题

8.4.1.1 简单的采用木工机械，科技含量低

竹材具有中空、竹节、易生虫、易霉变、易干裂等特殊的生理和物理特性，与木材相差甚大，因此无论其加工工艺还是加工机械，均有较大区别。由于受技术和成本等因素的限制，很大一部分竹材加工机械是简单地从木工机械直接改造甚至是照搬而来，不能很好地适应竹材加工行业的快速发展。科技含量低的机械设备不仅对产品质量、生产效率和成本、设备的可靠性、耐用性和自动化程度等造成影响，而且在生产过程中安全性较低，甚至危及人身安全。如竹编胶合板的生产，除了没有旋切以外，其余均借用了木质胶合板的工艺设备，竹碎料板基本上借用木质碎料板的工艺设备，而竹胶拼板沿袭的是木质细木工板和木地板的基本工艺设备。由于缺乏优质高效的竹材初加工机械设备及一些专用的削片机、干燥机、拌胶机、铺装机等，使得大部分竹材工业生产，长期以来只能处在半机械化的技术水平。

8.4.1.2 竹材加工技术装备缺乏相应的标准

竹材加工技术装备在中国起步较晚，与此同时竹材加工技术装备标准化工作也随之展开，但由于种种原因，竹材加工机械标准化进展缓慢。由南京林业大学竹材工程研究中心负责编制的《竹材加工机械型号编制方法》（LY/T 1316—1999）于 1999 年发布实施。由于当时竹材加工技术的限制，该标准只将竹材加工技术装备分为 8 类 44 组 264 个系列。进入 21 世纪，随着现代竹材加工业的发展和竹材加工机械技术的革新，原有的林业行业标准已不能完全适应现代竹材加工机械的发展要求。比如涉及安全和环保类的标准严重不足，高新技术，高附加值产品急需的关键技术装备内容少；标准标龄过长，老化现象严重，很多内容陈旧，标准滞后于产品发展的情况比较突出；标准的有效性、市场适应性和服务能力有待提高。在社会越来越重视标准化、品牌化的新形势下，竹材加工技术装备制造业的企业标准参差不齐，缺乏相应的国家标准，造成业内无序竞争，因而必将影响整个行业的综合发展和技术进步。

8.4.1.3 竹材加工技术装备生产布局不合理

经过多年的努力，竹材加工技术装备总体水平有了大幅度的提高。但目前竹材加工技术装备制造企业主要集中在南方少数地区，而突出地区又主要集中在浙江省的几个市(县)。在南方其他广大的竹产区，竹材加工技术装备非常落后，这就造成中国竹材加工技术装备和竹材加工技术的地方差异性，严重阻碍了技术交流和全国整体竹材综合加工利用技术的进步。

国内竹材加工技术装备制造大县浙江省安吉县，集聚了竹加工机械制造企业 40 余家，从业人员 1200 余人，竹加工机械制造年创产值 3 亿元以上，竹工机械在国内市场占有率在 90%以上。多数竹材加工机械制造厂家以生产制造前期初级竹制品的机械为主，而少数企业生产大型设备和成套生产线。竹工机械制造企业以小企业和家庭作坊为主。竹工机械制造企业规模偏小，缺少规模型企业，经营过于分散，效率较低。

8.4.2　原因分析

8.4.2.1　社会对竹材加工技术装备的重视不足

林业为国家公益性行业，相对于其他机械行业，竹材加工技术装备制造行业利润较低，国家和社会重视程度不够。资金投入严重不足、投入增长缓慢已经成为制约竹材加工技术装备制造行业发展的瓶颈，缺乏吸引人才的环境和机制。目前，竹材加工技术装备制造技术很多都是来源于对木材加工机械产品的模仿，缺少对适合竹材本身物理生理结构的加工机械产品技术的应用机理、设计理论的研究，试验设施不健全，设计手段落后，试验数据极度匮乏，难以掌握产品的核心技术。

8.4.2.2　缺乏自主创新

竹材加工技术装备的基础理论研究薄弱。虽然通过不断引进、消化、吸收木材加工机械或其他机械行业中具有代表性的先进机型进行试验、改进和完善，形成了相对完整的竹材加工技术装备种类，但绝大部分设备质量差、竹工机械质量不稳定、产品单一、适合小作坊式竹材加工，不能形成较大的批量生产，难以达到高标准加工的要求。在竹材加工过程中，竹材利用率低、耗能高，安全性得不到保障。竹材加工技术装备缺乏自主创新体系。

8.4.2.3　行业机制不健全

近年来，由于竹材工业的兴起催生了竹材加工技术装备制造行业，可以说竹材加工技术装备制造行业正处于起步阶段。目前，竹材加工技术装备被归为木工机械大类，从而忽视了竹材加工技术装备有别于木工机械的特殊性。中国缺少统一的竹材加工技术装备制造的牵头单位，行业内产品重复建设较多，造成竹材加工技术装备制造企业的无序竞争。现有从事竹材加工技术装备制造的专业厂家较少，难以适应大产业、高精度开发竹材资源的需要，同时由于竹质新材料和新产品的不断拓展，致使原有的竹材加工技术装备更难以适应现代竹材加工的需要，因此，应该健全中国竹材加工技术装备行业的机制。

8.5 发展面临的新形势

8.5.1 政策环境的改变

长期以来，由于竹产品、竹工机械技术含量及附加值较低，行业利润空间较小等原因，我国对竹材加工及其装备业不够重视。随着林业对经济发展起的作用越来越大，国家加大了对林业的重视程度，尤其是竹材加工行业。近年来"以竹代塑"兴起，尤其是"十四五"以来，我国加大了对竹材加工及其装备业的扶持力度，出台了一系列的相关利好政策。

2021 年 3 月 11 日，十三届全国人大四次会议表决通过了关于国民经济和社会发展第十四个五年规划。"十四五"明确指出要实现"生态文明建设实现新进步"的目标。并要加快推动制造业优化升级，如机器人、工程机械等领域。深入实施增强制造业核心竞争力和技术改造专项，鼓励企业应用先进适用技术、加强设备更新和新产品规模化应用。建设智能制造示范工厂，完善智能制造标准体系。关于装备制造业规划涵盖了农业机械装备，因此属于大农业机械范畴的竹材加工技术装备也属于装备制造业振兴范畴。

2021 年 11 月，国家林业和草原局等十部门联合印发《关于加快推进竹产业创新发展的意见》，标志着中国竹产业迎来创新发展时代。《关于加快推进竹产业创新发展的意见》中明确指出，要加快机械装备提档升级。鼓励开展竹产业机械装备改造更新和创新研发，重点推进竹产品初加工和精深加工技术装备研发推广，提高竹产品生产连续化、自动化、智能化水平[10]。

中国竹材加工技术装备应该借此春风，优化产业结构，促进竹材加工技术装备制造业的发展。实现竹材加工装备的升级换代，全面实现竹材加工技术装备的现代化。

8.5.2 产业化的瓶颈

目前，中国竹材加工技术装备制造业水平还很低，竹材加工技术装备现代高新技术还很缺乏。

8.5.2.1 仿制性技术多

竹材加工技术装备技术起步较晚，设备的开发及生产能力薄弱。竹材加工技术装备一般是简单的引自木材加工机械，因而竹材加工机械制造质量低，设备故障率高，功能单一，配套性差，加工竹材的利用率不高。自动化程度、智能化程度还很落后，有待于创新和提高。严重依赖仿制技术，限制了竹材加工技术装备的研发制造。

8.5.2.2 区域发展不平衡

中国竹材资源广泛分布于长江以南地区，而竹材加工技术装备生产主要集中在华东地区的浙江省，湖南省也生产较少的竹材加工机械。而同属产竹大省的福建、四川、江西以及广东等省份，竹材加工技术装备制造还处于空白状态，或处于起步阶段。浙江省的产竹和竹工机械制造大县安吉，集聚了竹加工机械制造企业 40 余家，竹材加工机械在国内市场占有率在 90% 以上。因此中国竹材加工技术装备制造呈现"东强西弱"的态势，区域发展极不平衡，严重阻碍了中西部地区竹材资源的合理高效利用，制约了竹材加工装备整体实力的提升。

8.5.2.3　竹材加工技术装备基础研究不足

由于国内竹材加工技术装备产业规模小、实力弱，使竹材加工机械的应用基础研究缺乏长期稳定支持、对资源节约与环保重视不够，性能不稳定，技术档次低下。在产品结构、制造质量、技术进步等方面与先进机械制造业差距较大。产品结构不合理，适应竹材加工技术装备产业结构调整的新产品开发滞后，技术含量低，高技术产品缺乏；量大面广的产品重复建设严重，生产能力过剩，造成市场过度竞争，企业效益下滑。

8.5.2.4　企业研发力量薄弱，新产品开发难度大，管理粗放

随着竹材加工工艺和竹质新材料的快速发展，竹材加工技术装备具有复杂性和多变性，其批量小、品种多、变化快。许多竹材加工机械产品开发创新投入少，创新能力薄弱，一些产品生产能力过剩、无序竞争，使行业销售收入低，企业无力加大科技创新的投入，无法从事基础性研究，一般开发多采用仿、改的方式进行。许多企业观念落后，管理粗放，对于将来的发展，特别是长远发展缺乏规划和明确定位。对产品的市场调查、组织人力研究开发直至培育和开拓市场，缺乏统一的策划和部署。这些因素严重制约了中国竹材加工技术装备的发展。

8.6　主要发展方向及重点领域

8.6.1　主要发展方向

随着中国对竹产业及其装备制造业的重视，竹材加工技术装备未来应向着精深化、成套化、绿色节能化、智能化、标准化方向发展。

根据竹材加工工艺的革新和新型竹质材料的开发，由传统的竹材加工机械化所需装备向新型竹材加工机械化所需装备发展。由竹材加工制造机械化向高技术生产和生产全过程机械化转变。积极开展竹材造纸、竹材纤维、竹材化学利用、竹材防腐、防蛀、竹质新材料及竹质新能源等加工领域的装备研发，为竹材加工技术装备制造开拓广阔的发展空间。竹材加工技术装备往往为单一产品，没有形成成套化设备。未来的竹材加工设备应向深加工设备转化，形成适合竹材加工特性的竹材加工机械成套装

备。随着竹材工业各种产品、各工序机械化水平的提高,成套加工装备将是未来发展的新方向。为了建立节约型社会和对资源的合理利用,要求竹材加工装备在自身加工制造过程中实现循环经济效益化、零部件可替换,在自身的使用过程中,除降低电、油、水等资源消耗外,必须减少气体污染、噪声污染、粉尘污染及电磁污染等。改善竹材加工环境,实现竹材加工及其加工机械制造业的绿色节能化生产。未来是信息化、智能化的时代,竹材加工技术装备也应尽快广泛融入现代电气技术、信息技术、网络技术,使其信息化、智能化,同时也提高了竹材加工的安全性和舒适性,全面提高生产效率及效益。为了方便竹材加工技术装备的组装、维修及零部件互换,未来须实现竹材加工技术装备的标准化、通用化。制订、修订与竹材加工技术装备相配套的技术和质量标准。实现竹材加工技术装备质量跟踪、检验与控制,注重各种竹材加工技术装备和竹制品在其生产过程中的质量检验装备技术的开发与应用,确保竹材加工技术装备的质量,并推动竹材加工技术装备普及,降低成本,实现竹材加工技术装备的标准化。

8.6.2 竹材加工机械学科建设与发展

竹材加工机械学科建设是指集竹材加工机械学科队伍建设、学科方向确定、基础条件建设、科学研究、人才培养于一体的综合性竹材加工机械专业建设。中国的竹材加工、非木质材料制造和竹材加工机械都包含在林业工程二级学科——木材科学与技术学科里。

目前,除了中国林业科学研究院竹工机械研发中心、南京林业大学竹材工程研发中心及中南林业科技大学竹材工业研究所外,很少有专门的竹材加工机械科研单位及其学科建设。由于在竹材加工工业中,主要集中力量进行竹质新材料及新工艺的研究,因而忽视了竹材加工机械及学科的建设。中国竹材加工机械的学科建设还处于刚起步阶段,造成竹材加工技术装备的研发、人才培养严重滞后于竹材加工业和竹质新材料的开发,阻碍了竹材工业的发展,这与国家提倡的大力开发竹材资源的政策相悖。中国竹材加工技术装备制造业未来有极大发展,应加大用现代生物材料、信息、机械等科学技术改造和提升传统竹材加工技术装备学科的力度,积极探索现代竹材加工技术装备学科创新人才培养模式,加快建设水平较高、特色鲜明的现代竹工机械学科。在现代竹产业的发展过程中,竹材加工技术装备学科不仅要担负起培养现代竹材加工技术装备的专门人才和一批拔尖创新人才的重任,还要积极承担起竹材加工技术装备科技创新、高新技术产业化、竹材加工和机械科学文化繁荣的重任,成为中国林业产业化科技创新体系的组成部分。

要统筹规划,有步骤地设立国家级以及区域性竹工机械技术研发中心,强化竹工机械的原始创新。创建和完善各级竹工机械学科协会、学会、研究会等社团组织,形成本学科开展技术探讨、交流的平台，通过多种形式在不同层面上集聚整合中国竹材加工机械学科力量。

发挥竹材加工技术装备学科在竹材机械基础研究、应用研究、产业化方面的作用。在建设好竹材加工技术装备研发中心的基础上，进而建设竹材新技术装备实验室，为竹材工业的发展提供强有力的技术支持。因此，应尽快在竹材主产区的高等农林院校建立专门的竹材加工技术装备学科。把竹(木)质材料学、机械、化学、力学、自动化等相关方面的学科知识、工艺技术与工程技术结合起来，并引入融合到竹材加工技术装备专业之中。建设一支优秀的竹材加工技术装备研发和教师队伍。编著竹材加工技术装备相关的科技书籍、教材、刊物等。逐步完善竹材加工机械的学科体系，加强竹材加工技术装备的博士、硕士、本科及职业教育的学科体系建设。实现竹材加工技术装备人才的良性、有序、健康的发展。

创新引入人才渠道，把引进人才和引进项目、引进技术、引进设备相结合。加强不同层次人员培训，培育高端林草机械人才，包括行业领军人才和行业科技人才项目。广泛开展林草机械化科技、推广、安全监理和试验鉴定等技术人员的交流和培训，提高技术支撑和保障能力。开展林草机械操作等技能培训和科普宣传，提高从业人员对先进林草机械及技术的接受能力和操作水平。创新教育培训内容，优化师资队伍，提高人力资源的数量和质量。

参考文献

[1]国家林业和草原局. 2020 年中国林业和草原统计年鉴[M]. 北京：中国林业出版社，2021.

[2]费本华，黄艳辉，吉聪辉. 国家储备材的新内涵及建设意义[J]. 木材科学与技术，2022，36(6)：103-108.

[3]吕衡，张健. 安吉县竹产业发展实践与探索[J]. 浙江林业，2020(6)：30-31.

[4]贾佳，单胜道，温国胜. 浙江省竹产业循环经济发展研究[J]. 浙江农林大学学报，2012(3)：123-128.

[5]杨校生. 我国竹子产业的发展现状与趋势 [J]. 今日科技，2003(2)：2.

[6]蒋忠道. 世界的竹子资源状况[J]. 西南造纸，2004，33(2)：1.

[7]周妍，Hla Htay Win，吴志庄. 缅甸竹业及中缅合作展望[J]. 世界林业研究，2021，34(2)：106-111.

[8]竹藤中心. 日本高科技竹产业[J]. 世界竹藤通讯，2012(3)：1.

[9]黄宏亮，邢红，李兰英，等. 浙江省安吉县竹产业机械装备需求分析[J]. 木材加工机械，2021(6)：2.

[10]杨超. 贯彻落实《关于加快推进竹产业创新发展的意见》努力开创竹产业高质量发展的新局面[J]. 世界竹藤通讯，2022，20(1)：1-5.

第9章 ||人造板及表面装饰加工装备

木材工业是中国基础产业的重要组成部分，人造板及表面装饰加工装备的技术水平是衡量一个国家木材综合利用能力的重要标志。近年来，虽然各地区的情况略有差异，但全球经济增速明显放缓，受此影响，国外不同地域人造板工业有升有降，总体态势为平稳中略有下降。而中国人造板工业还处于快速发展阶段，一方面得益于世界木材资源紧张；另一方面得益于中国人造板装备产业的持续创新带动了相关领域的技术进步[1]。

第九次全国森林资源清查资料显示，全国森林面积22044.62万公顷，森林覆盖率22.96%。全国活立木总蓄积量190.07亿立方米，森林蓄积量175.60亿立方米。我国森林资源总量继续位居世界前列，森林面积位居世界第5位，森林蓄积量位居世界第6位，人工林面积继续位居世界首位。

人造板工业是重要原材料产业，与经济社会发展和人民生活息息相关。人造板工业以可再生、可回收和可生物降解的木材、竹材、农作物秸秆等生物质材料为原料，产品为木材制品生产、房屋建造、装饰装修等行业提供基础原材料。

人造板工业是综合利用和高效利用木材或其他植物纤维资源、缓解木材供需矛盾的重要产业，在保护天然林资源、可持续利用森林资源、发展循环经济战略中具有重要地位。1立方米人造板可替代3立方米原木使用，在当前世界可采森林资源日渐短缺的情况下，充分利用林业剩余物、次小薪材和人工速生丰产用材林等资源，可有效缓解经济社会发展对木材刚性需求的压力，满足经济建设和社会发展对木材产品的不同需要，对于建设资源节约型和环境友好型社会、促进人与自然和谐发展有着不可替代的作用。

中国虽然是联合国粮食及农业组织公布的世界上最大的人造板生产大国，但远不是人造板生产强国。开发适合中国国情的大产能、低成本、高效益和实现资源高效利用的人造板成套设备，对于保护我国生态环境和促进林业可持续发展，都具有非常重要的意义。

　　截至 2019 年年底，全国共有胶合板类生产企业 7000 余家，总生产能力约 1.92 亿立方米/年，企业平均生产能力约 2.7 万立方米/年，呈现企业数量和总生产能力双增长、企业平均生产能力下降态势。全国共有纤维板生产线 554 条，合计生产能力达到 5246 万立方米/年，平均单线生产能力达到 9.5 万立方米/年，呈现生产线数量下降、企业数量及总生产能力、平均单线生产能力增长的态势。全国共有刨花板生产线 438 条，合计生产能力达到 3825 万立方米/年，平均单线生产能力达到 8.7 万立方米/年，呈现企业数量、生产线数量、总生产能力和平均单线生产能力全面增长的态势，如图 9-1 所示。

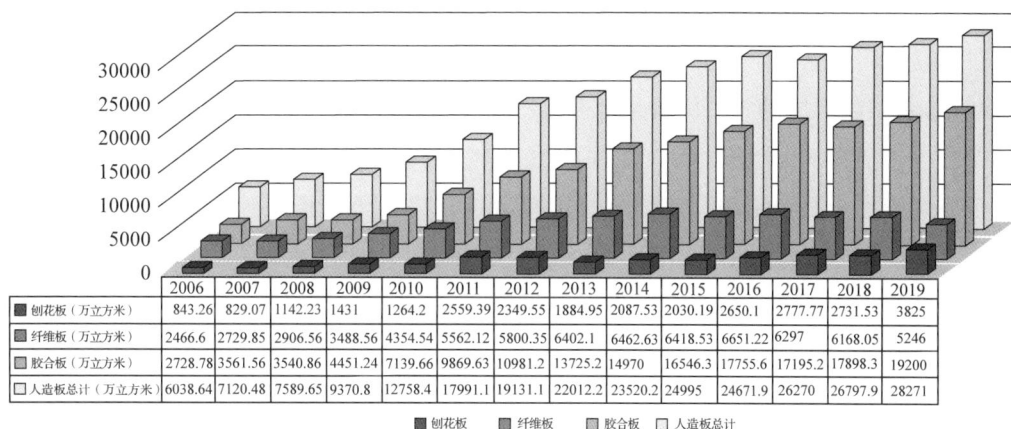

	2006	2007	2008	2009	2010	2011	2012	2013	2014	2015	2016	2017	2018	2019
刨花板（万立方米）	843.26	829.07	1142.23	1431	1264.2	2559.39	2349.55	1884.95	2087.53	2030.19	2650.1	2777.77	2731.53	3825
纤维板（万立方米）	2466.6	2729.85	2906.56	3488.56	4354.54	5562.12	5800.35	6402.1	6462.63	6418.53	6651.22	6297	6168.05	5246
胶合板（万立方米）	2728.78	3561.56	3540.86	4451.24	7139.66	9869.63	10981.2	13725.2	14970	16546.3	17755.6	17195.2	17898.3	19200
人造板总计（万立方米）	6038.64	7120.48	7589.65	9370.8	12758.4	17991.1	19131.1	22012.2	23520.2	24995	24671.9	26270	26797.9	28271

■ 刨花板　■ 纤维板　■ 胶合板　□ 人造板总计

图 9-1　中国人造板 2006—2019 年来生产产量变化情况

　　"十三五"时期，中国人造板产量保持稳定，品种进一步丰富，结构不断优化。供给侧结构性改革加速推进，产业发展质量明显提高，一批实时感知、数据驱动、柔性敏捷、网络协同的智能工厂陆续建成。在"十四五"时期我国全面建成小康社会，实现第一个百年奋斗目标之后，乘势而上开启全面建设社会主义现代化国家新征程的历史节点上，践行"两山"理念，建设生态文明，加快构建完整的内需体系，逐步形成以国内大循环为主体、国内国际双循环相互促进的新发展格局下，中国人造板及表面装饰加工技术装备发展也迎来了前所未有的战略机遇。

9.1　定义与分类

9.1.1　定　义

　　人造板装备是指生产胶合板、纤维板和刨花板及其表面装饰加工的机械和成套设备，主要包括削片机、刨片机、旋切机、风洗机或水洗机、热磨机、干燥机、施胶施蜡系统、热压机、砂光机，以及人造板连续压机、铺装机、饰面压机、热能中心等。

9.1.2 分　类

人造板装备按照板种分类，主要分为胶合板设备、刨花板设备、纤维板设备和表面装饰加工设备。各个板种加工装备组成有很大的差别，但部分设备是相近的，有的甚至可以应用同种设备。按照生产工艺主要由备料、干燥、施胶、铺装（组坯）、热压、裁板及砂光等工序组成。

胶合板生产备料工序包括旋切木段备料和木段旋切。旋切木段备料设备包括木段水热处理设施、剥皮机、原木截断锯机；木段旋切装备主要是旋切机；干燥工序的主要设备是辊筒式单板干燥机、网带式单板干燥机；施胶工序的主要设备是涂胶机（或淋胶机）；组坯工序的主要设备是拼板机；热压工序的主要设备是热压机；裁板工序的主要设备是纵横锯边机；砂光工序的主要设备是辊式砂光机或宽带式砂光机。胶合板设备生产用于家具制作及装饰装修用胶合板、混凝土模板用胶合板、包装用胶合板、实木复合地板基材用胶合板、集装箱底板用胶合板等主要品种。

刨花板生产备料工序的主要设备是削片机、刨片机、再碎机；干燥与分选工序的主要设备是回转式刨花干燥机、转子式刨花干燥机、通道式滚筒刨花干燥机、刨花机械分选机、刨花气流分选机；施胶工序的主要设备是施胶施蜡系统；铺装工序主要设备是铺装机，包括刨花定量系统和铺装系统；热压工序的主要设备是热压机；裁板工序的主要设备是纵横锯边机；砂光工序的主要设备是宽带式砂光机。刨花板设备生产用于家具制作用刨花板、定向刨花板、挤压法空心刨花板、非木质刨花板、水泥刨花板以及功能型刨花板等主要品种。

纤维板生产备料工序包括原料准备和纤维分离。原料准备包括削片、洗涤、软化，所用设备是削片机、风洗机或水洗机；纤维分离的主要设备是热磨机；干燥工序的主要设备是气流干燥系统；施胶工序的主要设备是施胶施蜡系统；热压工序、裁板工序、砂光工序的装备基本上与刨花板生产装备相近或相同。纤维板设备生产用于家具制作及装饰装修用纤维板、地板基材用纤维板、复合门制作用纤维板、包装用纤维板、特种纤维板、湿法硬质纤维板以及轻质纤维板等主要品种[2]。

根据《人造板机械设备型号编制方法》（GB/T 18003—1999）规定，人造板装备分为39类，如表9-1所示。

表 9-1　人造板机械设备名称及分类代号

序号	类别	代号	序号	类别	代号	序号	类别	代号
1	削片机	BX	14	刨切机	BB	27	料仓	BLC
2	铺装成型机	BP	15	剪板机	BJ	28	分离器	BFL
3	干燥机	BG	16	挖孔补节机	BK	29	电磁振动器	BZD
4	压机	BY	17	拼缝机	BPF	30	磁选装置	BCX
5	裁边机	BC	18	组坯机	BZP	31	升降台	BSJ
6	砂光机	BSG	19	磨浆机	BM	32	堆拆垛机	BDD
7	施胶机	BS	20	后处理设备	BH	33	计量秤	BJL
8	专用运输机	BZY	21	横截机	BHJ	34	浸渍干燥机	BJG
9	分选机	BF	22	装卸机	BZX	35	磨刀机	BMD
10	削皮机	BBP	23	分板机	BFB	36	容器	BR
11	定心机	BD	24	冷却翻板机	BLF	37	浓度调节器	BTJ
12	旋切机	BXQ	25	垫板处理设备	BCL	38	拼接板机	BPB
13	卷板机	BJB	26	木片清洗机	BQX	39	其他	BQT

9.2　国外现状及发展趋势

9.2.1　国外现状

随着人工智能、工业互联网、大数据等新一代信息技术与制造业融合发展，计算机技术、自动监测和控制技术、安全报警和处理技术、生产环境卫生监控技术的广泛应用，国外人造板装备实现了大型化、高速化、自动化和智能化的发展和广泛应用[3]。

国外人造板装备生产线全部采用计算机集中控制，通过现场总线系统实现全线检测与控制，一般每班只需要 7~8 名生产人员，所有操作均通过人机界面来完成。通过连续监控和不断调整实现最优的生产过程，通过高度自动化和高度灵活性来实现经济性生产。采用能源中心既可节省大量的燃料成本，又可消化工厂剩余物，使生产线更加环保。

9.2.1.1　连续压机核心装备技术不断创新，带动了相关设备的技术进步

人造板工业是世界林产工业现代化的重要体现，工业的现代化离不开生产技术与装备的现代化。近年来，世界人造板工业的稳固发展，与促进工艺技术长足发展的核心设备的技术创新是分不开的，最突出的例子是连续压机技术的不断进步。连续压机具有生产连续、产量高、幅面大、规格灵活等特点，有效地促进了人造板工艺技术、生产线其他相关设备与控制检测技术的长足发展，可以说，连续压机的出现是人造板工业的一场革命。

回顾人造板装备的发展史，行业大集团迪芬巴赫、辛北尔康普无一例外都是紧紧抓住热压机这个生产线关键核心设备的技术创新进行的。以中密度纤维板（MDF）生产线为例，目前迪芬巴赫开发的连续压机进料速度达到 150 米/分钟，人造板产品宽度 1.08~3.2 米，板厚 1.0~60.0 毫米。辛北尔康普持续研究开发的第九代连续压机采用同步电机技术，提高了进料速度稳定性，实现节省高达 14%。新建的 MDF（含 HDF、THDF）、刨花板（PB）、定向刨花板（OSB）生产线，单线生产能力 20 万立方米/年以上几乎全部采用连续压机技术，连续压机领导了核心装备技术创新的新潮流，并带动了生产线相关主机设备和生产工艺的技术进步[4]。

9.2.1.2 生产线实现全过程自动化控制，广泛应用先进设计与智能制造手段

应用在人造板生产上的先进自动化过程控制技术，将一次控制与基础自动化控制完全分离，使生产线不受过程管理配置的影响和约束，采用面向未来的先进技术，如分布式智能开放式系统、数据联网和中心数据库等；在人机对话方面，按人机工程学设计使用界面，操作简便，具有过程及质量数据管理、生产数据管理和报告、自动更换产品、带有配方和订货管理的全自动生产和企业范围的信息口等先进功能。自动化过程控制系统作为生产过程和产品的在线信息平台，目的在于提高设备生产效率，通过连续监控和不断调整实现最优的生产过程，通过高度自动化和高度灵活性来实现经济性生产。

自动化过程控制系统出众的工艺管理主要体现在：通过节能和节约原料降低成本；通过连续对所有参数的记录、检查、控制和最优化来提高板材的质量；通过清晰的彩色示图提供的信息，实现轻松操作；通过对话、简单术语表示的可视画面和帮助功能确保避免误操作；通过产品数据报告和评估完成控制和计划；通过对故障源的系统性地识别和分析以及在线支持，降低停机时间和提高生产效率；不需中断运行，可全面、自动完成生产调整并根据指令全自动化实施生产控制和在线维护。

9.2.1.3 生产线实现远程在线监控服务，全面提高设备运行的可靠性和生产量

生产线远程在线监控服务系统，可保证在 24 小时的任何时间、全球范围内的任何地点解决用户本地的问题。这种生产线远程在线监控服务系统，过去应用数字式网络和卫星通信联络方式，现在发展到工业互联网。在人造板生产线铺装和连续压机工序中，应用多媒体远程诊断、技术支持、维护和故障检修功能已经成为现实，从而节省了技术人员的差旅费用，大大提高了生产线运行的可靠性和生产量。

远程控制和移动摄像装置可以设置在工厂生产线需要的位置，实时传输画面和声音。双向的技术交流确保用户实时得到商家技术中心的相关数据和分析结果,确保及时诊断和发现问题,还可以通过多媒体视频会议等方式进行。在用户发出准许用户进入系统口令后,技术中心的服务专家可以直接访问工厂的所有的软件和硬件装置(可视化、可编程控制器、驱动、现场总线、位置自动化系统等)且与客户直接对话,进行故障处理,如果用户许可,还可进行有关程序的更改或优化处理。

9.2.1.4　人造板质量检测测量和控制技术

人造板生产线全过程质量控制测量技术实时在线监测木片、板坯、人造板产品的厚度、湿度、重量等物理基本量,以及基于物理模型的关键工艺参数的测量,在线自动检测板坯厚度不均、鼓泡分层、剖面密度、木片杂质分选、异物检测、铺装优化、纤维质量、表面质量、甲醛分析等关键工序参数的变化。格雷康(GreCon)新推出激光型非接触式在线厚度测量仪实时测量固态、柔性及含水型等多种形态板坯的厚度,厚度精度可达到 0.01 毫米。通过上下测量头差值连续检测热压机、砂光机的实时厚度,及时通知调整热压机及砂光机运行状况,有效提高板材质量并有效降低原材料损耗。通过在线鼓泡及胶合性检测板材内部粘合程度,实现多达 16384 种颜色显示板材质量趋势。饰面板扫描仪利用高速工业相机替代人工,在线监控人造板装饰表面的瑕疵的类型、位置和数量,降低人工分拣成本。

9.2.2　发展趋势

国外人造板机械工业正向集团化、大型化、自动化、智能化和广泛应用高新技术,扩大原材料范围、提高原料利用率和产品质量,节能和安全生产以及注重环境保护等方向发展。世界各国为进一步节约原材料和能源、提高产品质量和降低生产成本,都在进一步改进和完善生产工艺和技术装备,大力引入现代科技成果,使人造板生产装备的技术水平不断提高,生产能力持续增加,施胶量和能耗持续降低,注重环境保护和可持续发展,尤以欧洲和北美洲最为显著。近年来研制出多种新型的人造板机械,如薄片刨片机、大容量振动筛、省胶施胶系统、智能空气管理系统等,其设备性能、制造精度、产品质量和生产效率不断提高,结构不断改进。

人造板装备企业将进一步实现大型化、集团化重组,促使其核心竞争力迅速提升。目前人造板装备行业新的三大集团迪芬巴赫(Dieffenbacher)、辛北尔康普(Siempelkamp)和意玛帕尔(IMAL-PAL),人造板机械成套设备生产能力占全世界总生产能力的 80%以上。劳特(RAUTE)通过跨国并购,巩固了其在胶合板生产线设备技术领域的领先地位。国外人造板装备制造业呈现出生产规模大型化、生产过程智能化、生产运行安全化、设备生产环保化和技术创新持续化的发展趋势。

9.3 国内发展历程及现状

9.3.1 发展历程

中国人造板装备制造发展取得明显成效，整体呈现产品由低中端向中高端发展，装备水平由半机械化、半自动化向机械化、自动化、数控化、智能化发展，生产能力由低中产能向中高产能发展。

9.3.1.1 关键主机装备技术的持续创新，开启了智能制造的新时代

亚联机械股份有限公司的1.0毫米超薄纤维板连续平压机的成功开发（图9-2），标志着国产人造板关键装备的技术水平达到国际领先，形成了双钢带连续平压机生产线从4英尺、6英尺、8英尺、9英尺产品类型到纤维板、刨花板、定向刨花板产品功能的广泛应用。

图9-2 新一代 E 系列连续压机

苏福马机械有限公司开发的高速砂光锯切生产线（图9-3），集成砂光、锯切生产线，砂光、锯切、拣板、打包一体化，配套年产能15万~80万立方米中密度纤维板（刨花板）连续压机或多层压机生产线，能满足最小厚度2.0毫米的薄板砂光，砂光速度高达120米/分钟。成为国际上少数能组合提供砂光机与规格锯的设备提供商之一。

镇江中福马机械有限公司是

图9-3 高速砂光锯切生产线

国内主要的纤刨类人造板备料设备制造厂家，公司主导产品削片机、刨片机、热磨机等产品已经达到了国外产品的同等水平。其中，生产的 BX4616/6 型环式刨片机(图 9-4)，最大刀环直径达 1600 毫米，宽度 600 毫米，单机生产能力 13~18 吨/小时(绝干刨花)，可配套年产30 万立方米的刨花板生产线。BX4920/7 型长材刨片机实现了原木的自动上料、理料、进料及刨切，可满足年产 18 万立方米定向刨花板生产线要求。其自主研发的第五代 EX 系列热磨机，磨盘间隙液压伺服控制，实现木片有序地挤压撕裂和逐层出料，有效提高了木纤维和中、高密度纤维板的产品质量[5]。

图 9-4　BX4616/6 型环式刨片机

随着技术日臻成熟，作为亚联机械、福马机械和上海板机三家大产量连续压机的技术补充，以多层压机为主的中等产量规模企业，也极具市场竞争力。临沂市新天力机械有限公司致力于多层压机制造薄板技术的创新，攻克了 8.0 毫米刨花板薄板，开发了木质、棉秆、芦苇等多种刨花板类的成套生产线设备。信阳合众人造板机械有限责任公司拓展了人造板原料的种类，在传统刨花板的基础上，开发竹材纤维(刨花)板生产线设备，扩大人造板装备的应用领域。

9.3.1.2　胶合板生产连续化的技术突破，形成了中国制造的新模式

我国胶合板装备率先进入了数控化时代、一改单机分散操作的历史，形成了具有规模产量的连续化、自动化和高产能生产线，同时带动了山东、广西、浙江等地胶合板企业的技术创新。山东百圣源集团有限公司研制的薄单板旋切智能生产线设备具有压尺直线调整的数控装置(图 9-5)，可实现单板厚度的在线自动调整，有效提高了薄单板旋切的表面质量[6]。

山西秋林机械有限公司研制的卧式自动进给多层热压机线(图 9-6)，突破了两侧对中加压技术，压机最大层数达到 130 层，实现了胶合板上料(毛板自动送入装板机)、垫板回送、装板、热压及卸板过程的全自动生产。通过缩短压机的装板、闭合和卸板时间，可生产厚度为 9~25 毫米的胶合板，满足年产 10 万立方米的生产线需求。山东旋金机械有限公司突破厚单板旋切技术难点，减少了单板背面裂隙，可快速旋切 4.0 毫米厚度以上的单板，实现原木剥皮、旋切、剪裁、堆垛连续化生产，满足重组木、胶合板的加工质量和产量需求。山东长兴木业机械有限公司探索单板全自动组坯的工艺创新，通过将旋切的单板横向拼接、自动卷板和自动放板等连续加工，力争实现胶合板的单板涂胶、组坯、修补、热压加工一体化的整张化智能制造[7]。

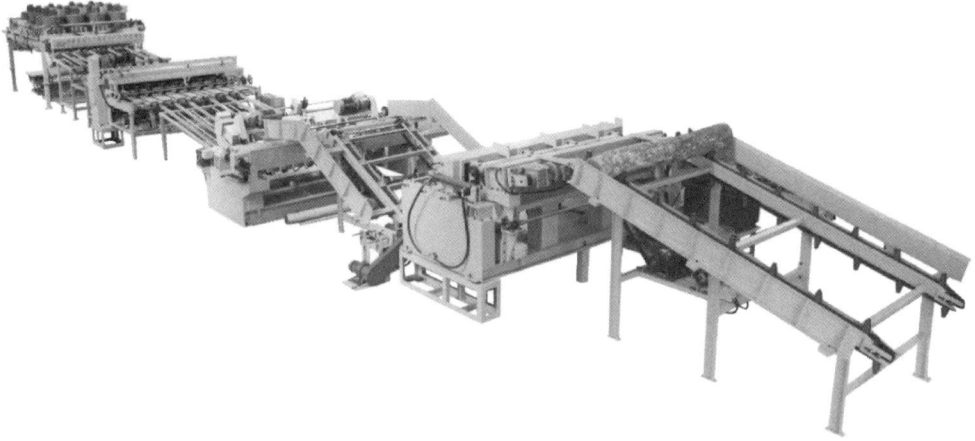

图 9-5 GBX2600/5×7L 表板智能生产线

图 9-6 130 层卧式自动进给多层热压机线

9.3.1.3 表面装饰加工技术攻坚克难，推动了全过程自动化的新进程

在人造板表面装饰加工设备方面，近年来国内呈现出一种蓬勃发展的态势。用于生产饰面纸、装饰纸的浸渍纸类设备，生产各种家装板材、地板和功能性板材的短周期快速贴面生产线设备等，与国外同类设备差距明显缩小，有些国产设备与国外设备在技术水平和性能方面基本处于同一档次，但价格具有明显优势。

苏州华翔木业机械有限公司开发投产的系列全自动双面同步对纹短周期贴面生产线（图 9-7），具有单、双幅面等多种规格，可实现自动铺纸、自动视觉识别，通过精确的压力调节和温度控制系统，保证了人造板基材的最佳压贴质量，其技术先进性和制造质量处于世界前列水平。

图 9-7 全自动双面同步对纹短周期贴面生产线

苏州益维高科技发展有限公司凭借自主研发的人造板表面装饰浸渍、饰面用装饰纸与涂布干燥生产线的优势(图 9-8)，在激烈的市场竞争中脱颖而出，成为国内人造板浸渍干燥加工领域的第一品牌，与德国、意大利企业在国际市场上形成了三足鼎立之势。

图 9-8 表面装饰浸渍涂布干燥生产线

9.3.1.4 生产线配套设备制造技术的转型升级，打造了全过程竞争的新优势

随着环境保护政策的加强，胶黏剂、粉尘、热能、润滑油等配套设备在人造板生

产中的位置突显。调供胶与拌胶机系统发展成为涉及板种多、技术集成高的工段之一。

漳州捷龙自动化技术有限公司配套的人造板调施胶系统、板坯密度自控系统、蒸汽喷胶系统,实现了人造板生产过程中施胶质量的监测控制。江苏平陵机械有限公司专注于粉尘除尘系统的开发,根据人造板加工过程中产生的粉尘特性,集成惯性分离和机械过滤技术为一体的中央除尘系统,有助于实现粉尘的全面收集和处理。常州青山能源设备有限公司研制的热能中心以木质废料为燃料,通过层燃及室燃组合的燃烧方法,提供砂光粉、树皮等多种热介质的热能系统,有效提高了热能效率和废料利用率。朝阳宏达机械有限公司可为人造板生产线专业设计制造各种成套的后处理输送设备,满足国内外人造板装备生产线的配套需求(图9-9)。

图9-9 后处理输送设备

9.3.2 总体现状

以人造板连续压机、热磨机、旋切机为代表的关键技术装备取得积极进展,智能制造和先进工艺在人造板装备产业不断普及,制造企业数字化、网络化、智能化步伐明显加快,关键工艺流程数控化率大大提高,成套装备生产线出口量逐步增加,形成了人造板装备中国制造的新模式。

近年来以国产设备为主体的胶合板设备已占胶合板总产能的96%,以国产设备为主体的刨花板生产线已占刨花板总产能的76%,以国产设备为主体的中/高密度纤维板生产线已占中/高密度纤维板总产能的80%,以上数据清楚地反映出中国人造板装备制造业对人造板工业发展所作的贡献。同时,部分国际大公司为降低成本,在向我国出口大型成套设备时,已越来越多采用国产重要单机和辅机设备作为配套,一些生产线主机部件也在国内寻求协作生产。经过四十多年的发展，从单纯模仿国外产品逐步过渡到能自主创新的较高水平，一批国产人造板装备逐渐赢得了市场的信任，在国内外建立了品牌和信誉。

智能制造在全球范围内快速发展，已成为制造业的重要发展趋势，将对人造板装备产业发展和分工格局带来深刻影响。林业发达国家实施"再工业化"战略，不断推出发展林业智能装备的新举措，通过政府、行业协会、企业等协同推进，积极培育装备制造业未来竞争优势，这些变化与转型将开启一个以大型高端智能人造板装备为主的新时代。

因此，我们必须遵循客观规律，立足国情、着眼长远，加强统筹谋划，积极应对挑战，抓住全球制造业分工调整和我国智能制造快速发展的战略机遇期，培育具有国际竞争力的人造板装备龙头企业，带动相关中小企业发展，形成集群效应，增强装备产业竞争合力，将是未来我国人造板装备产业发展努力的方向[8]。

9.4　存在的问题及其原因

9.4.1　存在的问题

改革开放四十多年以来，中国人造板装备产业快速发展，从研究、开发、生产、检验到销售，建立了完整的体系，成为人造板装备制造大国。生产的胶合板、刨花板、中密度纤维板设备等多种产品销往美国、欧洲、南美洲、俄罗斯、东南亚、非洲等国家和地区。但从总体看，人造板装备制造业的企业规模不够大，机械创新设计和工艺研究开发能力不强，尤其是主机设备和关键工艺技术创新能力不够，还处于追踪和模仿的水平，生产线的自动控制、监控服务和环保手段有待增强，与国际先进水平差距较大。具体表现在：

9.4.1.1　人造板装备产业核心技术缺失，自主研发能力不强

人造板装备研发和生产工艺理论研究基础薄弱，科学探索前瞻性差，产业应用基础供给不足，制约了机械产品的设计技术、可靠性技术、制造工艺与流程、关键部件材料性能研究及发展。人造板基础工艺研究投入严重不足，工艺技术相对落后，造成设备设计制造和生产工艺研究相脱节，导致成套设备难以满足工艺的要求，设备制造企业难以进一步突破提升，使得人造板产品质量难以提高，阻碍了人造板机械产业高质量发展。

9.4.1.2　人造板装备产业规模较大，但质量效益总体不高

人造板装备产业快速发展，人造板工业规模已经多年跃居世界第一，但和传统人造板装备强国相比，质量效益方面竞争力还不够强。制造企业生产技术总体水平较

低，处于"制造—加工—组装"低技术含量和低附加值环节，生产方式比较粗放，自主品牌长期徘徊在人造板工业价值链的中低端，中高端的装备供给尤其是年产 10 万立方米以上胶合板生产线设备、年产 20 万立方米以上纤维板(刨花板)生产线设备供给明显不足，缺少具有国际影响力的大型企业和著名品牌，在全国产业分工中处于低端水平，与全球相比差距较大。

9.4.1.3 人造板装备产业缺乏国家政策性支持，科研支持力度较弱

由于缺乏相应的政策引导，人造板装备产业进入门槛不高，低水平重复建设较为严重，行业内的无序竞争造成市场混乱，部分落后产能过剩，制造企业转型升级乏力。人造板装备配套企业分属不同的部门和行业，得不到足够的重视，与配套的上游材料、设备、零配件等行业的发展严重脱节，许多关键原材料、设备及零配件无法自主生产，需要从国外进口。科研与生产实际结合不紧密，缺乏科学系统规划和专项计划集中扶持，仅依靠企业自身力量研发，很难跟上信息技术与制造业产业历史性重大变革的步伐。

9.4.2 原因分析

9.4.2.1 行业整体科技储备不足，企业缺乏核心竞争力

与发达国家相比，中国人造板生产企业规模普遍偏小，即使像中密度纤维板这类技术和资金相对密集的企业也不例外。国内中密度纤维板生产线的平均年生产能力为 10 万立方米，企业不仅规模小、技术装备水平也普遍偏低。虽然少数中密度纤维板和刨花板设备已接近或达到国际先进水平，但多数中密度纤维板和刨花板生产企业还处在 21 世纪初的国际水平。而胶合板生产企业的设备自动化程度低，手工、机械化、自动化半自动化并存，单机多序仍是主流。这样提供的机械质量良莠不齐，从而导致人造板产品质量无法保证，更无法与进口产品相抗衡。

9.4.2.2 技术开发力量薄弱，资金投入不足，技术进步缓慢

人造板装备产业较早地引进了一批国外先进技术，但对消化吸收缺乏足够的软硬件投入。市场竞争实际上是技术实力的较量，国外对此极为重视，纷纷加大投入，占领技术制高点，各大著名公司用于科研开发的资金均占其销售额的 4%~5%，重点领域达 10%。而国内企业自主创新能力弱，易受知识产权制约。长期以来，我国人造板机械的产品开发，多停留在低水平的重复模仿上，缺少自主的核心技术，自主研发能力薄弱，企业只注重眼前利益，对长远的发展缺乏足够的投入，发展后续乏力。

9.4.2.3 行业共性技术研发体系缺失，没有形成全产业链协同创新机制

随着人造板产量增加和新品种增多，其用户有了较大的选择余地，对人造板产品质量提出了更高的要求，需要人造板装备制造业能够提供质量更好、性能更完善的生产线设备。而人造板装备产业经济总量小、产品品种规格繁多、龙头企业少、产业集

中度低，存在的技术问题分散又不够高端，因而得不到足够重视。虽然国内有不少高等院校从事科研工作，但与生产实际结合得不紧密，特别是科研成果转化为成熟产品的速度慢。以企业为主体的研发体系有待完善。创新体制的不完善、不合理制约了人造板装备产业技术革新的能力，造成的后果是研究的成果要么不适应企业和市场的需要，要么就是被束之高阁，无法转化为实际生产成果[9]。

9.5　发展面临的新形势

9.5.1　政策环境的改变

"十四五"时期中国进入新发展阶段，国内外环境的深刻变化带来一系列新机遇新挑战。中国已进入高质量发展阶段，社会主要矛盾已经转化为人民日益增长的美好生活需要和不平衡不充分的发展之间的矛盾，人均国内生产总值达到 1 万美元，城镇化率超过 60%，中等收入群体超过 4 亿人，人民对美好生活的要求不断提高。在中国加快构建完整的内需体系，逐步形成国内大循环为主体、国内国际双循环相互促进的新发展格局下，人造板装备产业面对发展的机遇和挑战。

9.5.1.1　新版《中华人民共和国森林法》修订发布

2019 年 12 月 28 日新修订通过的《中华人民共和国森林法》（简称《森林法》），提出把握国有林和集体林、公益林和商品林两条主线，建立和完善了森林资源保护管理制度，主要有森林权属制度、分类经营管理制度、森林资源保护制度、造林绿化制度、林木采伐制度和监督保障制度。实行森林分类经营管理，保护好各类林业经营主体的合法权益，实现林业建设可持续发展，是此次修订《森林法》的重要亮点。新《森林法》取消了木材运输许可制度，完善了林木采伐制度，既坚持森林资源的有效保护管理，又充分保护林业经营者的合法权益。采伐林地上的林木应当申请采伐许可证，并按照采伐许可证的规定进行采伐。采伐自然保护区以外的竹林，不需要申请采伐许可证，但应当符合林木采伐技术规程。农村居民采伐自留地和房前屋后个人所有的零星林木，不需要申请采伐许可证。

9.5.1.2　中共中央、国务院提出构建"双循环"发展新格局

受中美贸易摩擦和新冠肺炎疫情影响，全球经济发展面临极大挑战，原有世界经济秩序面临巨大变革压力，全球经济发展前景不确定性增加。党中央和国务院及时提出要把满足国内需求作为发展的出发点和落脚点，加快构建完整的内需体系，逐步形成以国内大循环为主体、国内国际双循环相互促进的新发展格局，培育新形势下中国参与国际合作和竞争新优势。构建"双循环"新发展格局，是面对国际政治经济环境发生的复杂深刻变化，针对中国经济发展新阶段出现的新情况、新问题、新需要而提

出的新战略，具有深刻的历史背景、现实考量和战略远见。

在"双循环"新发展格局下，需要以新的思维来理解我国林业长期执行的"两种资源、两个市场"发展策略。国内国际双循环不是有内无外，也不是有外无内，二者是辩证统一关系，相互影响、相互交融、相互促进、相得益彰，人造板工业"两种资源"的发展格局将长期存在，市场将通过发挥内需潜力，使国内市场和国际市场更好地联通，更好地利用国内国际两个市场、两种资源，实现更加强劲可持续的发展。

9.5.1.3 中共中央制定国家"十四五"规划和二〇三五年远景目标

2020年10月29日，中国共产党第十九届中央委员会第五次全体会议通过《中共中央关于制定国民经济和社会发展第十四个五年规划和二〇三五年远景目标的建议》。

党中央提出，坚持创新驱动发展，全面塑造发展新优势。坚持创新在我国现代化建设全局中的核心地位，把科技自立自强作为国家发展的战略支撑，面向世界科技前沿、面向经济主战场、面向国家重大需求、面向人民生命健康，深入实施科教兴国战略、人才强国战略、创新驱动发展战略，完善国家创新体系，加快建设科技强国。

提升企业技术创新能力。强化企业创新主体地位，促进各类创新要素向企业集聚。推进产学研深度融合，支持企业牵头组建创新联合体，承担国家重大科技项目。发挥企业家在技术创新中的重要作用，鼓励企业加大研发投入，对企业投入基础研究实行税收优惠。发挥大企业引领支撑作用，支持创新型中小微企业成长为创新重要发源地，加强共性技术平台建设，推动产业链上中下游、大中小企业融通创新。

9.5.2 产业化的瓶颈

人造板工业以独有的高效利用森林资源、环境友好等特性，为不断满足中国国民经济发展、人民生产生活需求和国家木材安全发挥着无可替代的重要作用。但是我国人造板装备的整体发展水平与发达国家的差距仍然较大。这是一个必须承认的客观事实。也就是说，从全行业的角度看，在供给侧结构性改革推进的关键时期，仍然在传统产业模式下低水平重复运行，没有真正转到现代技术的高水平发展轨道上来，这就是我国人造板装备产业发展的瓶颈所在[7]。

随着人造板产量的快速增长，带来了资源和能源供应紧张、数量增长与产品质量及经济效益的不同步、市场竞争加剧、环境压力加大等多方面的矛盾，影响到了人造板工业的可持续发展。其中，比较突出的问题是由于原料紧张，价格不断上涨，已使部分企业难以承受成本上升的压力，国内很难找到原料可供应年产20万立方米以上规模的地区。可以说，人造板原料资源问题已成为限制人造板工业以及人造板机械制造行业发展的瓶颈。

上游原材料产品价格和运输成本的上升，也将直接影响人造板工业的经济效益，同时叠加环境保护、安全生产、能源成本的多重压力，目前已有不少人造板生产企业由于上述原因不能正常生产，此种现象在山东、河北、广东等地比较突出。因此，"十四五"期间及今后更长时期，国内不可能像前几年那样每年都上多条具有一定规模的人造板生产线，也就是说国内大型人造板成套设备的市场将稳中有变。因此，需要迈出国门，加大国际市场的开发力度，在国际市场上多做文章，将成为中国人造板装备制造业下一步发展的走向。

9.6　主要发展方向及重点领域

9.6.1　主要发展方向

中国已进入高质量发展阶段，在加快构建国内大循环为主体、国内国际双循环相互促进的新发展格局下，国产人造板装备产业发展的机遇与挑战并存。中国人造板装备制造企业必须联合起来，加强统筹谋划，积极应对挑战，抓住全球制造业分工调整和我国智能制造快速发展的战略机遇期，培育具有国际竞争力的人造板装备龙头企业，带动相关中小企业发展，形成集群效应，增强装备产业竞争合力，追赶世界先进水平，参与国际竞争，主要应在如下几个方向重点发展：

9.6.1.1　完善人造板装备产业技术创新机制

紧跟人造板工业发展需求，加快推进人造板装备创新，加强顶层设计与动态评估，支持产学研推用深度融合，增强科研院所原始创新能力，完善以企业为主体、市场为导向的人造板装备创新体系。研发高度自动化、智能化的先进设备和研发符合国情的先进适用的设备并举。既要发展提高劳动生产率的高度自动化、智能化设备，以提高人造板工业的技术水平；同时要开发符合国情的节能降耗和减轻劳动强度的机械设备，从而提高后者的产品质量和减轻操作人员的劳动强度，保障其安全。

通过研究新工艺，完善设备的设计制造功能；通过改善和提高配套件的技术和质量，提高主机或整条生产线制造水平。在人造板生产中，设备要满足工艺要求，工艺决定着设备。有些问题设备无法解决，可以通过改善工艺加以解决。所以，人造板机械制造厂应与高等院校、科研院所合作或自行设置专门的人造板工艺研究机构，加强对人造板生产工艺的研究，以完善设备的设计制造，彻底改变目前工艺研究与设备开发结合不紧密的状况。

9.6.1.2　建立新一代人造板装备关键共性技术体系

围绕提升我国人造板装备国际竞争力的迫切需求，新一代人造板装备关键共性技术的研发要以连续压机为核心，以工艺和关键主机设备为基础，以提升感知识别、运动执行、人机交互能力为重点，推进智能制造关键技术装备、核心支撑软件、工业互联网等系统集成应用，形成开放兼容、稳定成熟的技术体系。

"十四五"期间开发的产品肯定要以提高产能性能、提高控制水平、提高可靠性及安全性，以低消耗、低能耗、低排放、低成本、高效率、高性能为主要目标，特别是应该研究开发新型的长材刨片设备，提高木片质量、降低能耗；研究开发节能单板干燥机，提高单板质量、降低热耗，以解决大规模生产胶合板时的干燥瓶颈。同时，注意废水、废气、噪音、粉尘等环境指标的控制，将其严格控制在国家标准规定范围之内。

9.6.1.3 加快推进人造板装备产业智能化升级

虽然中国人造板装备产业有了很大发展，但关键设备制造技术整体有待提高，基础理论研究不够，人造板生产线自动化和智能化水平不高，自动控制和监控手段落后，大部分企业虽然采用了编程实现生产线自动控制，但很难实现全过程在线检测、自动智能监控，与进口生产线采用计算机全过程控制和质量监测技术有较大差别。自主创新能力不足是中国人造板机械制造业同发达国家相比最大的差距。在国际上激烈竞争的今天，继续依靠引进技术提升自己的技术水平是很困难的，也是不现实的。在自主创新的基础上，开发的产品应以加强智能控制、工业互联网、大数据的融合，提高产能性能、提高智能控制水平、提高可靠性和安全性、节能增效为主要目标。

9.6.1.4 推进人造板装备全产业链协同发展

支持人造板装备产业链上下游企业加强协同，攻克关键部件材料、生产工艺、电子信息、环保胶黏剂与润滑油等"卡脖子"问题。引导零部件企业与整机企业构建成本共担、利益共享的新型合作机制，推进新型节能增效液压件、专用刀具、质量监测传感器等零部件研发与配套，加快关键技术产业化。推动整机企业加强技术创新和内部管理，提升智能化制造水平和质量管控能力，探索开展个性化定制、网络精准营销、在线支持服务等新型商业模式。建立健全售后服务网络，加快推广应用质量监测、维修诊断、远程调度等信息化服务平台，创新人造板装备服务模式。

9.6.1.5 加强国际合作及开展国际配套

"十四五"期间，应继续实施国家"一带一路"战略、"走出去"和"请进来"战略，不断拓宽人造板机械制造业的国际合作与交流的领域和渠道。要加强与世界知名科研机构、大学、跨国公司的合作，密切跟踪国际人造板制造行业的科技前沿，在积极引进并消化吸收国外先进技术、管理经验基础上，强化自主创新，扩展拥有自主知识产权的科技成果，提高国际竞争力。同时，要提高人造板成套设备的内在质量和工作可靠性、安全性以及提高生产线的开工率，所选用的液压件、气动件、电子元件等标准件最好为国际知名产品，加强开展国际配套。

9.6.2 重点发展领域

我国未来人造板装备产业应该在以下 5 个方面重点发展：

9.6.2.1 胶合板连续化生产线装备

随着胶合板用材径级的减小、用材的多样化，胶合板生产工艺发生了历史性的变化。要适应胶合板原材料的变化，特别是针对人工林小径材，需要重点研究提高单板出材率，减少单板破损，提高单板质量以及自动化组坯生产工艺，提高胶合板智能化制造水平。重点开发高效率机械剥皮设备、智能型高效集成旋切线、单板缺陷智能识别、单板整张化设备、高温高湿单板干燥设备、自动化组坯、单面雾化喷胶设备、全自动控制的胶合板热压机、高精度在线单板含水率检测仪、单板应力分等与质量控制设备等。

9.6.2.2 超薄高性能中高密度纤维板生产线成套装备

我国已成为世界中密度纤维板第一生产大国，但是产品的质量、资源消耗、成本等难以参与国际竞争，其主要原因之一就是我国中密度纤维板装备与国际水平之间存在着差距。要重点研究高效率、低能耗、工艺优化的高中密度纤维板生产技术与成套设备，重点开发纤维形态好、能源消耗低、纤维得率高的147.32厘米以上的大磨盘热磨机，工艺性强、可在线检测和调整的铺装机，施胶量低、环保节能的新一代纤维施胶系统，宽幅面超长连续压机，以及有利于提高产能的板坯喷蒸系统，环保节能、清洁生产的热能中心，以及在线激光厚度测量装置、板面缺陷在线检测设备等[10]。

9.6.2.3 节能环保型超强刨花板生产线成套装备

刨花板具有物理力学性能好、机械强度高、原料消耗低、生产成本低等特点，成为人造板中产量增长最快的板种，但刨花板的产量与产能却不到中密度板的一半。针对上述现状，要重点提高刨花板成套设备的技术水平，拓宽刨花板的应用渠道，促进我国人造板生产总体能耗水平的下降。重点开展节能环保型刨花板成套装备的研究，研发出原材料适应性广、耗胶量低、铺装均匀、尺寸控制严格的规模化刨花板生产线设备。重点开发大产量长材刨片机、高节能干燥均匀的大型刨花干燥机、刨花计量精确称量设备、配施胶准确的调供胶系统，带有高度雾化装置的大产量环式拌胶机、大产能刨花气流铺装机、高效率连续压机、木质废料回收再利用设备等[11]。

9.6.2.4 人造板表面装饰加工专用装备

为了提高珍贵树种木材利用率和人造板的附加值，人造板表面进行涂饰、装饰纸、薄木、聚氯乙烯（PVC）膜、聚丙烯（PP）膜贴面等表面装饰，提升人造板产品的装饰效果、表面性能、使用寿命和产品附加值、纤维板、刨花板以装饰纸饰面为主，浸渍胶膜纸饰面胶合板和细木工板发展较快。要重点研究高效率、低能耗、智能化的人造板表面装饰加工技术与成套设备，重点开发高效热传导双幅快速贴面生产线、液压伺服驱动快速装卸更换传输设备、机器视觉智能比对系统、浸渍涂布干燥智能化生产设备等[12]。

9.6.2.5　人造板生产全过程质量检测控制装备

我国人造板主要应用在家具、地板行业，主要检测指标是物理力学性能、甲醛释放量等。近年来，随着建筑、桥梁、道路、运输等领域的蓬勃发展，对定向刨花板、结构胶合板的需求量日益增加，具有巨大的市场潜力，因此，迫切需要研究人造板生产线质量分析、安全监控、火灾预防的在线测量控制技术，重点开展称重、厚度、鼓泡、剖面密度、含水率、碎片分选、异物检测、铺装优化、纤维质量、表面质量、甲醛分析、铺装温度气压、火灾预防、远程控制等在线自动检测及控制设备。

参考文献

[1]张伟．我国人造板开启智能制造新时代[N]．中国绿色时报，2019(B4)．
[2]陈幸良，等．中国现代林业技术装备发展战略研究[M]．北京：中国林业出版社，2011.
[3]花军．中国人造板机械发展进步与面临的机遇和挑战[C]//上海国际家具生产设备及木工机械展览会，2019.
[4]齐英杰，赵越，曲文，等．用科学发展观回顾并展望中国人造板机械制造行业[J]．林业机械与木工设备，2013，41(4)：4-14.
[5]朱瑞华．改革开放40年我国人造板工业蓬勃发展[J]．中国人造板，2019，26(6)：9-13.
[6]许伟才．推动人造板机械制造业的三大转变[J]．中国人造板，2018，25(8)：1-3.
[7]于文吉，张亚慧．结构用单板类人造板的应用及发展[J]．木材加工机械，2016，27(2)：48-50.
[8]张伟．新时代我国人造板装备产业的发展现状[J]．中国林木机械，2019(6)：4-12.
[9]马岩．中国人造板机械发展趋势及供给侧改革方向探讨[J]．木工机床，2018(3)：1-6.
[10]郭文静．人造板制造新技术及新产品开发[J]．木材工业，2016，30(2)：29-32.
[11]钱小瑜．绿色制造是人造板产业发展的必由之路[J]．中国人造板，2016，23(10)：1-5.
[12]王勇，邢红，高锐，等．人造板机械行业发展现状、机遇及挑战——山东临沂市人造板机械产业专题调研[J]．林业和草原机械，2020，1(6)：13-16.

第10章 ‖ 生物质能转化装备

10.1 定义与分类

10.1.1 定 义

生物质能是指太阳能以化学能的形式贮存在生物质中的能量，其原料一般包括六个方面：木材及森林工业废弃物、农作物及其废弃物、水生植物、油料植物、动物粪便、城市和工业有机废物[1]。

生物质能转化技术是指将生物质能转化成可利用的能量的技术，一般分为直接燃烧技术、物化转换技术、生化转换技术三大类。

10.1.2 分 类

10.1.2.1 直接燃烧技术

利用生物质直接燃烧进行发电的技术。一般过程是将生物质燃料直接送到锅炉中进行燃烧，产生的高温、高压蒸汽推动蒸汽轮机做功，最后带动发电机产生电能，且燃烧后产物污染少，是一种清洁能源[2]。直接燃烧技术又可细分为炉灶燃烧技术、锅炉燃烧技术、固体燃料燃烧技术以及垃圾焚烧技术[3]。

10.1.2.2 物质转换技术

生物质能物化转换方式一般主要由三个方面：一是干馏、液化技术；二是热解汽化技术；三是热解制生物质油技术[1]。干馏技术是指将能量密度较低的小物质转化为热值较高的固定炭或气；生物质热解汽化通过生物质原料中的大分子结构在高温下分解、断裂或重整产生轻质可燃气体燃料[4]；热解制生物质油是通过热化学方法把生物质转化为液体燃料的技术[5]。

10.1.2.3 生化转换技术

生化转换技术利用生物化学过程将生物质原料转变为优质气态或液态燃料，根据工艺过程主要可分为两类：一是厌氧发酵。生物质在厌氧条件下经过多种厌氧和兼性厌氧的微生物的协同作用生成沼气、消化液和消化污泥；二是特种酶技术。利用生物技术把生物质发酵转化为乙醇，以制取液体燃料，利用这种技术可以使生物质转化为清洁燃料[4]。

10.1.2.4 生物柴油技术

生物柴油制作是利用动物和植物油或者其他已经作废的油，通过一定的加工手段，加工生产出一种叫做脂肪酸甲酯的物质。生物柴油可以作为生物添加剂、燃料和柴油燃料[6]。

10.2 国外现状及发展趋势

10.2.1 国外现状

1992 年，世界环境与发展大会后，欧美国家开始大力发展生物质能。欧盟规划 2010 年可再生能源比例达 12%，每年可替代 2000 万吨石油，其中成本较低的生物质能约占 80%。许多国家都制定了相应的开发研究计划，如日本的阳光计划、印度的绿色能源工程、美国的能源农场和巴西的酒精能源计划，纷纷投入大量的人力和资金从事生物质能的研究开发[7]。美国是生物质能发展比较好的发达国家之一，为了更好地发展生物质能技术，美国国会于 2002 年通过了《发展和推进生物质产品和生物能源报告》与《生物质技术路线图》，并提高科研经费至 6.82 亿美元，同时还提出减免生物质能税收的相应政策。与此同时，日本、新加坡、加拿大等国家也开始进行生物质能的研发工作[8]。巴西是目前世界上唯一不供应纯汽油的国家，生物质能源在国家能源消费结构中的比重很大。20 世纪 70 年代中期起，巴西开始利用甘蔗生产燃料乙醇，大大减少了进口石油的外汇支出[9]。

丹麦已建立了 15 家大型生物质直燃发电厂，年消耗农林废弃物约 150 万吨，提供丹麦全国 5% 的电力供应。目前，以生物质为燃料的小型热电联产（装机多为 10 兆~20 兆瓦）已成为瑞典和德国的重要发电与供热方式[10]。芬兰从 1970 年就开始开发流化床锅炉技术，现在这项技术已经成熟，并成为生物质燃烧供热发电工艺的基本技术。美国的生物质直接燃烧发电量占可再生能源发电量的 70%。奥地利成功推行建立燃烧木质能源的区域供电计划，目前已有八九十个容量为 1000~2000 千瓦的区域供热站，年供热 10×10^9 兆焦耳。瑞典和丹麦正在实行利用生物质进行热电联产的计划，使生物质能在提供高品位电能的同时满足供热的要求[11]。

1883 年诞生的最早的气化发生器是以木炭为原料，气化后的燃气驱动内燃机，推动早期的汽车或农业排灌机械的发展。1938 年，建成了世界上第 1 台气化炉——上吸式气化炉。1942 年，美国建成了第一套石油催化裂化流化床反应器。1973 年的石油危机后，各国加强了对气化技术及其设备的研发，主要设备有固定床气化器和流化床气化器。1987 年，在奥地利 POLS 纸浆厂建成具有工业规模的循环流化床气化装置。1996 年，鲁骑公司在德国柏林 Rudersdorf 公司建成当时世界上最大规模的循环流化床气化反应器[12-16]。瑞典已生产出 2.5 千~25 兆瓦的下吸式生物质气化炉，其科研机构正致力于循环流化床和加压气化发电系统的研究[17]。

欧洲和美国在利用生物质气化方面处于世界领先地位。美国建立的 Battelle 生物质气化发电示范工程代表生物质能利用的世界先进水平，可生产中热值气体。美国纽约的斯塔藤垃圾处理站投资 2000 万美元，采用湿法处理垃圾，回收沼气，用于发电，同时生产肥料。印度安纳（Anna）大学新能源和可再生能源中心最近开发研究用流化床气化农林剩余物和稻壳、木屑、甘蔗渣等，建立了一个中试规模的流化床系统，气体用于柴油发电机发电。芬兰是世界上利用林业废料和造纸废弃物等生物质发电最成功的国家之一，其技术与设备为国际领先水平。芬兰最大的能源公司——福斯特威勒公司是具有世界先进水平的燃烧生物质循环流化床锅炉的制造公司，该公司生产的发电设备主要利用木材加工业、造纸业的废弃物为燃料，最大发电量为 30 万千瓦，废弃物的最高含水量可达 60%，排烟温度为 140℃，热电效率达 88%[18]。

10.2.2 发展趋势

世界各国重视生物质技术创新，降低成本、提高产业经济性是生物质科技，特别是生物液体燃料技术发展的主要方向。生物航煤技术以降低成本为主要目标，原料成本、催化剂成本、产品收率等问题亟待解决。以木质纤维素为原料的第二代技术是未来燃料乙醇产业的发展方向。生物柴油制备技术正朝着提高原料适应性、降低能耗、减少物耗和排放的方向持续改进。高值化利用是生物沼气的发展方向，生物质发电是将农林废弃物和垃圾规模化能源利用的重要途径[19]。

降低成本是未来生物质能技术攻关的重要目标，也是产业能否持续发展的关键。开发高效纤维素预处理工艺、低成本纤维素酶生产技术、低氢耗油脂加氢脱氧技术、劣质油脂原料深加工高值化利用技术、长寿命催化剂制备技术、藻种基因诱变技术、沼气提纯净化技术、气化发电技术等，都是改善技术经济性的重要研究方向。据预测，到 2030 年，纤维素乙醇成本将与汽油成本相当，生物沼气成本可低于天然气成本，生物质发电技术成本与燃煤成本持平[20]，生物柴油、生物航煤将更具商业竞争力。

市场适应性强的联产技术将更受青睐。处于市场经济环境，面对激烈的产业竞争，一方面降低原料成本；另一方面实现产品高值化是生物质能的技术发展趋势。生物乙醇联产功能糖及电力、生物航煤联产生物柴油及化学品、生物质热电联产等，将在工程设计、系统集成中更受重视。

10.3 国内发展历程及现状

10.3.1 发展历程

2001 年，国内因陈化粮压库而批准在吉林、黑龙江、安徽、河南 4 省份上市了 4 个陈化粮乙醇生产项目，并被列为"十五"计划重点工程项目。因推动力度大，各项相关政策法规配套，2006 年销售燃料乙醇 $1.52×10^6$ 吨，配制乙醇汽油 $1.54×10^7$ 吨，成为仅次于美国、巴西的第三大燃料乙醇生产国[21]。

2005 年全国人民代表大会通过的《中华人民共和国可再生能源法》提出，"国家鼓励清洁、高效地开发利用生物质燃料，鼓励发展能源作物"。国家"十一五"规划纲要提出，"加快开发生物质能，支持发展秸秆、垃圾焚烧和垃圾填埋发电，建设一批秸秆和林木质电站，扩大生物质固体成型燃料、燃料乙醇和生物柴油生产能力"。同年，印发的《中共中央、国务院关于推进社会主义新农村建设的若干意见》指出，"要加快农村能源建设步伐，在适宜地区积极推广沼气"，开始了我国农村沼气的建设。

"十一五"期间，国家发展改革委投入资金 212 亿元，大力推进农村户用沼气建设。同时，相继批复了国信如东、国能单县、河北晋州 3 个秸秆发电示范项目，并出台相关政策，我国生物质直燃发电开始迈出实质性步伐。

2006 年 3 月，国家发展改革委启动了生物质产业的高技术示范工程专项；科技部也启动了发展生物质能源和化工的重大专项；同年 8 月，国家发展改革委、农业部、国家林业局联合召开了全国生物质能源开发利用工作会议，向各省份和部分地级市部署了生物质能源的开发利用工作。

2007 年 9 月，国务院发布了《可再生能源中长期发展规划》，提出 2010 年和 2020 年发展目标分别是 $3.06×10^8$ 吨标准煤和 $5.99×10^8$ 吨标准煤，其中生物质能占 43%、小水电占 33.5%、太阳能占 12.5% 和风电占 7%（不含大水电，国际惯例是大水电属传统能源）。《规划》对生物质能源提出的发展目标是到 2020 年，生物质发电总装机容量达到 $3.0×10^7$ 千瓦，生物质固体成型燃料利用量达到 $5×10^7$ 吨，沼气年利用量达到 $4.4×10^{10}$ 立方米，生物燃料乙醇年利用量达到 $1×10^7$ 吨，生物柴油年利用量达到 $2×10^6$ 吨。由此，生物质能源开发在我国全面展开。

"十一五"是我国生物质能源全面推进时期，但发展指标除农村户用沼气外其他均未完成。燃料乙醇、新增非粮燃料乙醇、成型燃料和直燃发电的指标分别完成了

43%、10%、50%和 43%。

进入"十二五",生物质能源发展形势有所好转。国家能源局于 2011 年召开全国农村能源工作会议,部署 200 个绿色能源示范县;2013 年国家能源局发布《生物质能发展"十二五"规划》;2013 年 9 月国务院发布《大气污染防治行动计划》等,均为生物质能源发展提供了良好政策环境。

2014 年 6 月 13 日,习近平主席在主持召开中央财经领导小组会议上对中国能源革命 5 点要求中提出:"着力发展非煤能源,形成煤、油、气、核、新能源、可再生能源多轮驱动的能源供应体系",无疑对生物质能源的发展注入了强大动力。

10.3.2 发展现状

中国首台秸秆混燃发电机组已于 2005 年年底在华电国际电力股份有限公司枣庄市十里泉发电厂投运。该机组每年可燃用 10.5 万吨秸秆,相当于 7.56 万吨标准煤。另外,河南许昌、安徽合肥、吉林辽源、吉林德惠和北京延庆等地也在建设秸秆发电厂。由内蒙古普拉特交通能源有限公司投资 4.2 亿元建设的包头垃圾环保发电厂,占地 8.85 公顷,按照日处理城市原始垃圾 1200~1500 吨设计,建立 3 条垃圾焚烧处理线(另备用 1 条处理线),3 台 12 兆瓦凝汽式汽轮发电机组,并预留供热能力,可实现年售电 2.1 亿千瓦时,于 2011 年 9 月投入使用。在"十二五"期间,我国用于农村沼气建设的投资累计约为 1.42×10^{10} 元,在政策的激励下,农村沼气事业持续快速发展,逐步由以户用沼气为主转化为供气、发电等多元化发展的格局。截至 2017 年年底,全国建设的沼气工程达 1.13×10^5 处,总池容为 2.07×10^7 立方米,年产沼气为 2.61×10^9 立方米,供气户数达到 1.98×10^7 户,年发电量为 7.6×10^8 千瓦时。

我国在生物质能方面最早的研究是汪家鼎关于流化床褐煤低温干馏技术,20 世纪 80 年代以后生物质气化技术又得到了较快发展[17]。我国自行研制的集中供气和户用气化炉已形成了多个系列的炉型,如中国农业机械化科学研究院研制的 ND 系列生物质气化炉;江苏吴江县生产的稻壳气化炉,利用碾米厂的下脚料驱动发电机组,功率达到 160 千瓦,已达到使用阶段;中国科学院广州能源研究所对上吸式生物质气化炉的气化原理和物料反应性能做了大量试验,并研制出 GSQ 型气化炉;大连市环境科学设计研究院研制的 LZ 系列生物质干馏热解气化装置,建成了可供 1000 户农民生活用燃气的生物质热解加工厂;云南省研制的 QL-50 和 60 型户用生物质气化炉已通过技术鉴定,并在农村进行试验示范;中国林业科学研究院林产化学工业研究所研究开发了集中供热、供气的上吸式气化炉,先后在黑龙江省和福建省得到工业化应用,其气化效率达 70%以上[22]。

我国是世界第三大燃料乙醇生产国,2019 年产量约为 269 万吨,产能约为 317 万吨/年,其中以玉米为原料的乙醇产能占 57%,木薯占 25%。基于木质纤维素的第二代燃料乙醇技术持续优化，已经进行工业示范，正处于规模化应用的起步阶段。截至 2019 年年底，我国已有 13 个省份使用乙醇汽油，包括天津、黑龙江、河南、吉林、辽宁、安徽、广西、山西 8 省份全境和河北、山东、江苏、内蒙古、湖北 5 省份31 地级市。我国目前主要采用第一代燃料乙醇技术进行生产，主要原料为玉米等淀粉类原料，发酵产乙醇工艺可分干法和湿法。河南天冠企业集团有限公司主要采用干法技术，玉米经干燥粉碎后加入水成糊浆，再进行液化、糖化、发酵、蒸馏、脱水；吉林燃料乙醇采用改良湿法技术，玉米经湿式粉碎，只分离出玉米胚芽并提取胚芽油，剩余淀粉经液化、糖化等。副产品均为酒糟蛋白饲料 DDGS/CO_2[19]。

我国生物柴油生产目前普遍采用较成熟的酸碱催化技术，即先通过均相酸催化进行预酯化，降低原料酸值，然后进行均相碱催化酯交换，制取生物柴油。该技术成本较低，但存在工艺流程长、物耗大、废物排放多等问题。2010 年，我国拥有生物柴油企业约 150 家，总产能约为 350 万吨/年，年产量超过 100 万吨。2015 年，由于税收政策调整、原料供应不足及国际原油价格下跌等原因，多数企业经营困难，截至 2018 年，生物柴油生产企业已缩减为 40~50 家。近 3 年，我国生物柴油市场逐渐好转，出口量快速增长。2018 年，我国生物柴油产量为 103 万吨，其中出口 30 万吨。上海、昆明等地在公交系统开展生物柴油试运行，效果良好，国内生物柴油消费市场正在形成[19]。

10.3.3 发展趋势

10.3.3.1 发展沼气工程

全面考虑中国国情，以大型养殖场畜禽粪便、高浓度有机废水和有机含量高的垃圾为原料的沼气发酵工程而建立生态能源系统，得到的清洁能源，厌氧发酵残留物还可多级利用，大大改善生态环境，是未来的发展趋势[8]。

10.3.3.2 生物质气化发电

在西部大开发基础上，大量生产生物质能源，发展独立的生物质发电技术是解决无电缺电的边远地区生活和生产用能问题的有效途径。

10.3.3.3 开发高效直接燃烧设备

中国居民绝大多数居住在农村和小城镇，发展相应规模的高效直接燃烧技术和设备，利用当地生物质资源替代煤前景可观。

10.3.3.4 生物柴油产业

生物柴油无毒，降解率高达 98%，降解速度是石油柴油的 2 倍，基本不含硫、芳香族化合物和致癌物丙酮酸脱氢酶（PDH），对环境污染很小。在生物质富集地开办液化油厂，收集周围 10 千米内的生物质，能有效控制原料成本，在未来汽车行业有一席之地。

10.4 发展面临的新形势

10.4.1 存在的问题

我国政府将生物质能利用技术的研究与应用列为重点科技攻关项目，并开展了乙烯类生物质能的研发与应用工作。近年来，我国在生物质能领域取得了许多优秀成果，但由于研究范围较小，生物质能理论基础薄弱，仍然有许多实际问题尚未解决，与其他发达国家相比，仍存在不小的差距[23]。

10.4.1.1 认识不到位

对农业生物质能利用的认识不够，尚未将农业生物质能作为国家能源战略的重要组成部分。一些地方甚至出台限制生物质成型燃料应用的政策措施，在一定程度上影响了生物质经济和产业的发展、应用和推广[24]。

10.4.1.2 收储运体系不健全

农作物秸秆量大、分散、体积蓬松、收获季节性强，存在运输难、堆存难、经济性差等问题，再加上农忙时劳动力缺乏、储存场地少，以及收集、运输等环节经济实用的技术装备不足，使秸秆收储运体系建设严重滞后。林业抚育和采伐剩余物大多分布在山地和沙丘，相对分散，主要以人工收集、运输为主，存在效率低、成本高等问题[24]。

10.4.1.3 技术有待突破

技术进步是促进产业化的关键。生物质产业发展的技术瓶颈尚未被完全突破。如何将生物质原材料经济高效地转化为低成本、高品质的五碳糖、六碳糖和木质素及其衍生物，进而生产更有价值的生物基化学品、生物基材料和生物乙醇等生物能源[25]，依然是降低成本的技术关键难题。急需开发高效混合原料发酵装置、大型低排放生物质锅炉等现代化专用设备，提高生物天然气和成型燃料工程化水平。另外，纤维素乙醇关键技术及工程化尚未实现突破。

10.4.1.4 政策体系不完善

生物质经济涉及原料收集、加工转化、能源产品消费、伴生品处理等诸多环节，目前相关政策分散，难以形成合力。另外，尚未建立生物质能产品优先利用机制，缺乏对生物天然气和成型燃料的终端补贴政策支持[24]。生物质产业链不完整，也缺乏规模化、市场化的基础设施和相关产业配套。生物质新能源目前只能作为主流能源的补充，同传统化石能源相比，其研发和利用成本比较高，大部分生产企业需要额外的补贴、税收优惠才能赢利或生存。但目前国家扶持政策在研发、财政、金融、市场等方面缺少衔接、配套和细化[26]。

10.4.1.5 产物二次污染问题

焦油问题是影响生物质燃料使用的最大障碍,除了气化供热,气体燃料直接用于燃烧以外,无论是用于发电或供气,都有焦油问题。焦油会堵塞管路,污染气缸,堵塞火花塞或燃气孔,使发电与供气无法正常运行,还会引起二次污染。因此,焦油问题是气化发电技术的关键之一。解决焦油问题最彻底的方法就是把焦油裂解为永久性气体。目前虽有焦油热裂解与催化裂解的试验,但距实用仍存在一段距离,因此目前要解决焦油问题还应加大力度研究焦油裂解的经济实用方法[26]。

10.4.2 发展新形势

当前的生物质资源主要以农业和林业两个方面为主,其中农业资源主要是指由农业生产活动产生的废弃物和农业加工后产生的废弃物两个部分,而农业生产废弃物主要包括各种农作物的秸秆,农业加工废弃物则是指农业加工过程中产生的加工类残余废弃物等,如玉米芯和甘蔗渣等;林业资源则是森林生长期间产生的残留树叶和木屑以及林木加工过程中的废弃物等[27]。因此,生物质能的利用转化应该以农林废弃物为基础,加大对农林废弃物转化利用、发电的研究。

10.4.2.1 生物质发电

生物质能已成为我国发展的四大能源之一,并已纳入可再生能源发展计划。我国对生物质能项目有一个非常明确的目标。依据国家能源局印发的《生物质能发展"十三五"规划》,到2020年,生物质能基本实现商业化和规模化利用。生物质能年利用量约5800万吨标准煤。生物质发电总装机容量达到1500万千瓦,年发电量900亿千瓦时,其中农林生物质直燃发电700万千瓦、城镇生活垃圾焚烧发电750万千瓦、沼气发电50万千瓦。这将对生物质能项目产生重大影响,因此可以在我国迅速发展生物质能源生产技术,有效促进相关单位和产业的发展,显著减少能源短缺和资源变化。此外,政府还应该投入大量专项资金,不仅支持设备的制造和认证,还支持技术研究和相关项目的开发。让生物质能源生产成为一个成熟的工业体系,使得生物发电能够成为一个健康发展的新型能源行业[6]。

10.4.2.2 研究流化床气化炉技术

将生物质气化技术与气化炉结合起来,以生物质气化工艺为指导进行装置的开发,提高装置的气化效率,研究产气热值高、气化效率高的新型气化炉技术。开发规模较大的气化炉,为以后大规模的生物质气化合成燃料提供设备支持[28]。

10.4.2.3 固体生物质规模化直接利用

目前迫切需要利用农林废弃物作为高品质燃料,高效地替代燃油、燃煤,包括成型燃料高效燃烧、气化燃烧、生物质工业窑炉燃用、分布式发电及供热采暖、热解液化及热解油的高效利用[29]。其中,成型燃料朝规模化生产发展,探索适合国情的产业化模式；生物燃气则由单一原料发酵技术向多元原料共发酵技术发展，由简单粗放的工艺技术向集成高效工艺技术发展，由直燃热利用向高品质生物燃气产品发展，由非标工程装备向成套化标准工程装备发展[30]。

10.4.2.4　生物质全成分生物化学转化利用

生物质全成分生物化学转化利用生产液体燃料以替代石油。需要重点发展利用农林废弃物等纤维素类生物质生产液体燃料和化工品，包括纤维素制乙醇、气化合成燃料及化工品、催化制备航空燃料及化工品[31]。纤维素燃料乙醇要实现高效、绿色的预处理，开发高效复合纤维素酶，并由单一的六碳糖乙醇发酵向包含五碳糖的多糖发酵发展，由单纯的乙醇产品向多种产品的生物炼制方向发展；合成燃料技术要由单一合成气平台向合成气平台与糖平台技术并重发展，由传统甲醇合成向车用动力燃料(醚、长链醇)合成技术发展[30]。

10.5　政策依据

我国政府历来重视生物质能的开发利用，并将其作为能源领域的一个重要方面，纳入国家能源发展战略。20 世纪 90 年代以来，我国中央和各地方政府出台了一系列的法律、法规，在不同层面上支持了可再生能源产业的发展。2005 年发布了《中华人民共和国可再生能源法》；2008 年发布了《中华人民共和国循环经济促进法》。在发展规划类政策方面，生物质能产业主要在可再生能源产业发展规划中被提到。第一个专门针对生物质能产业的发展规划是农业部在 2007 年编制的《农业生物质能产业发展规划(2007—2015 年)》。直到 2012 年，专门的生物质能发展规划——《生物质能发展"十二五"规划》才出台。2016 年，又相继出台了《生物质能发展"十三五"规划》[32]。国家发展改革委、国家能源局印发的《关于促进生物质能供热发展的指导意见》中指出：到 2035 年，生物质热电联产装机容量超过 2500 万千瓦，生物质成型燃料年利用量约 5000 万吨，生物质燃气年利用量约 250 亿立方米，生物质能供热合计折合供暖面积约 20 亿平方米，年直接替代燃煤约 6000 万吨。

在标准方面，农业部和地方政府陆续发布了《生物质固体成型燃料技术条件》《生物质固体成型燃料质量分级》《生物质成型燃料锅炉》《生物质成型燃料锅炉大气污染物排放标准》等相关标准[33]。

在财税政策类方面，我国主要是通过增值税优惠、企业所得税减免、财税扶持、投资抵免等方式进行政策支持，如《国家税务总局关于生物柴油征收消费税问题的批复》《中华人民共和国企业所得税法实施条例》等。

在补贴政策类方面，我国主要是采用发展专项资金、对生物质能产品进行补贴、对生物质原料进行补贴的方法，如《可再生能源发电价格和费用分摊管理试行办法》

《可再生能源发展专项资金管理暂行办法》《关于完善农林生物质发电价格政策的通知》等[32]。

10.6 主要发展方向及重点领域

10.6.1 主要发展方向

从长远的技术发展方向和技术选择来看，燃料乙醇技术发展的重点是纤维素制乙醇等；生物柴油的发展则主要依赖油料植物的产量、生物质气化和费托合成生产柴油技术或其他生物质液化生产生物柴油技术的发展。考虑到生物质发电成本降低空间不大，而且未来生物质高价值利用途径将是发展液体燃料以及化工替代产品，纤维素制取燃料乙醇和合成燃料等技术工艺取得突破后，大量的生物质资源会转向液体燃料和化工品产业[34]。

10.6.2 重点发展领域

10.6.2.1 发展秸秆资源化新技术

发展低成本、高效率且环境友好的生物质预处理和组分分离技术，推动生物质制备化学品、燃料和材料从基础研究向产业化应用过渡。在化学品方面，既要着重提升生物质转化为芳香类化合物和呋喃类化合物等大宗平台化合物的绿色性、经济性和反应效率，也要进一步发掘低产量、高价值的精细化学品。在燃料方面，纤维素乙醇已经处在从基础研究向大规模应用转化的拐点，可以从改进纤维素酶和开发低成本预处理技术两方面入手进一步加快纤维素乙醇的产业化应用。利用秸秆类生物质制备丁醇和沼气还需要进一步提升转化效率并降低成本[35]。

10.6.2.2 林业生物质材料高精增材制造装备研发

研究开发林业生物基增材制造原料，及其制备工艺与方法，分析解决原料性能与成型工艺要求的匹配性；利用微滴喷射成型技术，开展林业生物质材料的紫外光低温快速成型关键技术研究；开展微滴喷射与成型、烧结特性和机理、内应力与收缩变形成因，以及内部微观组织结构对成型件力学强度与成型精度的影响等多方面研究；基于林业生物质成型工艺特点，研制工业级高精增材制造装备及其成型工艺控制系统，设计试制专用增材制造生产线，开发多功能性材料；研究后处理的快速实现工艺技术及其配套设备。

10.6.2.3 择优开发不依赖土地的生物质资源利用技术

要择优开发不依赖土地的生物质资源利用技术，包括微藻、油脂类、淀粉类、糖类、纤维类等能源植物等的选育种植和利用。我国目前最主要的生物质资源是农业废弃物，其最大的特点是资源分散、收集和运输困难，而且季节性强，原料供应的稳定性差。从长远来看，能源作物选育种植和利用是未来生物质能源开发的重点[30]。

10.6.2.4　建立健全生物质能产业的市场监管和政策扶持

由于生物质能产业化刚刚起步，各种生物质能开发企业良莠不齐，生物质能企业鱼龙混杂，真伪难辨的局面扰乱了生物质能原料市场、设备市场、产品市场、人才市场的正常秩序，打乱了国家生物质能产业发展规划和财政补贴、税收优惠政策，影响了国家生物质能产业的科学健康可持续发展。因此，发展壮大国家生物质能产业必须整合国内生物质能产业资源，打击扰乱生物质能产业市场秩序的违法犯罪活动，在资金和技术研发上扶持技术工艺成熟、设备先进、前景广阔的民营生物质能企业，发挥民营企业作为生物质能产业主体的龙头带动作用。发展壮大国家生物质能产业还必须建立健全生物质能企业的市场准入标准，规范生物质能企业的市场行为，统一国家对生物质能企业的财政资金扶持、税收优惠政策，建立公平竞争的市场秩序，鼓励符合市场准入标准的企业自筹资金扩大生产，支持符合条件的企业上市融资，调动各种社会力量支持生物质能产业的发展壮大[36]。

参考文献

[1]惠晶，方光辉．新能源发电与控制技术[M]．北京：机械工业出版社，2012．
[2]金山．生物质直接燃烧发电技术的探索[J]．电力科技与环保，2015，31(1)：50-52．
[3]郭昊坤．我国生物质能应用研究综述及其在农村的应用前景[J]．中国农机化学报，2017，38(3)：77-81．
[4]罗婕，刘志国．生物质利用技术研究进展[J]．株洲师范高等专科学校学报，2006(2)：48-51．
[5]高新源，徐庆，李占勇，等．生物质快速热解装置研究进展[J]．化工进展，2016，35(10)：3032-3041．
[6]王鹏恒，向腾飞，张晨．生物质能发电技术的应用发展前景研究[J]．科技经济导刊，2019，27(33)：73-74．
[7]蒋剑春．生物质能源应用研究现状与发展前景[J]．林产化学与工业，2002，22(2)：76-77．
[8]李改莲，王远红，杨继涛，等．中国生物质能的利用状况及展望[J]．河南农业大学学报，2004(1)：100-104．
[9]赵军，许庆利，孔海平，等．生物质能源产业化及研究现状[J]．浙江化工，2006，37(3)：13-14．
[10]蒋剑春，应浩，孙云娟．德国、瑞典林业生物质能源产业发展现状[J]．生物质化学工程，2006，40(5)：31-36．
[11]周洁．生物质能技术展望[N]．中国经济导报，2006-07-25(B02)．
[12]Fan L S. Gas liquid-solid fluidization engineering[M]. New York：Butterworths, 1989.
[13]Kunii D, Leverspiel O. Fluidization engineering[M]. New York：Butterworth Heineman, 1991.

[14] Franco C，Pinto F，Gulyurtlu I，et al. The study ofreactions influencing the biomass steam gasification process[J]. Fuel，2003，82（7）：835-842.

[15] Javier G，Jose C，Maria P，et al. Biomass gasificationin atmospheric and bubbing fluidized bed：Effect of the type of gasifying agent on the product distribution[J]. Biomassand Bioenergy，1999，17（5）：389-403.

[16] Rapagna S. Steam gasification of biomass in a fluid-izedbed of olive particles[J]. Biomass and Bioenergy，2000，19（3）：187-197.

[17] 邓先伦，高一苇，许玉，等. 生物质气化与设备的研究进展[J]. 生物质化学工程，2007，41（6）：38-40.

[18] 蒋剑春. 林业生物质热化学转化利用研究现状[J]. 生物质化学工程，2006（S1）：24-31.

[19] 雪晶，侯丹，王旻，等. 世界生物质能产业与技术发展现状及趋势研究[J]. 石油科技论坛，2020，39（3）：25-35.

[20] Mao G，Huang N，Chen L，et al. Research on biomass energy and environment from the past to the future：A bibliometric analysis[J]. Science of the Total Environment，2018，635（1）：1081-1090.

[21] 石元春. 我国生物质能源发展综述[J]. 智慧电力，2017，45（7）：1-5+42.

[22] 曹稳根，段红钧. 我国生物质能资源及其利用技术现状[J]. 安徽农业科学，2008，36（14）：6001-6003.

[23] 黄盛初，孙欣，张文波，等. 中国煤炭开发与利用的环境影响研究[D]. 北京：煤炭信息研究院洁净能源与环境中心，2003.

[24] 田宜水，单明，孔庚，等. 我国生物质经济发展战略研究[J]. 中国工程科学，2021，23（1）：133-140.

[25] 陈洪章，马力通. 生物质产业关键技术突破与产业前景[J]. 工程研究—跨学科视野中的工程，2012，4（3）：237-244.

[26] 邱钟明，陈砺. 生物质气化技术研究现状及发展前景[J]. 可再生能源，2002（4）：16-19.

[27] 翁丽娟. 生物质发电的技术现状及发展[J]. 低碳世界，2016（33）：47-48.

[28] 吕仲明，徐盛林. 生物质气化技术的研究现状[J]. 中国环保产业，2018（9）：32-35.

[29] 胡亚范，马予芳，张永贵. 生物质能及其利用技术[J]. 节能技术. 2007（4）.

[30] 廖晓东. 我国生物质能产业与技术未来发展趋势与对策研究[J]. 决策咨询，2015（1）：37-42.

[31] 刘石彩，蒋剑春. 生物质能源转化技术与应用（Ⅱ）——生物质压缩成型燃料生产技术和设备[J]. 生物质化学工程，2007（4）：59-63.

[32] 袁惊柱，朱彤. 生物质能利用技术与政策研究综述[J]. 中国能源，2018，40（6）：16-20+9.

[33] 张世红，廖新杰，张雄，等. 生物质燃料转化利用技术的现状、发展与锅炉行业的选择[J]. 工业锅炉，2019（2）：1-8+12.

[34] 于果. 我国生物质能技术发展研究[J]. 资源与产业，2016，18（5）：38-43.

[35] 侯其东，鞠美庭. 秸秆类生物质资源化技术研究前沿和发展趋势[J]. 环境保护，2020，48（18）：65-70.

[36] 李军刚，王巍. 我国农村生物质资源开发利用的政策分析[J]. 安徽农业科学，2012，40（4）：2198-2201.

第 11 章 ‖ 林业机器人及人工智能装备

11.1 林业机器人

随着技术进步和劳动力减少，从事林业方面的一线工作者越来越少；同时林地工作环境恶劣、劳动强度大、林业劳动者的安全得不到有效保障，现有林业机械无法很好地适应现代林业生产和经营需要。机器人可有效解决上述林业生产和经营中存在的问题，使用机器人代替人力劳动，可减少劳动力成本和林业工作安全隐患，同时提高机械化、自动化和智能化水平，对促进林业现代化具有重要意义[1]。

11.1.1 定义与分类

11.1.1.1 定　义

林业机器人是一种柔性、可感知外界信息、重复编程的自动化或半自动化设备，以林业为服务对象，有机结合了机械、电子、计算机控制、人工智能等学科而形成的有机综合体，能通过程序控制来执行林业生产和经营的各种任务，属于特种工作机器人[2]。

11.1.1.2 分　类

根据机器人作业属性划分，可以把林业机器人分为林业生态建设机器人、林业产业机器人和林业多功能集成机器人3类。

(1) 林业生态建设机器人

面向生态文明建设中造林、抚育、灾害等方面，主要有林木种苗机器人、困难立地整地机器人、生态恢复机器人、造林与抚育机器人、生物资源及多样性监测与管护机器人、森林火情智能监测与灭火机器人、森林病虫害高效防治机器人、森林环境监测机器人等。

（2）林业产业机器人

面向林业产业发展，尤其是偏远地区经济，主要有木材加工机器人、人造板加工机器人、林业资源经济开发机器人、木本油料加工机器人、林副产品生产机器人、竹材加工机器人等。

（3）林业多功能集成机器人

面向林业全产业链，相对集成的工序高精装备，主要有经济林果机械化采收及输送机器人、林竹场全程机械化经营机器人等。

11.1.2 应用领域

11.1.2.1 林业生态建设机器人的应用领域

林业生态建设是林业发展的主体，由于地形环境等因素限制，现有林业生态建设方式以人工作业为主，机械化和自动化水平较低。高质量的林业生态建设离不开林业机器人和先进信息化技术的支撑，机器人可以促进林业生态建设生产和经营方式的转变，使林业生态建设机械化、自动化、智能化，同时加快推动林业生态建设，更好地保护林业生态系统。

林业生态建设机器人应用于栽植、抚育、采运、园林绿化、森林环境监测、森林保护等多领域。林木种苗机器人可用于松树、杉树等主要林木种子资源采收、干燥、脱粒、精选、分级、储存，林木工厂化育苗，林业苗圃节水喷灌，种子园机动喷药等方面；困难立地整地机器人可用于困难立地清林整地，挖坑、林木（苗）移植，自行式除灌清林联合抚育等方面[3]；生态恢复机器人可用于自动化固沙、污水处理、森林物种保护、植被生物多样性保护、外来物种检验检疫等方面；造林与抚育机器人可用于森林联合伐木、集材联合作业、航空护林、人工嫁接、修枝打枝等方面[4]；生物资源及多样性监测与管护机器人可用于基于全球卫星导航系统的森林、湿地、沙漠资源气候及灾后监测反馈，野生动植物监测和管护等方面；森林火情智能监测与灭火机器人可用于智能化、信息化森林火情监测、预警，大型森林火灾灭火等方面；森林病虫害高效防治机器人可用于复杂山地大型高效、环保、智能化的森林病虫害喷药等方面；森林环境监测机器人可用于污水、废气、固废、辐射、噪声、气象等 6 类 50 多项环境指标的监测分析，如图 11-1 所示。

11.1.2.2 林业产业机器人的应用领域

林业产业对于发展林业生产力和服务社会经济具有重要意义，在我国国民生产总值中所占比例逐年上升。现林业产业多采用工厂生产线式生产方式，机械化、自动化水平较高，机器人可促进林业产业生产和经营方式的转变，使林业产业生产智能化、无人化，进一步提高资源利用率和生产效率，获得更大经济效益，进而推动林业产业

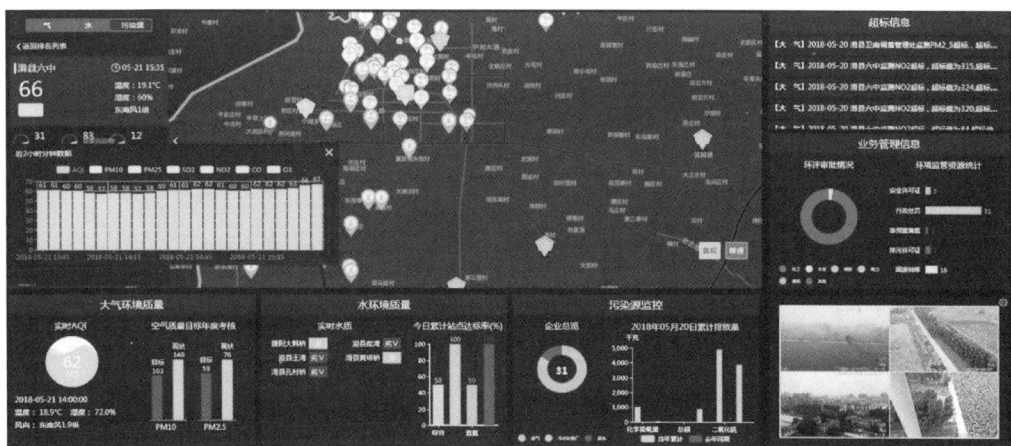

图 11-1 生态环境监测前端

快速发展。

林业产业机器人可应用于家具加工、人造板加工、竹业加工、林下经济产品加工等领域。家具及制品加工等方面，木材加工机器人可用于木结构桁架、墙体自动化制造，大规格胶合木柔性制造，双端锯切、钻削深孔、砂光、组装等关键工艺的集成、自动化、智能化柔性制造；人造板加工机器人可用于木材人造板连续热压成型、重组竹连续热压成型等方面；林下经济资源开发机器人可用于蓝莓、木耳、蘑菇等林下资源预处理、分选、存储等方面；木本油料加工机器人可用于油茶、核桃鲜果壳籽分离分选[5]、油脂低温压榨等方面；林副产品生产机器人可用于加工油茶等油料作物的烘干、脱壳、破碎、轧坯和挤压膨化，林药加工的清洗、粉碎、煮提、浓缩、干燥和灭菌，其他林副产品如板栗、印楝、核桃等的剥壳机、清洗设备、杀菌、干燥等方面；竹材加工机器人应用于竹蔸处理、竹林整地、竹林抚育、竹材采伐及运输、竹材备料工段连续生产、竹材人造板连续化加工等领域。

11.1.2.3 林业多功能集成机器人的应用领域

林场不仅是森林资源管护经营的基本单元，还是优质生态产品的主要供给者，但道路坡度大、劳动力不足、劳动强度大等问题导致无法用现有半机械化水平手段来满足管护和经营的需要，运用林业机器人不仅可降低劳动力成本、提高生产效率，还可提高林场工作的机械化、自动化和智能化水平，最重要的是减少了林场不安全因素，催生了林业多功能集成机器人的产生及发展。林业多功能集成机器人可用于经济林果自动化采收、运输、初加工，现代化林场经营等领域[6]。

山区经济林果机械化采收及输送机器人可以应用于包括山区枣、栗子、核桃等经济林果机械化采收、索道运输、存储等林业一体化作业，实现经济林果不同类型协助机器人的有效集成[7]，林果采收机器人如图 11-2 所示。

图 11-2　林果采收机器人

林竹场全程机械化经营机器人可以应用于林场种子采集、苗圃设施、种苗培育、造林、抚育、病虫害防治、林火检测扑救、资源调查、自动化灌溉和生态监测、林区道路修筑、维护、保养和巡护全程机械化研发与示范等，实现多种类、多群体机器人的融合集成。

11.1.3　国内外发展现状

11.1.3.1　国外发展现状

国外林业机器人研究起步较早，由于林业生产作业环境恶劣、作业强度大，同时国外劳动力匮乏，且成本高，所以发达国家大多通过发展林业机器人来缓解，其中日本发展水平最高，日本的林业生产已基本实现机械化，自动化程度较高[8-12]。

Yasuhiko Ishigure 等研发的抚育机器人，使用节电链锯驱动进行修枝，4 个主动轮带动机器人螺旋上下移动，依靠链锯进行全方位剪枝，机器人可以依靠自身的重量在树木上维持稳定。日本 ISEKI 公司研发的用于嫁接的抚育机器人，每小时可嫁接 900 株左右，成功率超过 95%，效率很高。

Humayun Rashid 等研发的灭火机器人，融合蓝牙、GSM、DTMF、GPS 等多种技术，采用传感器感应火焰、温度和烟雾来正确定位火源，实现自动或遥控灭火。日本研发的 FRIGO 灭火机器人，采用履带式移动机构，搭载可燃气体、伽马射线、神经麻醉气体探测器，可以迅速发现火源并引导消防员迅速灭火，同时可协助搬运设备器材，也可以引导消防员迷路时顺利脱险。早稻田大学研发的一款环境监测机器人，可以通过传感器获得温度、湿度、PM2.5、辐射等环境数据，可使用手机操控机器人移动并设定数据获取周期。

　　美国斯普瑞公司和丹麦 Hardi 公司都研发了多种森林病虫害防治机器人，融合光机电一体化技术、计算机控制技术和"3S"技术，遵循靶标适应性原则，实现智能、精准、高效的病虫害防治。美国约翰迪尔公司研制的伐木联合机，集伐木、打枝、造材等功能于一体，可在陡坡和林地连续运动，计算机程序根据传感器反馈的路况信息控制步伐，生产效率高、安全、智能且对地表生物资源的破坏小。芬兰 Ponsse 公司研制的联合采伐机，搭配测试系统可测出原木的材积，并通过采伐机上最先进的整机程控系统完成采伐动作，同时记录故障并反馈。

　　欧美发达国家林地地形较好，林业装备多开展大规模作业，林业机器人具有大型化、多功能化的特点；日本林地总体数量少，林业装备多可开展复杂地形精细化作业，林业机器人具有精细化、小型化的特点。

11.1.3.2　国内发展现状

　　我国很多林业生产领域尤其是生态建设领域还停留在半机械化水平，还未完全达到机械化水平，随着技术发展，某些领域的林业装备已进入机器人时代，林业机器人理念应运而生。

　　舒庆等研发的生态恢复机器人，通过铺设草方格来防风固沙，依据沙地地貌通过可编程逻辑控制器(PLC)控制铺设草方格机构的高度和插入压力，作业后将在沙地上形成草方格立体沙障，固沙能力很强，可提高铺设效率 161 倍，降低铺设成本 80% 左右。

　　褚佳等研发的用于葫芦科穴盘苗嫁接的抚育机器人，通过控制机械手完成取苗搬运、切苗、嫁接、输送等作业，每小时可嫁接 455 株，只需 1 人操作，嫁接成功率高达 95%。李文彬等研发用于树木立木整枝的抚育机器人，通过人工遥控机器人移动至易于打枝处，控制悬臂式链锯对树木进行整枝，使树木达到良好的抚育效果。刘松等研发用于园林绿篱修剪的抚育机器人，通过图像采集系统获得实时信息，并依据绿篱的高度和生长分布，主控系统自动控制机器人进行修剪，实现自动化修剪，适应性强。

　　姜树海等研发的六足仿生森林消防机器人，可完成火灾巡检、清理、扑救等工作，灭火装置最大可伸展 2.3 米，足部最大可伸展 1.25 米，适合林地复杂环境工作。林凡强等在传统避障机器人上研发的灭火机器人，通过红外火焰传感器配合软件分析确定火焰的位置，避障机器人快速移动到着火点附近，控制灭火装置进行精确灭火。

　　汤晶宇等研发的森林病虫害防治机器人，采用超声感应装置进行检测，定向施药，精准防治病虫害，大幅提高了农药的利用率。

　　董勇志等研发的环境检测直立交互型机器人，采用多种传感器融合、UART 触屏交互、双向 PWM 控制等多种技术，可实现环境监测、远程操控、报警等功能，监测数据全且智能化水平高。张慧颖研发的现场环境智能巡检机器人，配合使用多种传感器可以得到温度、CO 浓度、温度等环境数据并通过 NRF905 与控制台进行无线传输，通过传感器融合模糊神经网络感知并避障，结构简单、测量准确且智能化程度高。

刘晋浩教授团队设计的轮式林木采伐联合机器人 CFJ-30，采用全液压驱动，集伐木、打枝、造材于一体，最大行驶速度可达 25 千米/小时，最大工作距离可达10 米，工作效率很高，如图 11-3 所示。周中华等研发的毛竹联合采伐机，集伐竹、打枝、截梢、集材等功能于一体，成功改变了现行伐竹的工作方式，大幅提高了生产效率，减少了劳动成本，对我国竹业产业发展有着重要作用[13-15]。

图 11-3　轮式林木采伐联合机器人

傅万四等研发的自动破竹机器人，实现了原竹段自动分级、自动对心、自动换刀、自动破竹和原竹中心矫正，通过测量竹筒外径，使用 PLC 系统控制选择合适的刀具进行破竹，破竹速度可达 11.2 米/分钟，大大提高了工作效率，处于国际领先技术水平，如图 11-4 所示。

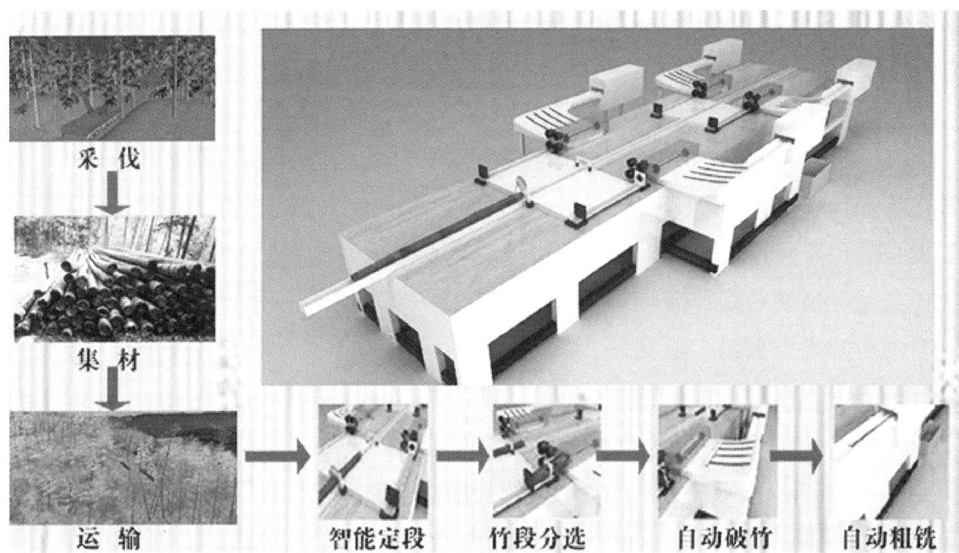

采伐
集材
运输　智能定段　竹段分选　自动破竹　自动粗铣

图 11-4　自动破竹机器人

我国林业机器人处于起步阶段，尚未系统形成适合我国林业产业需求的系统性林业机器人创新链、产业链、转化链。

11.1.4　存在的问题及发展趋势

11.1.4.1　存在的问题

目前我国林业机器人的研发大多处于试验阶段，部分核心技术仍在科研攻关，尚无法普及，当前存在的主要问题如下。

(1)林业作业环境复杂

我国林业生产经营多在偏远山区，工作环境复杂恶劣，林业机器人作业环境复杂，存在林地坡度不一、沟壑复杂、障碍多等挑战，大型机器装备无法进入作业区，同时林地环境信号差，信号覆盖率低，林业机器人工作信息传输和实时处理存在一定的挑战，林地未经过宜机化改造，对机器人的适应性要求高，推广示范难度较大。

(2)开发难度大，生产成本高

相对于工业、农业等行业，林业属于生态公益性行业，林业产业产生的经济效益远小于工业和农业产业，致使更多的研发人员热衷于加入工业和农业机器人的研发行列。国外进口林业机器人售价高，导致推广困难。林业机器人虽有很大的市场潜力，但由于开发难度大、生产成本高，一定程度上抑制了其发展推广。

(3)研发人才和平台缺乏

我国从事林业机器人方面的研发技术人员较少，行业科技领军人才和优秀拔尖人才稀缺，林业高校和科研院所未系统开设林业机器人课程，未建立林业机器人学科，导致对口人才较少，林业机器人方向人才储备严重不足。现阶段的林业企业大都是为了生产需要，让一些通用机械技术人员经过简单培训后即上岗，缺乏对林业行业工作对象的认知和基础知识学习，无法满足林业机器人的发展需求。科技创新平台是技术转移、技术研发、资源共享、孵化企业的重要基础设施，林业机器人的科技创新平台稀缺也是林业机器人发展缓慢的原因之一。

11.1.4.2　未来发展趋势

林业机械化作业是林业现代化的重要标志，林业机器人是林业机械化发展水平的重要标志。随着科技发展、劳动力减少、人口劳动结构调整等，发展林业机器人势在必行，将推动我国林业技术革命和林业现代化发展[16]。

(1)政府积极引导，加大科研投入

在国际农林机器人生产巨头公司看好中国市场、纷纷抢滩中国的背景下，我国对林业机器人产业的扶持力度不足，尤其是针对适合我国林情的林业机器人的科技投入，政府和行业协会缺乏权威性的指导和协调，严重制约了我国林业机器人的发展和推广。相关部门应加大科技层面的投入，加强政策支持和市场引导，充分利用实施重点建设工程和调整振兴重点产业形成的市场需求，加快推进林业机器人生产研发自主化，同时重点扶持林业机器人龙头企业，优化创新人才成长环境，保障林业生产需要，带动林业机器人产业发展。政府可对购买林业机器人的用户发放购置补贴，进一步刺激内需，促进林业机器人的发展。

（2）攻克共性关键技术

发展林业机器人需要优先发展相对应的关键共性技术，这对引导国家重大项目支持和企业科技创新选择具有重要的指导作用和现实意义。更好地发展林业机器人还需突破以下关键技术：机器人在复杂林业环境中的连续运动控制技术、自动避障技术、对目标随机位置的准确感知和信息处理技术、专用林业作业末端执行器力度和姿态控制技术、对复杂目标的分类技术、对林业恶劣环境条件的适应技术、基于树木生理结构的自适应技术、山地林地自适应技术、人机交互技术、林业无人机信息获取及反馈技术等。

（3）加强林地宜机化改造

"宜机化改造"是近年来针对农业提出的新概念，从最初的"梯田改造"到现在的"高标准农田建设"，对农业发展和机器人应用都是一大助力。就现阶段科技水平而言，让机器人去适应所有的农林地形有着很大难度，林业比农业环境更加恶劣、工作对象更加复杂、实现全机械化作业难度更大，"宜机化改造"更适合林业行业。林地实现宜机化是我国林业实现机械化和现代化的重要环节，推动宜机化改造对提高林业生产力、提高林业机器人的使用率和工作效率、实现可持续发展尤为重要，也是快速实现林业生产和经营机械化、智能化的另一途径[17-18]。

（4）重视人才培养，建立产学研技术体系

重视行业人才培养是推动林业机器人发展非常重要的环节，人才是科学技术的载体，因此要重视培养林业机器人行业的人才，林业机器人所需的人才是多方面的，不仅要有产品开发和生产人才，还要有技术推广、维修、管理和使用人才，可在相关职业技术院校开设林业机器人职业教育专业；在农林高校开设林业机器人专业方向，进行林业机器人本科教育培养；在重点农林高校、科研院所培养林业机器人学科领域的硕士、博士研究生，形成完整的高层次人才培养体系，以适应林业机器人的快速发展。地方区域根据产业特色可加快区域性林业机器人科技创新平台建设，以国家级科研单位牵头构建国家林业机器人重点实验室和工程技术中心，加速科技成果转化，建设完备的产学研用科研平台体系。

（5）引进工业机器人行业高端技术吸收、改造、创新

林业机器人产业属于高端制造业，其发展在一定程度上落后于工业和农业机器人，可以借鉴工业和农业机器人的发展历程，将已经发展颇好的工业和农业机器人引入林业生产中，并结合林业行业的特殊情况进行二次开发和改造，加速研发进程，依据改进后机器人的实地工作情况再结合我国林情研制出特属林业行业的机器人。同时吸引更多从事于工、农业机器人的研发和技术人员加入林业行业，引进、消化吸收、再创新，给林业机器人发展注入强大活力，助力林业机器人更快追上时代发展。

（6）加强国际合作

国外农林业机器人发展水平普遍高于我国，要坚持实施"请进来、走出去"方针，引进国外农林业机器人研发人员长期或短期到国内开展科研合作交流并形成长效机制，同时派遣科研人员或留学生赴国外机构合作研究，共建林业机器人国际联合创新团队，搭建林业机器人国际合作基地，积极吸收国外先进技术，促进我国林业机器人创新，扶持有国际竞争力的林业机器人企业努力开拓国际市场，与国际接轨。

11.2　人工智能

随着新一代人工智能技术不断取得应用突破，全球加速进入智慧化新时代，人工智能将成为未来第一生产力，对人类生产生活、社会组织和思想行为带来颠覆性变革。抢抓人工智能发展机遇，深化智慧化引领，既是全面建成智慧林业的重要举措，更是林草业顺应时代潮流、实现智慧化跃进的良好机遇。国家林业和草原局高度重视人工智能在林草业中的应用，发布了《国家林业和草原局关于促进林业和草原人工智能发展的指导意见》，明确到 2035 年，林草人工智能理论、技术与应用总体达到世界领先水平。

11.2.1　定义及分类

11.2.1.1　定　义

人工智能（artificial intelligence，AI）的发展过程中，不同学科背景的人工智能学者对它有着不同的理解。综合起来，可以从"能力""学科""实用"三个方面对人工智能进行定义。从能力角度看，人工智能是指用人工的方法在机器上实现的智能；从学科的角度来看，人工智能是研究如何构造智能机器或智能系统，使它能模拟、延伸和扩展人类智能的学科；从实用的角度来看，人工智能是指用机器实现所有目前必须借助人类智慧才能实现的任务。林草人工智能装备是指利用人工智能技术改进林草装备功能，并实现智能化作业。

11.2.1.2 分 类

人工智能的发展分为计算智能、感知智能、认知智能三个阶段。计算智能是三个阶段的基础，感知智能是当前国内外人工智能技术所处阶段，而认知智能是人工智能的最高级形态。

(1)计算智能

机器可以像人类一样存储、计算和传递信息，帮助人类存储和快速处理海量数据，依赖算法的优化和硬件的技术进步。这一阶段是感知智能和认知智能的基础。

(2)感知智能

机器具有类似人的感知能力，如视觉、听觉等，不仅可以听懂、看懂，还可以基于此做出判断，并做出反馈或采取行动，即"能听会说，能看会认"。目前研究较多、成果显著的包括图像识别、语音识别等技术，国内外人工智能技术发展均集中于这一阶段。

(3)认知智能

机器能够像人一样主动思考并采取行动，全面辅助或替代人类工作，是人工智能的最高级形态，也是行业未来的着力点。

11.2.2 主要任务

11.2.2.1 建设生态保护人工智能应用体系

实施创新驱动发展战略，充分运用大数据、物联网、卫星遥感、云计算等新一代信息技术，在森林生态系统保护领域、草原生态系统保护领域、湿地生态系统保护领域、荒漠生态系统保护领域、生物多样性保护领域，创新监管模式，开展智能监测，搞好预警，提供科学决策依据，激发生态保护新动能，实现生态保护智能化，形成生态保护新模式。

(1)森林生态系统保护

通过接收卫星影像并进行分析，跟踪森林生态系统实时变化，运用机器视觉技术和深度学习算法，及时发现森林消长变化，进行动态监测，有效评价森林生态健康状况。

(2)草原生态系统保护

建立卫星遥感、无人机航拍、地面监控探头等立体监控网络，发展人工智能自动图像识别技术，突破对野生动物和草原有害生物的地理位置、群体数量识别技术瓶颈，实现对草原禁牧、草畜平衡、草原有害生物、破坏草资源等情况的实时监控预警，为依法严格保护草原和促进草原合理利用提供强力技术支撑。

（3）湿地生态系统保护

利用多媒体智能技术，将湿地卫片、航片等信息和数据进行综合使用、协同认知，推进湿地规划、保护、监测和管理智能化。

（4）荒漠生态系统保护

充分应用无人机低空遥感技术、图像识别和大数据技术，高效、实时、全自动化地开展数据采集，提高荒漠生态系统监测调查水平、荒漠生态系统安全评价工作效率。

（5）生物多样性保护

通过野外红外相机监测、野生动物声纹、卫星定位追踪、图像的智能识别等技术，加强野生动植物的物种监测与保护。基于泛在通信网络和人工智能技术，运用无人驾驶巡护车和智能巡护机器人，进行自然保护地的监测与巡护管理。利用分布式数据库、云计算、人工智能、认知计算等技术优势，建设自然保护地"多规合一"信息平台，及时掌握资源分布和变化动态，分析各种自然保护地的保护现状和保护成效，为生态治理和预防生态退化提供科学决策依据。提升国家公园等自然保护地智能监测能力，探索形成国家公园等自然保护地智能监测模式，以服务自然保护地发展，如图 11-5 所示为亚洲象人工智能监测系统。

图 11-5　亚洲象人工智能监控预警

11.2.2.2　建设生态修复人工智能应用体系

生态修复是生态文明建设的主要任务和基本要求，是建设美丽中国的重要途径。通过部署传感器、控制器、监测站、智能机器人、无人机等，在种苗培育领域、营造林领域、草原修复领域、湿地恢复领域，构建智能化分析平台，建立决策支持系统，进行智能无人机自动操作，实现林草业智能化的跨越。

(1) 种苗培育

将物联网、移动互联网、云计算、人工智能与传统种苗生产相结合，广泛应用于精品苗木研发、种植、培育、管理和在线销售的各个环节，实现苗木智慧化种植、智能机器人管理、大数据评估和合理化采购等功能，加强林草种质资源监测与保护。

(2) 营造林

利用智能控制植树机器人、林业经营智能机器人、林业施肥机器人开展各种作业，感应树木种类和环境变化，利用深度学习技术，分析相关数据，进行精准预测和演算，实现智能无人自动操作。

(3) 草原修复

基于草原监测信息，以及草原生态修复技术成果等资料，建立草原大数据，开发草原生态修复专家支持系统，自动生成"草原生态修复处方图"。研发种草改良方面的无人飞机、无人驾驶机械等技术产品，实现自主精确播种改良，提高草原生态修复效率。

(4) 湿地恢复

应用深度学习技术，构建湿地动态变化趋势预测模型，对湿地环境进行实时监测和分析，形成科学的湿地修复方案，加强湿地资源的恢复与治理。

11.2.2.3　建设生态灾害防治人工智能应用体系

利用无人机、智能图像识别等技术和高速的数据处理能力，监控、分析、处理、过滤大量实时数据，在林草火灾防治领域、林草有害生物防治领域、沙尘暴防治领域、野生动植物疫源疫病监测防控领域，实现智能监测、智能预警和智能防控。

(1) 林草火灾防治

利用卫星监测、无人机巡护、智能视频监控、热成像智能识别等技术手段，加强林草火情监测。应用通信和信息指挥平台，提高森林草原火险预测预报、火情监测、应急通信、辅助决策、灾后评估等综合指挥调度能力和业务水平。

(2) 林草有害生物防治

应用视频监控、物联网监测等技术，通过林草有害生物智能图片识别，结合地面巡查数据，加强数据挖掘分析、提高林草有害生物预警预报与综合防控能力，如图 11-6 所示，利用巡检设备开展病虫害智能识别和数据上报。

图 11-6　病虫害人工智能分析

(3) 沙尘暴监测预警

应用大数据挖掘、深度学习技术，结合位置、网络、移动终端等服务，形成沙尘暴预报模型，开展智能预报，提高沙尘暴灾情监测和预报预警能力，为降低灾情损失提供智慧手段。

(4) 野生动物疫源疫病监测防控

利用人工智能与大数据技术，重点解决疫源候鸟迁徙、野生动物重要疫病本底调查、疫病快速检测等难点问题，提高现场快速诊断、主动预测预警、疫情防控阻断等方面的支撑能力，变"被动防控"为"主动预警"。

11.2.2.4　建设生态产业人工智能应用体系

利用智能芯片、机器人、自然语言处理、语音识别、图像识别等技术，与生态产业深度融合，在经济林和林下经济产业领域、竹藤与花卉产业领域、木材加工利用领域、生态旅游领域，实现智能种植、智能监控、智能引导、智能咨询和智能设计，实现智能化控制、精准化配置、高效率利用、可持续发展。

(1) 经济林和林下经济产业

将人工智能技术与经济林产业深度融合，通过科技创新、优化品种，调整产业结构，建设一流的经济林产业原料基地，形成生产、加工、销售、市场完善的产业体系，推动特色经济林产品高质量发展。

（2）竹藤与花卉产业

通过人工智能种植技术，调整种植方案，进行花卉的智能化种植，进行智能设计，使竹藤园林设计、种植、采集、储存、分析变得空前高效和准确，实现竹藤园林景观感知新体验。将图像视觉智能搜索与植物园实地场景结合，打造基于 AI 的智慧植物园，为公众提供植物识别、植物地图精准推荐等应用场景。

（3）木材加工利用

利用知识智能化技术，将经验转化为数据，将数据转化为知识，将知识融入到自动化系统，打造无人化生产车间，提高木材加工利用生产过程的数字化、自动化和智能化程度。

（4）生态旅游

建设 AI 公园，利用图像识别、语音识别、人脸识别、自然语言处理、情感分析和人机界面等技术，开发"虚拟机器人公众服务系统"，形成自然保护地智能公共服务新模式，为社会公众提供智能咨询服务。通过人工智能+地理信息技术，结合大数据、人脸识别、车牌识别、电子门票智能管理，对比分析各项数据，监测游客流量、游人位置、人员密度，进行景点环境承载力监测，对景区进行监控、引导和预警，为游客提供智能服务和新的旅游体验，提升生态旅游景区的智慧化管理水平。

11.2.2.5　建设生态管理人工智能应用体系

积极探索基于区块链、大数据、人工智能等技术，在生态管理工作领域、生态公共服务领域、生态决策服务领域，为业务管理、舆情分析和领导决策提供智能化服务。

（1）生态管理工作

建设智能办公系统，用先进的办公系统取代传统 OA 进行办公业务处理，最大限度地提高办公效率、办公质量，实现管理的科学化、智能化。建设生态大数据中心，打造生态大数据监测采集体系，加强生态治理，促进产业转型升级，提升公共服务能力，培育经济发展新动力。建设无人值守的智能运维监控平台。依托最先进的云计算、人工智能技术，实现对数据库、操作系统、虚拟机、服务器、存储、网络运行状态的全面监控，对信息更新情况、互动回应情况、服务实用情况和敏感信息等进行综合分析，提高系统运维的专业化、智能化、精细化、实时性、准确性。建设基于人工智能技术的安全态势感知平台，提升行业网络安全管理水平。

（2）生态公共服务

建设智能化的"互联网+政务服务平台"，并以大数据分析为核心，重构智慧感知、智慧评价、智慧决策、智慧管理服务和智慧传播的政府管理新流程，形成政务服务新格局。依托中国林业网，运用人工智能、大数据技术，为林企、林农及社会公众提供方便快捷、权威全面的信息服务，提升智慧服务能力。加大力度推进智能化的新媒体建设，开展林草业态势综合展示、智慧生态系统展示的创新应用，传播绿色生态，传递友爱和谐，普及生态知识。利用自然语言处理技术，采用聊天机器人等人工智能手段，实时在线回答群众疑难问题。

（3）生态决策服务

运用大数据分析挖掘和可视化展现技术开展专项分析，为国家宏观决策提供大数据支撑。开展一体化的智慧林草大数据应用，运用大数据提高政府治理能力，进一步提高林草业事前事中事后监管能力，综合运用海量数据进行态势分析，提供科学决策新手段。以维护国家生态安全、充分发挥林业和草原生态建设主体功能为宗旨，通过集约化整合与分析，形成支撑林草业核心业务的信息基础平台，实现部委间业务协同和信息共享，为国家生态建设、保障和维护生态安全提供决策服务。

参考文献

[1]刘延鹤，傅万四，张彬，等．林业机器人发展现状与未来趋势[J]．世界林业研究，2020，33(1)：38-43.

[2]蒋鹏飞，刘延鹤，周建波，等．林业野外作业机器人技术发展研究[J]．林业和草原机械，2020，1(3)：20-27.

[3]刘龙．林业自主机器人平台研究[D]．北京：北京林业大学，2020

[4]闫浩．面向林业特种需求的复合轮腿机器人研究[D]．北京：北京林业大学，2019.

[5]王昌云．油茶果采摘机器人手眼标定技术研究[D]．长沙：中南林业科技大学，2019.

[6]詹传栋．基于双目立体视觉的林业移动机器人地图创建研究[D]．北京：北京林业大学，2015.

[7]王勇桦．油茶果采摘机器人控制硬件平台设计与分析[D]．长沙：中南林业科技大学，2014.

[8]付丽．林间代步机器人的设计及木壳造型理论研究[D]．哈尔滨：东北林业大学，2012.

[9]孙鹏．一种轮履复合式森林巡防机器人平台的研究[D]．哈尔滨：东北林业大学，2010.

[10]吴小锋．林业修剪机器人运动学、动力学仿真[D]．南京：南京林业大学，2007.

[11]周勇．绿篱作业移动机器人执行机构控制系统研究[D]．南京：南京林业大学，2005.

[12]钟燕，赵鹏炜，李佳淇，等．林业攀爬机器人研究现状及关键技术综述[J]．世界林业研究：2022，35(3)：40-44.

[13]李春波，王琢，刘佳鑫，等．面向林业特种需求的巡检机器人研究[J]．林业和草原机械，2021，2(3)：1-8+27.

[14]陈至灵，姜树海，孙翊．农林业采收机器人发展现状[J]．农业工程，2019，9(2)：10-18.

[15]王慧，任长青，马岩，等．我国林间步行机器人的实际应用前景[J]．机电产品开发与创新，2010，23(3)：5-7.

[16]姜树海．林业机器人的发展现状[J]．东北林业大学学报，2009，37(12)：95-97.

[17]李建心．电液比例控制在农林业机器人中的应用[J]．农机化研究，2008(10)：136-138.

[18]李牧，陆怀民，方红根，等．我国农林机器人的研究现状及发展趋势[J]．森林工程，2003(5)：39-41.

后 记 ‖POSTSCRIPT

大力发展先进的林草装备，加快推进林草装备机械化、信息化、智能化，是贯彻习近平总书记"两山"理念，实施创新驱动，提升林草治理能力的必然要求，也是推进林草高质量发展的迫切需要。本书从总体上谋划现代林草技术装备的发展，是一项具有重要意义的战略举措，是国家林业科研机构的重要任务。

本书是在国家林业和草原局科学技术司的支持下，由原国家林业和草原局北京林业机械研究所牵头，组织林草装备领域专家学者，参考借鉴《中国现代林业技术装备发展战略研究》，以林草发展需求为导向，与时俱进、推陈出新、科学谋划，历时两年半，编写而成。全书集中探讨了营造林、草原管护与利用、园林绿化、森林保护、木材生产、木材加工、竹材加工、人造板及表面装饰加工、生物质能源转化、林业机器人及人工智能等关键装备，具体从国外发展现状及发展趋势、国内发展历程及发展现状、存在的问题及其原因、发展面临的新形势、主要发展方向及重点领域、发展目标等方面，着重分析提升现代林草装备水平的关键和共性问题，确定战略目标和战略布局，思考战略核心和战略重点，提出政策建议。

该书由十一章组成。第一章总论由邢红、马龙波、史琛明完成，第二章营林装备由汤晶宇、张长青、于航完成，由徐克生审改，第三章草原管护与利用装备由王德成、田海清完成，第四章园林绿化技术装备由俞国胜完成，第五章森林保护技术装备由周宏平、郑怀兵完成，第六章木材生产装备由陈俊汕、杨建华完成，第七章木材加工装备由杨建华、王晓欢、郭浩盟完成，第八章竹材加工技术装备由张彬、周建波完成，第九章人造板及表面装饰加工装备由张伟、金征完成，第十章生物质能转化装备由李晓旭、闫承琳完成，第十一章林业机器人及人工智能装备由周建波、吴健完成。

全书由邢红、杨建华完成统稿，银晓博、于淼、李赫扬、刘彤、柴哲明等参与了相关工作。